U0473670

全民科学素质行动发展战略研究 2019

高宏斌　朱洪启◎主编

科学出版社

北　京

图书在版编目（CIP）数据

全民科学素质行动发展战略研究. 2019 / 高宏斌，朱洪启主编.
—北京：科学出版社，2020. 3
ISBN 978-7-03-064314-8

Ⅰ. ①全…　Ⅱ. ①高…　②朱…　Ⅲ. ①公民-科学-素质教育-发展战略-中国-文集　Ⅳ. ① G322.1-53

中国版本图书馆 CIP 数据核字（2020）第 008658 号

责任编辑：张　莉 / 责任校对：贾伟娟
责任印制：师艳茹 / 封面设计：有道文化
编辑部电话：010-64035853
E-mail：houjunlin@mail.sciencep.com

科学出版社 出版
北京东黄城根北街 16 号
邮政编码：100717
http://www.sciencep.com

三河市骏杰印刷有限公司 印刷
科学出版社发行　各地新华书店经销
*
2020 年 3 月第 一 版　开本：720×1000　1/16
2020 年 3 月第一次印刷　印张：18
字数：270 000

定价：98.00 元
（如有印装质量问题，我社负责调换）

《全民科学素质行动发展战略研究 2019》

编　委　会

主　　编：高宏斌　朱洪启[①]

副 主 编（以姓氏拼音为序）：

陈　昱　黄　梅　李朝晖　任定成　徐善衍

严　洁　张思光　周建强　朱启臻

---

① 高宏斌、朱洪启同为本书第一主编。

前言

国务院于2006年2月颁布实施《全民科学素质行动计划纲要（2006—2010—2020年）》（简称《科学素质纲要》），为我国公民科学素质建设提供了政策依据和制度保障。《科学素质纲要》实施以来，我国公民科学素质建设成就卓著，公民科学素质水平跨越提升，2018年公民具备科学素质的比例达到8.47%。2020年以后，如何继续推进公民科学素质建设工作，为建设世界科技强国、实现社会主义现代化服务，为把我国建成富强民主文明和谐美丽的社会主义现代化强国提供支撑，所有这些都需要提前研究和谋划。

自2016年起，在全民科学素质纲要实施工作办公室和中国科协科普部的指导和支持下，围绕面向2035年的公民科学素质建设战略，中国科普研究所组织开展了系列研究工作，有关研究成果陆续结集出版。2019年，围绕公民科学素质建设战略规划，以及我国公民科学素质建设发展战略中的关键问题，中国科普研究所组织有关高校、研究院所、全国学会等开展了深入研究。在研究过程中，中国科普研究所公民科学素质建设发展战略研究课题组与各研究团队保持紧密联系，频繁沟通，就有关问题进行了深度研讨，形成的研究成果可为公民科学素质建设战略规划提供有效支撑。

为了使研究成果更好地为公民科学素质建设工作服务，更好地实现社会共享，我们将有关研究成果结集出版，供各方参考。需要说明的是，本书尽量遵循了各研究报告的原始思路，保持了各报告的基本观点。我们希望在不同观点的碰撞中，带来关于公民科学素质建设事业发展的新启发与新思路。

在本书出版之际，衷心感谢参与并支持公民科学素质建设发展战略研究工作的各个单位及研究人员。

编　者

2020 年 1 月

目录

全民科学素质发展战略研究（2021～2035年）

北京大学中国国情研究中心课题组

一、中国公民科学素质建设的基本问题

（一）中国公民科学素质的概念内涵发展

“公民科学素质”概念的提出极大推动和指导了各国的公民科学素质建设行动。1985 年，美国提出了“2061 计划”，要求全面实现科技扫盲，为学校规划了 STEM［科学（science）、技术（technology）、工程（engineering）、数学（mathematics）］教育方针。2006 年，我国国务院专门印发了《全民科学素质行动计划纲要（2006—2010—2020 年）》（以下简称《科学素质纲要》），提升包括未成年人、农民、城镇劳动人口、领导干部和公务员等在内的全体公民科学素质。从近几十年的实践来看，伴随着科技社会的不断发展变化和科学素质建设的不断推进，公民科学素质的概念内涵也在不断发生变化。

1. 公民科学素质概念的起源与推广

“科学素质”概念的最初提出是对科学进一步发展的思考。科学学专家伯纳德（Bernard）指出，现代科学的艰深使“科学在很大程度上高高在上地

脱离了群众的觉悟，其结果对双方都是极为不利的”。对科学发展而言，公众不明白科学家在做什么，使科学失去了公众对它的“理解、兴趣和批评”，出现了“科学的孤独”；对公众而言，科学在带来好处的同时也产生着危险，需要公众具备一定的“科学意识”，能够对科学进行一定的判断，让“使科学成为公民生活和文化的内在部分”。随后，科南特（Conant）首次明确提出了“科学素质”（science literacy）[1]一词，突出强调科学教育的重要性，开始了这一新领域的研究。赫德（Hurd）随后将科学教育与社会生活联系起来，强调“理解科学及其在社会中的应用”[2]，而这也成为科学素养最基本的含义。

米勒（Miller）将公民科学素质划分为三个层面，分别为对科学术语和科学概念的基本词汇的掌握、对科学过程的理解、对科学技术对个人和社会的影响的认知，建立起一套科学素质的测度评价体系，得到了国际社会的普遍认可[3]。许多国家和地区都采用这个维度和指标及测试题目对本国公民进行科学素质调查，如 1988 年英国的调查、1989 年加拿大的研究、1989 年欧盟的研究、1990 年新西兰的研究、2000 年经济合作与发展组织（OECD）的国际学生评估项目（Programme for International Student Assessment，PISA）以及中国的公民科学素质调查等。

进入 20 世纪 90 年代，科学素质不再仅仅作为一个概念或理念在理论范围内讨论，而是把科学素质由理念到实践又推进了一步，各个国家和地区都开始实施各种科学素质行动或计划，而这一时期公民科学素质的概念极大地指导了公民科学素质建设行动。1983 年，加拿大科学会出版了《科学素质：学校科学课程目标的平衡问题》，提出“通过艺术进行学习课程”。1985 年，美国科学促进会（AAAS）发起了“2061 计划”，致力于培养和提高全体公民的科学素质。

相较于发达国家公民素质建设工作的全面展开，发展中国家也开始努力学习，探索自己的科学素质建设道路。印度宪法工作委员会在《印度宪法中的素质》中着重强调了科学素质建设在国家层面的意义，认为“发达国家将研究重点放在了了解本国公众是否具有参与公共政策讨论的能力，是否保持决策的民主化和公开化，是否了解科学技术的迅速发展给个人和社会带来的影响”。而对于发展中国家而言，公民科学素质提高的内容和目标更为实用、直接，“发展中国家所面临的问题是扫除文盲，摆脱愚昧与落后，消除贫穷，提高寿命以及生活质量；改变大部分人不正确的观念和信仰，消除迷信和伪科学，并且利用科学素质来维持良好的生存能力，更好地利用自然资源来应付威胁和冲击等。”

2. 中国公民科学素质概念的探讨与发展

科学素质概念在中国也产生了巨大影响，我国学者对科学素质进行了较为充分的关注和研究，侧重于对国外概念的引进和介绍。比如，朱效民[4]将Miller的科学素质定义阐释为如下三方面的内容：一是在知识层面上，具有认知和理解一定科学术语和概念的能力；二是在能力层面上，掌握基本的科学推理能力，了解一般的科学研究过程和方法；三是在社会层面上，具有理解包含科学议题及技术内容的公共议题的能力，能够对个人生活和社会生活中出现的科技问题做出合理的反应。在介绍之余，学者的研究重点集中在强调公民科学素质这一概念的重要性上，呼吁国家重视公民科学素质建设，以此为根基推进中国的现代化建设进程。

2006年，国务院发布的《科学素质纲要》将科学素质定位为“公民素质的重要组成部分”，是指公民了解必要的科学技术知识，掌握基本的科学方法，树立科学思想，崇尚科学精神，并具有一定的应用它们处理实际问题、参与公共事务的能力。这个定义即成为科学素质的官方定义，并得到学界的广泛认可，成为科学素质的标准定义，也被称为“四科两能力”。

我国于2002年通过的《中华人民共和国科学技术普及法》（以下简称《科普法》）提出，科普活动包括“普及科学技术知识、倡导科学方法、传播科学思想、弘扬科学精神”。在此基础上，刘立[5]在考察国外公民科学素质定义的基础上，提出了确立公民科学素质内涵的五个基本原则：针对公民自身发展的需要、针对国家经济社会发展的需要、充分考虑国情、坚持普及性和基础性、面向世界和面向未来。基于Miller定义的三维指标（科学知识、科学过程、科学与社会关系），针对中国的情况，刘立提出了公民科学素质的“四科三能力”概念，即公民科学素质是国民素质的重要组成部分，是指公民了解科学技术知识、掌握科学方法、具有科学思想、崇尚科学精神的程度，应用它们来处理生存与发展问题、生活与工作问题，以及参与公共事务的能力。

单从科学技术知识维度来看，传统的科学知识维度注重公民对已有物理科学、生物科学等既定科学事实的掌握，比如地球是否围着太阳转、父亲的基因决定孩子性别等，测量的知识相对稳固。李大光[6]从公民科学素质的社会文化属性角度，提出了“科学知识”维度的指标应当注重与现实科学重大事件的结合，在跟进现实中测量公众真实的科学知识水平：科学知识的题目设计要以近年来重大科学事件为主流事件，设计与这些科学事件有关的科学知识进行测试，更适合成人科学素质的标准；对重大科学事件的知晓度也应当成为科学素养的一个重要指标；以重大科学事件中隐含的科学原理和科学知识作为科学素养的深度测试，这样不仅能够测量出公众真实的科学素养，还可以了解其在面临新闻事件或自然灾害事件时辨别真伪的能力。这样的科学知识能够将原来固化的知识体系变成随时代发展、在科学技术日新月异的过程中所形成的活的、流动的知识体系，将测试变成场景化和生活化的知识体系。鞠思婷等[7]指出，在终身学习的大背景下，公民科学素质提升学习的内容要突破单纯的科学知识，应该扩展到如下六个维度的内容，即基本的科学知识与技能，引导健康生活和工作；自我学习的动机、认知与能力；理解科学的本质、科学方法和科学探究的过程；正确的科学态度和科学伦理观；科学与技术的运行机制，并积极参与科学决策；理解科技创新并具备一定的创新意识。

从实践来看，自 2006 年国务院颁布实施《科学素质纲要》以来，各级政府发布了多项政策实践，大力推进包括未成年人、农民、领导干部和社区居民等重点人群在内的全民科学素质水平整体提高，形成了公民科学素质在实践中的内涵。在实践中，我国的公民科学素质内涵有着更为实用的意义，着重于公民科学素质建设对于培养国家创新人才、提高农村科技水平和农民生活质量、推进城市产业发展和城市化进程、提升领导干部的执政水平。这表明，我国公民科学素质的内涵必须依托于当前和未来一定时期的经济社会发展需要，针对发展中的主要问题和难点，充分发挥公民科学素质建设的服务功能。

3. 新时代中国公民科学素质的概念内涵

从以上分析可以看到，公民科学素质的内涵变化有如下基本特点。

（1）公民科学素质内涵的基本要素变化不大。无论是对公民科学素质在实用性、文化属性和综合能力属性上的研究，还是对公民科学素质外延的讨论，基本上都围绕着公民科学素质的基本内涵，即科学素养应包括科学知识、科学过程与方法、对科学本质的理解、科学态度情感与价值观、科学技术与社会的关系等方面。

（2）公民科学素质建设的内部要素比重发生变化，更加强调科学精神和科学素质在公民自身素质构成上的内化。"四科两能力"提出时，预计目标是增强公民获取和运用科学知识、改善生活质量、实现全面发展的能力。随着公众基础科学知识和互联网时代带来的知识获取方式的变化，科学知识的获取更为便捷，对科学知识的筛选和选择能力的要求上升；同时，随着科技的不断发展和社会分工的不断推进，普通公民与科学之间的距离会变得越来越远，科学素质的内容从知识层面更多转变到素养层面，强调公民对科学精神、科学道德、科学与社会关系的理解，注重科学理念、科学思维、科学方法和科学建制运作的理解和掌握，并能够结合人文素养理念和个人发展规律，将科学素质转化为公民的内在素质，适用于公民工作和生活的情境之中，实现使公民受益终身的目标。

（3）公民科学素质的建设内容随发展状况而变，在不同国家和不同历史阶段有着不同的发展重点。公民科学素质可根据不同的社会需要、发展水平、功能、对象与目的等划分为不同的范围和层次。在发达国家，科学素质的建设目标更多地转向公民对社会事务的参与能力；而在发展中国家，科学素质建设有更强烈的应用导向，以注重发展国家能力为主。就中国而言，在当前阶段，无论是国家进步还是个人发展，依然对公民科学素质建设有着较高的功能性需求。

由此，借鉴国内外公民科学素质概念发展经验，结合中国全面实现社会主义现代化的关键时期需要，公民科学素质的概念内涵需要有如下调整。

（1）公民科学素质构成中的科技知识部分的重要性相对下降，对科学思想和科学精神的要求上升，需要公民熟悉互联网时代的知识获取变迁模式，能够利用科学的思维方式，便捷地获取自己生活和工作所需。同时，科技知识的内容也需要与时俱进，注重对更新的科技发展知识基础的掌握，从掌握

“必要”限度的科学知识转变为掌握“不断更新科技知识体系与信息查找和筛查的能力”。

（2）公民科学素质构成中增加对科学知识迁移能力的关注。在科技和职业分工不断加深专业化和行业交叉快速发展的情况下，公民需要具备运用自身的科学素质的能力，能够解决个人生活和工作中所遇到的问题，适应时代发展的需要。

（3）公民科学素质需要强调公民对科学发展的理解和认可。随着科学发展的进步和新的科技事务加快进入普通公民的生活，公民更需要具备对科技发展本质的认知，增强对社会公共事务的理性判断和参与决策能力，推进科技在社会的有序进入和发展。

由此，公民科学素质的概念内涵可以定义为：公民科学素质要求公民具备基础的科学知识和多元信息识别能力，运用科学思维认识和解决问题；理性认知科技对社会的影响，持续学习以适应变化；崇尚科学精神，坚持求实创新，持续创造美好生活。

（二）新时代中国公民科学素质建设需求与方式

2017 年，党的十九大报告指出，经过长期努力，中国特色社会主义进入了新时代，这是我国发展新的历史方位。在国家宏观发展战略的指导下，公民科学素质建设也面临着发展的新形势和新需求。

1. 中国公民科学素质建设的形势分析

从大的国际形势来看，和平与发展仍是时代主题。《人民日报》评论员文章[8]指出，从大局上看，世界正处于大发展大变革大调整时期，和平与发展仍然是时代主题。在和平与发展的时代主题下，世界格局却在缓慢而深刻地发生变化。洪源[9]指出，世界格局将从“一超多强”向“两超多强”的方向发展，中国将从“多强”中的“一强”增长为“两超”中的“一超”，成为“准极”体。在这种形势下，坚持自身稳定、快速和健康发展，对中国而言至关重要。

刘万侠等[10]认为，中美俄大三角关系仍将是当前和今后一个时期影响国际战略格局走向的关键性因素。就中国而言，经过多年发展，经济总量已经位于全球第二，中国经济增速虽然高于美国，但要赶超美国，仍需时日。

在与发展中国家的关系上，随着“一带一路”建设的推进，中国与 39 个国家和国际组织签署了 46 份共建“一带一路”合作协议，涵盖互联互通、金融、科技、社会、人文等合作领域。中国担当起国际责任，不断增强与发展中国家的联系与合作，推动发展成果共享，共建繁荣世界，与世界共同致力于构建人类命运共同体，推进新的国际治理方案。

因此，在未来的 15 年间，虽然面临着更为激烈的国际竞争，但对外开放竞争的格局不会变。中国正在日益走近世界舞台中央，同外部世界的关系将更加紧密；同时，中国对世界的影响不断加深，世界对中国的影响也在不断加深。中国将高举和平、发展、合作、共赢的旗帜，努力推动建设相互尊重、公平正义、合作共赢的新型国际关系，推动构建人类命运共同体，不断推进人类和平与发展的崇高事业。

从经济形势来看，我国正处于从高速度转向高质量发展转变期间。党的十九大报告指出，我国经济已由高速增长阶段转向高质量发展阶段。传统的高速度增长，虽然让我国的经济总量已达到世界第二，但经济增长方式较为粗放，很大程度上依靠资源的大量消耗和劳动力的充分供给。随着我国传统人口红利逐渐减少，资源环境约束正在加强，我国过度依靠投资和外需的经济增长模式，已使得能源、资源、环境的制约影响越来越明显，必须实现向高质量增长方式的转变。而从国际层面来看，随着信息技术的高速发展，主要发达国家和地区纷纷加快发展战略性新兴产业，力图抢占未来科技创新和产业发展的制高点，这些新挑战“倒逼”经济发展方式要加快向创新驱动型转换。2017 年，工业和信息化部发布了《促进新一代人工智能产业发展三年行动计划（2018—2020 年）》，指出智能化成为技术和产业发展的重要方向，将进一步带动其他技术的进步，推动战略性新兴产业总体突破，正在成为推进供给侧结构性改革的新动能、振兴实体经济的新机遇、建设制造强国和网络强国的新引擎。

从政治形势来看，我国的主要矛盾发生了重大转变，十九大报告指出，中国特色社会主义进入新时代，我国社会主要矛盾已经转化为人民日益增长的美好生活需要和不平衡不充分的发展之间的矛盾。王立胜[11]指出，经过社会主义初级阶段前几十年的奋斗，我国稳定解决了十几亿人的温饱问题，总体上实现小康，不久将全面建成小康社会，人民生活显著改善，对美好生活的向往更加强烈，人民群众的需要呈现多样化、多层次、多方面的特点，期盼有更好的教育、更稳定的工作、更满意的收入、更可靠的社会保障、更高水平的医疗卫生服务、更舒适的居住条件、更优美的环境、更丰富的精神文化生活。唐洲雁[12]指出，新时代的主要矛盾，不仅要解决好人与物、人与自然的关系，而且要进一步解决好人与人、人与社会的关系，特别是要解决好城乡之间、区域之间发展不充分的问题，以及不同阶层、不同群体之间分配不平衡的问题。解决好这个矛盾，既要从进一步发展和改进生产力水平着手，大力提升发展的质量和水平；又要从多方面调整生产关系、完善上层建筑着手，特别是要注重从人民关心的事情做起，坚持以人民为中心的发展思想，让改革的成果更多地惠及全体人民，真正实现全体人民的共同富裕。

从社会形势来看，城镇化、老龄化与智能化趋势明显。新时代的一个重要国情的变化就是城镇化水平大幅提高，绝大部分人将生活在城市中。根据国家统计局数据，截至 2017 年年底，中国城镇常住人口 81 347 万人，比上年末增加 2049 万人；乡村常住人口 57 661 万人，减少 1312 万人；城镇人口占总人口比重（城镇化率）为 58.52%，比上年末提高 1.17 个百分点。2018 年，国家发展和改革委员会要求督察《推动 1 亿非户籍人口在城市落户方案》的落实情况，可以想见未来一段时期，我国的城镇化水平仍将大幅提升。

与城镇化相对应的就是老龄化时代的加速来临。据国家老龄工作委员会公布的数据，截至 2017 年年底，中国 60 岁及以上老年人口有 2.41 亿人，占总人口的 17.3%，其中仅 2017 年新增老年人口首次超过 1000 万，预计到 2050 年前后，我国老年人口数将达到峰值 4.87 亿，占总人口的 34.9%，其中 65 岁以上的老人超过 1.5 亿，占总人口的比例也超过 10%。

2021～2035 年，民众生活将以互联网信息技术为基础发生重大变化，向着数字化、智能化的方向发展。2018 年 8 月 20 日，中国互联网络信息中心（CNNIC）发布第 42 次《中国互联网络发展状况统计报告》。该报告显示，截至 2018 年 6 月 30 日，我国网民规模达 8.02 亿，互联网普及率为 57.7%，较

2017 年年末增加 3.8%。其中，农村网民规模为 2.11 亿，占整体网民的 26.3%，较 2017 年年末增加 204 万，增幅为 1.0%；城镇网民规模为 5.91 亿，较 2017 年年末增加 2764 万人，增幅为 4.9%。网络的不断普及和手机网民数量的高速增长，给公民的知识和信息获取模式带来了重大变化。由于绝大部分知识可以通过搜索引擎快速获取，因此，掌握知识的多寡的重要性在降低，分析、利用知识的能力越来越重要。公民获取知识的形式也从单向的说教逐渐转向对互动性和参与性的要求增加。而人人都可上网发布消息成为“自媒体人”的形势，也使得信息传播变得更为繁杂，伪科学容易通过“噱头”产生较大的传播力。

从科技形势来看，当前正处于重大科技革命孕育期。当今世界正处在大变革和大调整之中，以绿色、智能、可持续为特征的新一轮科技革命和产业变革蓄势待发，颠覆性技术不断涌现，人工智能、量子力学、新能源、虚拟现实（VR）、增强现实（AR）等高新科技的迅猛发展，正在重塑全球经济和产业格局，科技创新发展态势良好。2017 年，美国公布了《2016—2045 年新兴科技趋势报告》，通过对近 700 项科技趋势的综合比对分析，最终明确了 20 项最值得关注的科技发展趋势，主要包括：物联网、机器人与自动化系统、智能手机与云端计算、智能城市、量子计算、混合现实（虚拟现实和增强现实）、数据分析、人类增强（可穿戴设备、外骨骼等）、网络安全（身份鉴定技术等）、社交网络（区块链技术等）、先进数码设备、先进材料、太空科技、合成生物科技（胚胎编辑等）、增材制造（3D 打印）、医学（干细胞疗法等）、能源（新能源）、新型武器、食物与淡水科技、对抗全球气候变化等。这 20 项科技发展趋势总体以信息技术、材料技术为代表，以提高人类生活智能化、健康水平为目标。国务院发展研究中心国际技术经济研究所副所长魏强总结了 2017 年世界前沿科技发展态势[13]，即一是科技创新步伐在加快，呈现出数字化、智能化、无人化和跨领域协作的特点；二是科技影响力持续加大，对政治、社交、经济、军事、文化、教育、医疗等其他领域都产生了重大影响；三是中国科技话语权加强，很多领域已经从“跟跑”转变为“并跑”或“领跑”；四是科技安全风险在加剧，比如人工智能伪造技术、基因编辑技术等。

2016 年 8 月 8 日，国务院正式印发《“十三五”国家科技创新规划》，提出了面向 2030 年体现国家战略意图的重大科技项目（“科技创新 2030 重大项目”），包括航空发动机及燃气轮机、深海空间站、量子通信与量子计算、脑科学与类脑研究、国家网络空间安全、深空探测及空间飞行器在轨服务与维护系统、种业自主创新、煤炭清洁高效利用、智能电网、天地一体化信息网络、大数据、智能制造和机器人、重点新材料研发及应用、京津冀环境综合治理、健康保障等领域。

2. 中国公民科学素质建设的主要目标

公民科学素质建设目标的建议，既要实事求是、尊重历史，又要符合发展规律、科学判断；既要纵向分析，又要横向比较。具体来说，各阶段的核心目标如下。

到 2025 年，普惠共享的科普基础设施服务体系初步形成，国家科普服务能力显著加强，科普信息化水平较大提升，科普产业化进一步推进，形成科学的评价体系，重点人群科学素质行动扎实推进，公民科学素质水平进一步提高，公民科学素质整体水平达到主要发达国家 2005 年的平均水平，公民达到基本科学素质的比例接近 18%。

到 2030 年，普惠共享的科普基础设施服务体系进一步完善，科普信息化水平显著提高，科普产业体系逐步发展，公民科学素质水平较大提高，公民科学素质整体水平达到主要发达国家 2015 年的平均水平，公民达到基本科学素质的比例接近 25%。

到 2035 年，形成较为完善的科普基础设施服务体系，科普信息化逐步推进，科普产业体系日臻形成，公民科学素质进一步提高，区域差异逐步消除，公民科学素质整体水平达到主要发达国家 21 世纪 20 年代末的平均水平，公民达到基本科学素质的比例接近 30%。

到 2049 年，国家科普能力明显提高，科普基础设施服务体系完备，公民科学素质显著提高，区域差异进一步消除，公民科学素质整体水平接近主要发达国家的水平，公民达到基本科学素质的比例接近 50%。

3. 中国公民科学素质建设的工作方针

在近几年的实践中，中国的国家治理模式也出现了不少新变化，尤其是在社会治理领域出现了不少新变化，显示出国家、市场与社会合作的新局面。

（1）突出政府的主导性作用。进入 21 世纪以来，社会形势复杂性日益加剧，中国的经济改革与社会现代化进程同步叠加前进，政治体制改革相对于经济体制改革呈现滞后性，亟须政府治理模式与经济和社会的发展相适应。宣晓伟[14]指出，新常态下我国经济运行层面的全面调整，对国家治理模式的转型提出了迫切要求，而“治理现代化”是新常态下我国治理模式转型的总方向。具体到社会治理领域，中国社会治理是国家与社会分工协作、互联互通模式，党的基层组织、群众自治组织、群团组织、事业单位等扮演了国家与社会、政府与市场沟通的桥梁与纽带。党的领导与社会自治有机结合形成了一种灵活而不乱、自由联合的社会新形态，使得中国社会在表现出高度活力的同时，也避免了西方公民社会兴起带来的碎片化、分离化问题[15]。

（2）发挥社会多主体的基础性角色。田毅鹏等[16]指出，伴随着市场化转型和就业结构的变迁，基层社会治理的模式从“单位制社会”转变为“后单位社会”，原有的以“国家-单位-个人”为核心的刚性社会管理机构逐渐瓦解，呈现出“重层结构”的复杂局面：“国家-单位-个人”结构逐渐转变为“国家-单位/社区/社会组织-个人”的复杂结构。在这种新的社会结构下，出现了几种新的治理模式。一种是强化政府行政管理的上海模式，政府对基层的行政管理力量不断增强，在市区两级政府基础上，形成“市-区-街道”的三级纵向管理体制，通过扩大街道办事处的管理权限，向街道办下放财政和行政权力，来增强基层办事机构的管理功能；另一种是增强社会自治力量在基层社会治理中的功能，典型城市是沈阳，社区被重新定位，塑造一套权责明确、议行分离、相互制约的社区运作机制。就更具体的操作层面而言，当前基本的共识是，在基层社会治理中，要着力建立“以基层党组织为核心，居委会、业委会、物业公司和社会组织为合作单位”的 “一核多元”的合作共治方式。

（3）借力现代信息技术。互联网的兴起为所有人提供了连接机会和社交平台，人们可以借此自由地分享思想、感受和生活，在多元化选择和参与中体会乐趣、建立信任。互联网社交工具的圈层化和集聚效应让不同阶层的人可以以平等的身份、因相同的兴趣和价值观在网络上以社群的形式存在，还可以以集体的形式参与各种社会对话和政治对话。这些互动与参与不仅改变了社会关系和文化心理，还在潜移默化中影响和改变着社会的权力结构。这要求领导干部要牢固树立与不同社群建立连接的意识，充分实现党的领导、政府主导、多方参与、共同治理的国家治理新格局[17]。2016 年 7 月 27 日，中共中央办公厅、国务院办公厅印发《国家信息化发展战略纲要》，再次强调以信息化驱动现代化为主线，推进国家治理体系和治理能力现代化。

由此，结合新时代国家治理方式的变迁和公民科学素质建设的特点，下一期公民科学素质建设的工作方针可以凝聚为“政府主导、社会参与；共建共享、服务创新”：政府在公民科学素质建设中发挥引领性作用，通过方向引导、项目扶持等方式，调动社会参与热情；社会各主体包括学校、社区、市场、社会组织等积极参与，注重社会组织力量的发挥，积极承担落实国家方针政策、提升公民科学素质建设的针对性；各主体共同参与到公民科学素质建设工作中来，共同享受公民科学素质提升的成果；通过公民科学素质的提升和各主体工作能力的提升，服务于国家创新型国家的建设部署，推进科教兴国战略的实施。

二、学校教育促进与公民科学素质行动

（一）青少年科学素质行动

1. 主要问题

自《科学素质纲要》颁布以来，未成年人科学素质行动积极推动科学教师队伍和教育资源建设，以协同发展为抓手，建立了区域性科普教育合作机制，丰富了科普信息传播。目前青少年科学教育也存在亟待解决的问题，主要体现在以下三方面。

（1）中小学科学课程重视程度仍不够。科学教师数量不足，导致学校科学课课时不足、教学任务难以完成或质量不高。还有的学校为了应对考试，占用科学教学实践课时进行复习迎考。

（2）中小学科学教育师资水平亟待加强。从全国层面来看，存在科学教师队伍不稳定、专职化不强、学历水平偏低等问题。小学科学教师队伍中非专职教师占比过高，而专职教师较少。中学科学教育在科技实践活动类课程

方面专职师资较为匮乏。

（3）针对青少年进行的科普形式与其喜爱的形式有较大差距。网络科普知识表现形式与中小学生喜爱的形式仍有很大差距。

2. 主要目标

2020～2030 年，建立基于大数据的青少年科学素质教育监测平台，以信息化为主体的新时代中国青少年科学素质工作体系初步形成，逐步实现青少年科学素质的精准教育；进一步缩小青少年科学素质的城乡差距，利用信息化手段为青少年提供人人皆学、处处能学、时时可学的科普学习环境，提供丰富多样的科普教育机会；按照新时代发展需要进一步丰富科学素质内涵，融入信息科学等新兴科技内容，完善青少年科普教育的内容要求。

2031～2035 年，建成与社会主义现代化强国地位相匹配的新时代我国青少年科学素质工作体系，青少年科学素质教育能够满足我国的社会主义现代发展需要，提升我国的科研创新竞争力；形成一套富有成效的青少年科学素质教育治理机制，科学素质教育内容能根据社会发展需要适时更新，对有不同需求的青少年能提供具有个性化的科学教育，在世界青少年科学素质教育内容、方法、管理等方面起到引领作用。

2036 年至 21 世纪中叶，我国青少年科学素质工作体系不断优化，具有国际领先的影响力，我国青少年在科学应用方面具有较强的胜任力，有力地支持青少年开展创新活动；根据社会发展需要不断调整青少年科学素质教育的治理机制，在全面提高青少年科学素质的基础上，持续培养科学领域的拔尖人才和领军人才，为我国占据科研创新的制高点提供后备力量。

3. 主要任务

（1）研究符合青少年特征的科学教育方法，发展以跨学科和信息技术应用为抓手的青少年科学教育模式。在教学内容上，顺应时代发展的需要，增加新科学、新技术等内容；在教学活动设计上，融入工程设计活动等具有综合性、创新性、实践性的活动方式。让信息技术更多地嵌入教与学的过程中，建立数字化科普教育体系，创设师生及时交流、共同学习的平台和环境，探索利用基于计算机、通信、网络等信息技术的线上教学模式，使学生在操作计算机和其他智能设备的过程中，吸纳计算机和网络世界所蕴含的计算思想、丰富的学习资源，并依赖计算机的建模工具、可视化工具等，在传统学科认知水平的基础上对学科知识进行深度加工，推进学科的深度学习。

（2）完善科学素养与科学学科核心素养体系，凸显新时代科学教育重点。审慎思考科学素养到科学学科核心素养的发展逻辑，建立科学素养和学科核心素养的对应关系，提升科学学科核心素养体系的科学性、创新性，保持科学素养与学科核心素养的一致性，以适应我国综合科学及科学分科课程改革发展的需要。

（3）科学教育理念与时俱进，切合我国的实际社会发展需要。在推动新一轮基础科学教育改革进程中，应注意结合我国基础科学教育发展的时代背景和现状，对科学教育理念进行适时性更新，建立具有中国特色的基础科学教育理念，使其为建设中国特色社会主义培养全面发展的高素质专业人才提供思想上的根本保障。

（4）优化科学教育专业课程设置和培养方案。进一步革新我国科学理科师范教育的培养理念，高度重视科学师范教育中的实验课程和教育实践方式的革新。增加科学实验和实践的学时，并增加教育实习的次数和时间，提高科学师范生的实习标准。从侧重培养教学型科学教育师资的观念转向培养素养型的科学教师。更新科学教育课程设置的观念和结构，依托 STEM 教育、创客空间和实践课程基地，充分利用装备设施及科学教育资源，开发一批具有跨学科性的、综合性的科学教育课程。

（二）科技教育与培训基础工程

1. 主要问题

自《科学素质纲要》颁布实施以来，我国的科学教育与培训基础工程建设虽然取得了显著成绩，但在专业人员队伍建设、实施途径与方法及资源和基础设施建设方面仍存在不能忽视的问题。

（1）专业人员队伍建设仍有不足。科学教育人员队伍建设是提高科学素养、发展科学教育的关键，在科学教育专业人员队伍不断壮大、专业化程度不断提升的同时，依然存在职前培养师资匮乏、教师专业素养不高、科技辅导员保障机制不健全的问题：科学教育专业建设停滞不前，开设科学教育专业的高校数量减少，招生人数降低，科学教育专业毕业生就业形势严峻。科技辅导员队伍建设不完善，学校科技辅导员专职率较低，学科专业背景欠优化，保障机制不健全，培训体系需完善。

（2）未有效利用装备对课程进行二次开发。从国家层面来看，我国目前过分重视装备硬件设施的开发，而忽视了装备对课程建设的重要作用。从教师自身的角度来看，部分教师的教学理念陈旧，过分重视知识的传授，导致装备使用情况不理想、使用率较低、未有效利用装备对课程进行二次开发。

（3）科学教育与培训工程发展不平衡、不充分。西部和经济欠发达地区的青少年科学教育总体水平与东部经济发达地区差距明显，城市和农村在经济文化水平、基础设施条件等方面存在较大差异；除科技馆外，其他类型的专业科普场馆（如天文馆、自然博物馆等）数量少、参观人数少，因此很难开展相关领域的科普工作。

2. 主要目标

到 2030 年，科学教育、传播与普及长足发展，建成适应创新型国家建设需求的科学教育人员队伍、课程实施、监测评估、创新社区等体系。师资队伍建设进一步完善；高等教育结构更加合理，特色更加鲜明；倡导地方、校本教材课程的开发，完善三级教材体系；更新科学教育培训装备的各项标准，保证装备达标率；探索并初步建立有效的科学教育校内外衔接机制，加强教育部门、科协、高等院校、科研院所及社会企业的交流合作；逐步完善科学教育评价体系，改进高校教育评估，形成国际领先、具有中国特色的科学教育评价体系，并定期开展基础教育质量监测，检测我国科学教育质量水平，从而更好地推动科学教育的发展。

到 2035 年，在实现“两个一百年”奋斗目标的阶段关键点上，形成具有新时代中国特色社会主义思想的科学教育与培训体系及公民科学素质测评体系；初步解决科学教育不充分、不平衡问题；进一步完善校内外衔接机制，加强与各类社会组织、企业的交流合作，形成有效的动员合作机制和共享渠道，提升社会参与力，促进科学教育培训水平的大幅度提升；进一步建立全球化科技创新实体社区及网络社区；建立完善的科学教育从业者培训体系和保障体系；制定各项保障政策，鼓励更多人员加入科学教育从业者队伍；健全培训机制，使科学教育工作者专业化水平显著提升。

到 2049 年，我国科学教育与培训体系及公民科学素质测评体系基本完善，公民科学素质显著提高，比肩发达国家水平；落实科学教育与培训基础工程在组织实施、基础设施、监测评估等方面的各项工作，以满足国家建设成为富强、民主、文明、和谐、美丽的社会主义现代化国家的需求。

3. 主要任务

（1）重视科学教师队伍建设，强化科学教师继续教育工程建设。鼓励高等师范院校增设科学教育专业，并制订较为完善的培养方案，针对性地培养科学教师队伍。鼓励在职科学教师参与培训，对兼职、转岗的科学教师开展针对性的培训，弥补学科知识的不足，提高科学素养，从而构建一支以专职为主、高度专业化的师资队伍。制订相应的人才引进计划，吸引海内外具有教育专业背景和科学类学科背景的高层次人才投入科学教师教育事业中。对科技辅导员进行专业资格认定，保障科技辅导员的评职晋级政策，适度提高薪资待遇，提升他们的社会地位及社会认同感。

（2）进一步加强科普资源开发，建设科技教育体验与学习平台。在更新原有技术手段的基础上，利用新的新媒体技术，如移动应用程序（APP）、网上博物馆、人工智能、物联网等新型技术逐渐和校外科技教育相互渗透结合，建设基于移动互联网的深度校外科技教育体验和学习平台，增强校外科技教育的效果，达到进一步提升公众科学素养的目标。

（3）促进教育、科研、科普三位一体，探索与建立校内外科学教育的有效衔接机制。加强教育部门、科协、高等院校、科研院所及社会企业的交流合作，通过深入交流和密切合作，摸索建立高效、稳定、互助的科学教育与培训共同体。鼓励开展校外科学教育，并推动建立广泛的社会企业合作平台，加强科教、校企间的交流合作，形成有效的动员合作机制和共享渠道。充分激活社会活力，提升社会参与力，营造良好的社会氛围，切实形成上下、内外合力，共同促进科学教育与培训工程走向平衡，实现充分发展。

三、职业能力建设与公民科学素质行动

（一）农民科学素质行动

1. 主要问题

农民的科学素质从根本上影响着我国国民经济的发展。因此，提高广大农民的素质特别是科学素质，培养有文化、懂技术、会经营的新型农民，是全民科学素质提高的难点，是全党、全社会关注的焦点，是各级政府和有关部门工作的重点。2006～2016 年，农民科学素质培养的结构逐步优化，形成了以政府为主导、社会力量广泛参与的格局，但还存在如下问题。

（1）主观认识存在偏差。政府和科技部门在农民科学素质行动中存在主观认识上的偏差，期望开展农民科技培训、农村科普教育等活动能产生立竿见影的效果，而忽视了提高农民科学素质的长期性和艰巨性。在这种思想的指导下，往往选择条件较好的农民作为科学素质行动的对象，从而背离了农民科学素质教育的普遍性和整体性要求。此外，在农民科学素质教育资源分配上，存在着重视农村男性劳动力而忽视农村妇女，重视文化程度较高的农民而忽视文盲、半文盲，重视农村干部、专业大户而忽视普通农民特别是贫困户，重视青壮年而忽视中老年和少年儿童的现象。这种“马太效应”式的资源分配模式，导致大部分农民难以获得参与的机会，农民科学素质行动中普遍存在短期行为。

（2）投入不足、部门分散。提高农民科学素质涉及农民生产和生活的各个方面，需要依靠农业、林业、水利、科技、教育、卫生、环境及国土资源等多个部门的积极参与和有效合作。但长期以来，提高农民科学素质的任务主要由农业部门承担，其他部门基本没有参与对农民的教育培训工作。各部门在农民科学素质行动中缺乏有效的合作机制，以及统一的操作标准和规范。在农业教育资源投入不足的情况下，部门各自为政严重分散了有限的资源，进一步增强了提高农民科学素质的难度。

（3）农村科普建设内容单一。向农民传播科普知识的渠道有限，采取的方式仍是传统的广播、发送传单、张贴宣传画等，面向农村、适合农民需要

的科普出版物和科普影视作品较少。同时，大多数农民缺乏足够的意识，获取科普知识的渠道也比较单一，缺乏有效的科普形式和作品在客观上影响了农民科学素质的提高。但也应该看到，免费开展的科普活动具有普及性和公共性，而农民更需要具有专业性和符合自身个性需求的科普知识。

2. 主要目标

为全面深入贯彻落实党的第十九精神，2020～2035 年，经过 10～15 年大力全面开展面向农民的教育、培训、科普、宣传等工作，农民教育和科学知识技术普及与推广的渠道、方式方法、水平和成效有较大和较快的发展，建成适应创新型国家建设需求的现代农民科学素质组织实施、基础设施、条件保障、监测评估等体系，农民科学素质建设的公共服务能力显著增强，以新型职业农民为主的农村人口的科学素质在整体上有大幅度提升。具体目标如下。

（1）不断完善农民科学素质建设协作共建体制机制。发挥政府主导作用，加强统筹协调，加大投入力度。强化社会动员机制，增强社会各方面科普社团、农业组织和非政府组织等利用自身的专业、技术等优势，参与农民科学素质建设的积极性。完善法规政策，积极促进公益性科普事业与经营性科普产业协同发展。从农民本位出发，针对不同地区和群体农民，以其真正的需求为导向。

（2）深入实施基层科普行动计划。发挥优秀基层农村专业技术协会、农村科普基地、农村科普带头人和少数民族科普工作队的示范带动作用。开展科普示范县（市、区）等创建活动，提升基层科普公共服务能力。

（3）加强农民成人教育和职业技能培训。重视对农业从业人员的职业教育和技能培训，实现农村基础教育与职业教育的对接。充分发挥党员干部现代远程教育网络、农村社区综合服务设施、农业综合服务站（所）、基层综合性文化服务中心等在农业科技培训中的作用，面向农民开展科技教育培训。深入实施农村青年创业致富“领头雁”培养计划，通过开展技能培训、强化专家和导师辅导、举办农村青年涉农产业创业创富大赛等方式，促进农村青年创新创业。深入实施巾帼科技致富带头人培训计划，着力培养一支综合素质高、生产经营能力强、主体作用发挥明显的新型职业女性农民队伍。

（4）加强农村科普信息化建设，推动“互联网+农业”的发展，提升农民媒介素养，促进农业服务现代化。互联网已经成为社会的一项基础设施，农业实现信息化也是时代的要求，加强农村科普信息化建设，能够更好地服务于农民的科学素质培养。但是也应该注意到，农民的媒介素养不高，在接触网媒、获取信息、享受信息化服务等方面存在一定的困难。

3. 主要任务

（1）培育新型农业经营主体。地方政府作为培育新型职业农民的主导力量，应出台更多关于惠农、育农、保农的优惠政策，建立新型职业农民培育的保障体系，为新型职业农民培育工作提供高效优质的公共服务。基于逐步适应农业现代化的实际需求，新型职业农民的培养主要由侧重于传统农业生产知识和技术的学习、掌握和应用，向侧重于多种农业机械、信息技术和农业生产经营管理等技能的学习、掌握和应用迅速转变。

（2）大力开展针对广大农民的农业科技培训。制定有关农民科技教育培训体系的规划，以及有关农民科学素质教育培训的教学内容和教学内容，指导农民开展提升科学素质的项目活动，从而建立内容丰富、形式多样、适应需求的农村科学教育、宣传和培训体系。开展针对性强、务实有效、通俗易懂的农业科技培训，多渠道加大培训力度，丰富培训内容，拓展多种培训渠道，提升培训效果和培训质量。发挥好各级各类高等、中等农业院校、科研单位以及农业广播电视学校、农村成人文化技术学校、农村致富技术函授大学、农业科教与网络联盟、有关大中专院校和其他农村成人教育机构在农业科技培训中的作用。

（3）提高新时期农村科普队伍的整体实力和工作水平。培养强化科普工作人员的互联网意识、创新意识、服务意识、共同进取意识；加强与科技人员的学习交流与业务对接，培养捕捉科技发展趋势、掌握科技发现、发明最新成果及其应用效果和信息的能力。完善合理的人才结构，加强凝聚力、组织力、战斗力等作风建设，打造出符合推动农民科学素质行动和服务“三农”的任务要求、专兼结合、精干高效、高水平、高素质的科普工作队伍。

（二）城镇劳动者科学素质行动

1. 主要问题

城镇劳动者作为创新型国家建设的主力军，在规模不断壮大的同时，科学素质水平也在逐年提升。据第九次中国公民科学素质调查结果，城镇劳动者的科学素质水平提升幅度较大，具备基本科学素质的比例从2010年的4.79%提升到2015年的8.24%。城镇劳动者科学素养的提升对我国公民科学素质的整体提高起到了重要作用，但城镇劳动者科学素质提升还面临着如下问题。

（1）在一定程度上忽视了政府的作用。虽然在城镇劳动者的科学素质提升中，企业的主导性地位应该得到发挥和保障，但政府的作用也不能忽视，应该充分保障进城务工人员的权益和规范职业技能培训市场。

（2）对城镇劳动者科学素质的认知还不到位。在宣传方面，舆论引导作用发挥不足，对城镇劳动者科学素质内涵的理解和把握不够准确，宣传力度不大；在方法方面，工作抓手不多，主要以各种培训项目为主；在培训内容方面，重视文化知识培训而忽视能力素质培训，重视职业技能培训而忽视职业素养培训，重视就业技能培训而忽视创新发展能力培训。

（3）城镇劳动者科学素养监测评估体系亟待建立。目前对城镇劳动者科学素质的监测评估还没有形成系统、独立和专业化的框架体系，主要调查指标均出自各部门的相关业务，数据信息存在碎片化、职能化的问题。这些问题不解决，对城镇劳动者的科学素质发展难以进行科学、系统和有针对性的监测评估，也不利于促进各方面工作实现目标任务深度聚合、职能优势关联复合。

（4）各部门协调统筹的机制尚未形成。城镇劳动者科学素质行动是一项复杂的系统工程，具有很强的专业性、社会性和广泛性，涉及部门多，涉及人员杂，必须建立有效的机制，整合资源，形成合力。但目前丰富的科技、科普资源有待充分发掘利用，科普与科技、科普与人才、科普与教育、科普与培训等尚未实现有机结合与互动，城镇劳动者科学素质建设的各部门力量有待进一步整合，各部门之间的综合协调机制有待进一步建立，这就使得城镇劳动者科学素质行动实施的工作支撑明显不足。

（5）广泛引导社会力量参与的机制尚未建立。城镇劳动者科学素质建设是全社会的共同责任，需要社会和公众广泛参与。目前从经费投入来源看，仍以国家财政为主，社会多渠道、多元化投入机制尚未建立。从培训主体来看，虽然我国大多数城镇劳动人口都在企业单位工作，但培训主体仍是政府，很少有企业事业单位能够根据自身特点建立专业科普场馆，或专门成立企业科协、职工技协等组织机构，并从着力加强科学方法、科学思想和科学精神教育等方面，提高职工的科学文化素质。

2. 主要目标

到 2030 年，要实现我国进入创新型国家前列的目标，我国城镇劳动者科学素质达到目前世界主要发达国家 25%的水平，城镇劳动者具备基本科学素质的比例至少要达到 30%。

到 2035 年，我国要基本实现社会主义现代化，跻身创新型国家前列。因此，在 2030 年的基础上，进一步提升城镇劳动者科学素质水平，按照 2030～2035 年复合增长率 2%左右测算，2035 年城镇劳动者科学素质水平有望达到 30%。

到 2049 年，我国将跻身世界科技强国之列。因此，在 2035 年的基础上，不断提升城镇劳动者科学素质水平，按照 2035～2049 年复合增长率 1%左右测算，2049 年城镇劳动者科学素质水平有望达到 35%以上。

3. 主要任务

（1）构建分层分类的城镇劳动者科学素质建设体系。针对城镇劳动者中高层次人才、科技工作者、企业职工、农民工等各阶层科学素质发展状况，提供差异化的科学素质建设内容。面向高层次人才，重点提供信息咨询、学术交流、成果转化等方面的服务与其他延伸服务，加强科技成果交流、展示、评审和普及应用等。面向科技工作者，要着眼于挖掘创新型人才的素质潜能，利用国际国内学术资源，延伸探索空间，使知识资本及价值得到最大体现。面向企业新进毕业生，重心应放在实现由知识向技能的转化、由技能向创新力的转化、由学习能力向创造素质的再提高，激发他们的自主创新积极性，提升他们的研究与开发能力。面向进城务工人员，重点提高其职业技能水平和适应城市生活的能力。面向失业人员等弱势群体，重点提高他们的就业能力、创业能力和适应职业变化的能力。

（2）强化城镇劳动者职业发展教育与就业指导。普遍开设职业发展与就业指导课程，建立专业化、全程化的就业指导教学体系，增强毕业生特别是高校毕业生的自我评估能力、职业开发能力及择业能力，切实转变其就业观念。加强就业指导教师培训和实践锻炼，创新教学方法，进一步提高教学效果。鼓励普通教育学校为在校生和未升学毕业生提供多种形式的职业发展辅导，普通高中根据需要适当增加职业技术教育内容。鼓励职业院校和普通教育学校开展以职业道德、职业发展、就业准备、创业指导等为主要内容的就业教育和服务。推进职业发展教育列入科普工作内容，并列上重要日程。

（3）鼓励企事业单位成为科普工作的重要阵地。鼓励有条件的企事业单位根据自身特点建立专业科普场馆，着力加强科学方法、科学思想和科学精神教育等。鼓励企业员工进行群众性技术创新和发明活动，充分发挥企业科协、职工技协、研发中心等组织机构的作用。

（4）形成各部门共同参与机制。统筹协调各相关部门的关系，合理分工，加强合作，进一步落实相关科技政策法规，建立活动参与机制。针对科技工作者、产业工人、进城务工人员、自由职业者和弱势劳动群体开展工作，建立各劳动群体权益保障机制。推动科研机构、大学和高新技术企业的实验室、研发机构等科普设施对公众开放，促进科技成果的推广。搭建平台，为科技工作者和科普志愿者开展科普工作提供更为便利的条件。

（三）领导干部和公务员科学素质行动

1. 主要问题

自 2006 年《科学素质纲要》实施以来，领导干部和公务员科学素质水平明显提升，对领导干部和公务员科学素质教育培训的重视程度进一步提高，进一步建立健全了领导干部和公务员科学素质行动的体制机制，领导干部和公务员科学素质行动各项保障也明显增强。但总的来说，领导干部和公务员科学素质行动实施仍有不少问题。

（1）促进领导干部和公务员科学素质建设的政策法规还不够完善。不少地方缺少推动领导干部和公务员科学素质行动的法治化、制度化要求。领导干部和公务员科学素质考核评价体系不完善，绩效考核激励约束机制不健全，缺乏刚性约束。

（2）各地推进领导干部和公务员科学素质行动的力度与成效差异较大。东部地区和中西部地区、大城市和小城市、城乡之间的领导干部和公务员的科学素质虽然都在持续提高，但相互之间的水平差距进一步拉大。基层干部获取科学素质公共服务的机会还是偏少。

（3）领导干部和公务员参加科学素质行动的自觉意识有待提高。一些地方往往把领导干部和公务员科学素质提升工作当作一项“软任务”，还没有将其摆在应有的位置上，科学素质行动的知晓度与参与度还有一定提升空间。

（4）对提升领导干部和公务员科学素质的投入不足。专门针对领导干部和公务员开展的科普活动有待强化，提供优质科学内容供给能力和精准培训水平还不够高，缺少一个相对稳定的科学素质提升行动战略支撑人才团队，发挥科技工作者主力军作用不够。

（5）科普信息化建设还不适应科普发展的需要。发挥现代信息技术、大数据、物联网等在提升领导干部和公务员科学素质行动中的作用力度还不够大。领导干部和公务员的科学素质还不能适应新科技革命迅猛发展的新要求。领导干部和公务员对科学文化的需求越来越高，而资源配置、工作模式等还不适应现代科技发展的需要。

2. 主要目标

到 2030 年，我国跻身创新型国家前列，到那时，我国领导干部和公务员科学素质水平持续增强，与世界主要发达国家当时的公民科学素质水平基本持平。同时，我国各地区各领域领导干部和公务员科学素质水平之间的差距进一步缩小，科学决策和科学管理水平不断提升。

到 2035 年，社会主义现代化基本实现，我国稳居创新型国家前列。我国领导干部和公务员科学素质水平大幅度提升，达到或超越主要发达国家当时的公民科学素质水平，具备较强的领导、管理和服务我国创新型国家建设的执政本领。各地区各行业领导干部和公务员科学素质水平的差距显著缩小，科学决策与科学管理水平成为领导干部培养、选拔与考核的主要指标之一。

到 2049 年中华人民共和国成立 100 周年时，我国建设成为富强民主文明和谐美丽的社会主义现代化强国，同时跻身世界科技强国行列，成为世界主要科学中心和创新高地。我国领导干部和公务员科学素质水平领先世界各国当时的公民科学素质水平，具备高水平的领导、管理和服务我国科技强国建设的执政本领。各地区各行业的领导干部和公务员科学素质水平基本持平，我国基本建立对领导干部和公务员科学素质水平进行分级分类测评与全方位综合考核的体制机制运行系统。

3. 主要任务

（1）加强组织领导，坚持分工负责制，完善长效工作机制。健全领导干部和公务员科学素质行动协调小组，协调小组每年召开 1～2 次会议，就工作推进落实情况加强沟通协调。坚持分工负责制。各成员单位按照职能分工，切实抓好《全民科学素质行动计划纲要实施方案（2016—2020 年）》的组织实施。牵头单位切实负起履行整体谋划、协调服务、督促落实等职能。建立并完善相关检测评估机制。创新领导干部和公务员科学素质建设的评估方法，完善专项调查体系，定期开展领导干部和公务员科学素质调查与统计工作，客观反映领导干部和公务员科学素质建设情况，为相关工作的实施和监测评估提供依据。

（2）运用多样化的现代技术手段和方法，加大对科学素质行动的宣传力度，积极引导中央及地方主流新闻媒体、电视台、广播电台、互联网新媒体等，加大对领导干部和公务员科学素质行动的宣传力度，尤其是提高科学素质行动在各级基层干部中的知晓度，不断营造领导干部和公务员学科学、用科学的浓厚氛围。继续组织协调报刊、通讯社、电台、电视台等传统新闻媒体，特别是开发利用好“互联网+”技术，传播科学思想、科学方法和科学精神。

（3）加强领导干部和公务员的组织管理，在考核录用中不断提高科学素质要求。在领导干部考核中，将领导干部和公务员推动实施科学素质行动工作的情况作为重要内容，研究构建领导干部科学能力素质标准体系，进一步明确不同领导职位的核心能力素质和通用测评要素，并强化运用推广。在公务员录用考试中继续强化科学素质测评的有关内容，特别是继续探索并在全国推广分级分类的公务员考录模式，针对不同的职位类别，提出不同的能力素质要求，命制不同的试题，丰富、细化公务员考试题库中的科学素质内容。

通过严格把好准入关，不断提高公务员队伍的科学素质水平。

四、社区科普益民与公民科学素质行动

（一）城市社区科普益民工程

1. 主要问题

当前我国社区科普面临的主要问题有以下五方面。

（1）对社区科普益民工程的理解有偏差。社区科普内容被片面理解，在城市社区，有的对科普内容的理解大多显得过于宽泛，从唱歌、跳舞到书法、绘画，从健身的太极拳到编织的手工艺，几乎无所不包；有的社区科普工作仅把养生保健、食品安全等基本生活知识的普及作为社区科普的主要内容，缺少对科学精神、科学思想和科学方法的弘扬和传播，需要在知识维度、技术维度和价值维度对科普工作进行整体性认识。

（2）社区科普益民工程的机制有待改进。社区科普工作的顶层设计缺乏，在组织开展社区科普工作中往往只满足于上级安排，平时主动思考、主动谋划的意识不强，过多地依靠基层社区自主工作。在发现和培植社区典型方面用力不够，缺乏正确的引导，自觉懂全局、谋全局、顾大局方面考虑不够，抓纲带面、统筹协调欠缺，科普活动缺乏顶层设计和规划，分散性、临时性比较突出。各单位科普资源分隔、共享程度低，科普资源共享的扩大、推广存在一定难度。

（3）社区工作者开展科普工作能力不足。社区人员对社区科普工作的重要性认识不足，缺乏提升自身科普工作能力的积极性和主动性。调查发现，社区用于科普宣传的资料大部分从网络上收集，社区工作者本身没有相关的专业背景，对所收集的资料缺乏鉴别能力，难以保证内容的科学性。

（4）社区科普益民工程的资金不足。科普经费缺乏，筹集渠道、途径和办法少的问题依然存在，边远的城乡接合部老旧社区有时连活动都难以开展。

（5）社区科普益民工程的民众参与度不高。科普设备利用率不高，基层科普工作普遍缺乏内容上的有效供给。

2. 主要目标

到 2030 年，初步形成政府推动、社会支持、居民参与的社区科普新格局；社区科普组织逐步建立健全，队伍逐步发展壮大；社区科普设施不断完善，阵地得到加强；能够面向社区提供较为多样化的科普资源和服务。

到 2035 年，大联合、大协作的局面逐步建立，社区科普体系已经形成；社区科普组织逐步建立健全，队伍不断发展壮大；社区科普设施不断完善，阵地得到加强；社区科普活动蓬勃开展，形式不断创新。

到 2049 年，全部地方设立社区科普益民工程专项经费，全部小区均建有“科普中国”社区 e 站、科普益民服务站、科普学校、科普网络和科普工作领导小组、科普协会、科普员。居民普遍具有应用科学知识解决实际问题、参与公共事务的能力，享有科学文明健康的生活方式，整个社会形成科学文明健康的风尚。

3. 主要任务

（1）加强社区科普组织资源共建共享。加大社区科普资源共建共享力度，进一步建立健全大联合、大协作的工作机制，联合文化、教育等单位，广泛动员社会各方面开展社区科普工作。突出提升基层服务网络的科普服务能力。将科普动员与推广工作与文化共享工程基层服务职能范围有效融合，建立业务职能融合发展机制。

（2）加强社区科普益民工程阵地建设。建立完善社区科普益民服务站、社区科普学校、社区科普橱窗画廊、社区科普活动室等设施，搭建起服务社区居民的有效平台。抓好社区科普网络建设，注重运用社区局域网与手机短信、微博、微信等渠道开展科普工作，构建起实体网络与虚拟网络相衔接的科普工作网络体系。以倡导健康、科学、文明、和谐的生活方式，以提高社区文明水准为目标，进一步完善社区科普教育与科普体系建设，为居民提供系统化的科普教育，提升社区居民的科学素质。

（3）统筹建设基层综合性文化服务中心。通过机制建设，建立符合发展规律的综合性文化服务中心。统筹各部门资源，配套宣传文化、党员教育、科学普及、农技推广、卫生计生、便民服务、体育建设等各类公共服务设备，加强综合服务中心的设备配套，包括科学普及工作的特色设备，使综合公共文化服务中心适应现代化发展水平。加强基层综合性公共文化服务中心科学普及服务能力建设，将宣传文化与科学普及融合在一起，明确科学普及服务项目，提升科学普及品质和服务效能，充分发挥综合性文化服务中心的作用。

（4）建设完善社区科普学校。推动社区建立以科普大学、科普讲堂、社区学院、青少年科技辅导学校等为主要形式的社区科普学校，组织社区居民开展科学教育和培训。制定完善社区科普学校管理和运行制度，建立长效办学机制。注重培养社区科普教师和讲师队伍，提高教学质量和水平。立足实际、贴近居民，采用灵活多样的办学方式，切实满足社区居民学习、交往等多方面的需要。

（二）农村社区科普益民工程

1. 主要问题

在城乡融合发展的进程中，科技进步使农村成为更加适合人类居住的生活环境[18]，但当前农村社区科普面临着如下问题。

（1）对农村社区科普内容的理解过于狭窄。基本上是围绕农村的农业生产开展若干技术、技能培训活动，即技术推广，参与的人员自然比较集中，主要是生产劳动者。但随着社会经济的发展和科学技术的不断进步，科普的内涵发生了很大变化，在普及科学技术知识的同时，科普更重要的作用是使居民能够适应社会发展，形成科学精神、科学态度和价值观。

（2）农村社区科普科教形式单一，向农民传播科普知识的渠道有限。采取的方式仍是传统的广播、发送传单、张贴宣传画等，面向农村、适合农民需要的科普出版物和科普影视作品较少，并且大多数农民缺乏足够的意识，在获取科普知识的渠道上也比较单一，缺乏有效的科普形式和作品在客观上影响了农民科学素质的提高。互动性和参与性较差，需要扩大农民自助科普范围，将过去单向灌输式科普方式转变为农民主动参与、可以互动的主动学科普方式。

2. 主要目标

2020～2035 年，提高我国其他农村人口科学素质的中长期目标是：通过各类教育、培训、科普、宣传等工作，使居住生活在广大农村的其他人口科学素质得到较为显著的提升。其中，到 2020 年，基本具备科学素质的其他农村人口达 900 万人；到 2030 年，培养增加到 1200 万人；到 2035 年，继续培养增加到 1260 万人。他们将在实施“产业兴旺、生态宜居、乡风文明、治理有效、生活富裕”的乡村振兴战略中发挥应有的作用。

3. 主要任务

（1）全面推进农民科学素质行动。根据农民实际情况，制订提高农民科学素质的中长期规划和年度计划，提出具体实施目标和任务；组织开展农民科学素质建设的理论研究、工作指导、新闻宣传、监督评价和绩效考核；示范并带动各地方开展提高农民科学素质工作。按照实现城乡基本公共服务均等化的要求，探索建立政府主导、上下协调、功能完善、综合配套的农业社区科普体系，建立政府购买公共服务的制度，创新提供公共服务的方式。

（2）满足提高农民科学素质的科普资源需求。大力开展科普创作。把握科技发展脉动，及时追踪先进的科技成果和最新的科技知识，用科普的语言进行通俗化再创作；引领时代发展潮流，在科幻和科学发展前沿预测方面开展想象力创作；积极运用信息技术手段，结合多媒体、动漫、游戏、仿真、虚拟现实等技术开展多种参与式、互动式的创作；强化科学教育、传播和普及与艺术、人文融合，充分运用群众特别是农民喜闻乐见的电影、动漫、科普剧等形式，以形象化、故事化、情感化等创作方法，增强内容的吸引力。

（3）开展形式多样的农村科普活动。加强与互联网企业的合作，拓宽网络特别是移动互联网的科学传播渠道，运用微博、微信等，积极开展科普活动；实现多种科普渠道和方式方法的有机结合，指导不同地区的农民转变观念、树立互联网思维，增强农民对使用网络的兴趣和熟练程度，帮助他们掌握“互联网+”、物联网、农业电商等用途与应用，科学、及时了解掌握所需知识、技术和信息，为万众创新、大众创业做出应有的贡献。

（4）树立崇尚生态文明的意识。增强保护农村环境的积极性，提倡节能减排和发展循环经济，倡导可持续发展的生产生活方式，不断改善农业生产环境、农村生活环境、农民居住环境。结合农村环保科普活动和项目，大力开展相关科普活动。以村镇生活污水治理、畜禽养殖污染治理、土壤结构污染治理、工业污染源整治为重点进行农村生态治理工作，使农村的基础设施和生活环境得到有效完善，全面实现农村生态文明建设，优良的生态环境促使农村成为绿水青山、舒适宜居的美丽乡村。

五、科普能力建设与公民科学素质行动

（一）科普信息化工程

1. 主要问题

（1）科普信息化公共服务能力不足。随着新科技迅猛发展，公众对科学文化的需求越来越多，要求也越来越高，而我们的科普机构设置、资源配置、工作模式、工作习惯等还不适应现代科普发展的需要，公共服务能力仍然不能满足经济社会发展和公众日益增长的新变化、新需求，科普技术手段相对落后，均衡化、精准化服务能力亟待提升。

（2）科普信息化水平相对滞后。21世纪以来，科普信息化成为科普事业发展的时代标志，大数据、云计算、物联网、人工智能等新技术广泛应用，移动互联、社交网络、线上线下（O2O）等传播方式异军突起，互联网给人类的生产与生活方式都带来革命性的变革。要使信息化成为科普创新、提升、协同、普惠的强大引擎，以科普信息化为核心，尽快引领建设中国现代科普体系。

（3）科普信息化缺乏大数据精准传播。目前，我国在推进科普工作的过程中，没有解决过多过滥的互联网信息与能够满足用户的有效科普信息极度匮乏之间存在的矛盾，没有真正满足用户个性化、定制化的信息需求，没有完善通过数据挖掘和分析技术，打造基于大数据的科普信息精准传播平台，在不断优化用户信息需求的基础上，实现信息和用户需求的精准匹配。

（4）科普内容缺乏与互联网时代结合的创意。传统方式创作的科普类内容和出版物数量在不断增多的同时缺乏与互联网时代结合的创意，受欢迎程度较低，出现信息过载和信息不足同时存在的情况。目前，大众传媒上科普内容的质量仍远远不能满足形势的需要，还有很大潜力尚待挖掘，尚未形成具有广泛影响的栏目品牌，科普内容在低水平上重复，质量难以保证，并且缺乏与网络使用者的互动。

（5）科普信息化互联互通、共建共享的机制尚未形成。目前，科普工作市场活力没有被充分调动起来，互联互通、高效配置资源的平台发展滞后，"碎片化""孤岛"现象普遍存在，难以有效提供更多、更好的科普公共服务。科普工作没有很好地运用市场机制调动全社会的积极性和创造性。

2. 主要目标

（1）加强各级各类科普机构信息基础设施与能力建设。重点支持中西部地区、边远地区、贫困地区的科普信息基础设施建设，大力推进科普信息化应用创新与改革试点，探索科普信息化可持续发展机制。

（2）加强科普机构信息化设施设备配备，提升科普设施信息化服务体验水平。推进科普机构建立互动体验空间，充分运用人机交互、虚拟现实、增强现实、3D 打印等现代技术，设立科普交互式体验专区，增强科普服务的互动性和趣味性。

（3）开发和应用集信息发布、需求征集、意见反馈、在线互动的大数据分析系统。通过"科普云"服务平台和各个传播渠道，常态化征集全民科学素质普及需求信息，测评全民科学素质普及群众满意度。

（4）实现多媒体、多网络、多渠道、多屏幕科普内容分发。满足科普内容全媒体全国覆盖的需求，只要获得"科普中国"品牌授权的机构，就可以畅通和便捷地获取各类科普内容资源。

（5）建立全国科普信息资源共享和交流平台。实现跨部门、跨地区、跨领域科普内容资源共享交换，为社会和公众提供资源支持和公共科普服务。鼓励各级各类科普服务平台与商业运营平台、网络传播媒体、公共服务平台开展合作，嵌入科普内容资源，增强全民科学素质普及内容获取的便利性。

（6）建立科普效果评估机制。收集科普相关活动的公众受欢迎程度、公众对活动的想法和建议等信息，实现对科普工作的有效评估。

3. 主要任务

（1）科普机构信息化提升工程。重点支持中西部地区、边远地区、贫困地区的科普信息基础设施建设。大力推进科普信息化应用创新与改革试点，探索科普理念与模式创新，推动科普与信息技术的深度融合，探索科普信息化可持续发展机制。加强科普机构信息化设施设备配备，提升科普设施信息化服务水平，推进科普机构建立互动体验空间，充分运用人机交互、虚拟现实、增强现实、3D 打印等现代技术，设立科普交互式体验专区，增强科普服务的互动性和趣味性。

（2）依托“科普云”平台，建立和完善资源建设、系统开发、服务提供、数据开放等方面的科普内容标准规范体系。促进数据、资源和服务在互联网环境下的开放利用。完善包括资源内容、元数据、对象数据的加工规范和长期保存规范，保证各类科普内容资源建设的规范性。依据“平台化”的原则制订开放接口规范、数据交换规范、新媒体服务类规范，确保异构系统间的数据交换、资源整合和服务调度。

（3）科普大数据分析评估工程。采集和挖掘公众需求数据，做好科普需求跟踪分析，针对各地区、渠道科普受众群体的需求，通过科普电子读本定向分发、手机推送、电视推送、广播推送、电影院线推送、多媒体视窗推送等定制性传播方式，定向、精准地将科普文章、科普视频、科普微电影、科普动漫等科普信息资源送达目标人群，满足公众对科普信息的个性化需求。

（二）科普基础设施工程

1. 主要问题

（1）科普基础设施建设未能充分满足《科学素质纲要》要求。根据《科学技术馆建设标准》，全国适宜建设科技馆的地市级及以上城市（户籍人口超过 50 万人）共 288 个，但尚有 184 个城市未建成科技馆（占 63.9%）。另外，科普基础设施布局不合理，分布不均衡。我国东部和中西部地区科技馆数量差距较大，区域发展不平衡。2017 年，东部地区共有科技馆 82 座（占 42.7%），远高于中部地区的 57 座和西部地区的 53 座。

（2）科普基础设施展教资源创新和供给不足。从科技馆展教内容建设和运行投入来看，有的地区存在重馆舍建设轻内容建设、重场馆建设轻运营管理的倾向，未将科技馆当作教育机构来建设，因此对于内容建设投入的资金、人力和其他保障不足，建成后的运行管理与资源更新乏力，严重影响了科技馆的长期正常运行和可持续发展。

（3）科普基础设施信息化应用能力仍显薄弱。以科技馆为例，信息化服务观众的能力明显不足，仅有 60.5%的科技馆建设使用了信息化系统，其中展品信息化管理系统的应用比例仅为 36.5%。此外，部分中小科技馆甚至没有能力建设和维护官网和主页，目前全国科技馆中建有官方网站的比例为 67.1%，建有官方微信的为 62.1%；有 40 余座科技馆尚未建立官方微博、微信、APP 等。

（4）科普基础设施人才队伍建设滞后。专业人才编制和数量不足，不同建筑规模科技馆的工作人员编制数均低于《科学技术馆建设标准》中的相应要求。科普基础设施专业技术人员的岗位职责与专业素质要求不明确，专业技术职务晋升通道不明确；科普基础设施领域缺乏面向在职人员并针对不同专业、不同岗位、不同层次的系统性培训，导致人才的创新能力和可持续发展能力不足。

2. 主要目标

到 2025 年，拓展和完善现有基础设施的科普教育功能。对现有科普设施进行机制改革和更新改造，充实内容、改进服务、激发活力，满足公众参与科普活动的需求。整合利用社会相关资源，充分发挥科研基础设施的资源优势，发展青少年科技教育基地和科普教育基地。多渠道筹集资金，在充分研究论证的前提下，新建一批科技馆、自然博物馆等科技类博物馆。

到 2035 年，推动建立科普标准化组织，制定科技馆行业国家标准体系与相关标准规范，并创新可复制、可推广的科技馆建设和运营模式。开展科技馆评级与分级评估，推动博物馆、科研机构、高等院校、企业、重点实验室、生产车间等面向公众开放优质科普资源，开展科普活动。突出信息化、时代化、体验化、标准化、体系化、普惠化和社会化，以现代信息技术为手段，互联互通，虚实结合，推动科技馆由数量与规模增长的外延式发展模式向提升科普能力与水平的内涵式发展模式转变。

到 2049 年，建成有中国特色、世界领先的科普基础设施体系，科普场馆的发展规模和整体水平位于世界一流科普场馆前列，成为世界科普基础设施强国；科普场馆及其资源分布实现全国均衡发展，科普资源的创新能力、研发能力、服务能力达到国际先进水平，为我国成为世界科技强国提供更加坚实的科普基础设施与资源支撑。

3. 主要任务

（1）进一步优化布局和结构。加强对新建科普基础设施的支持，推动中西部地区和地市级科普基础设施的建设，逐步缩小地区差距；推动展教场地设施不足、科普功能薄弱的中小型科普场馆改造或改建，大幅提升科普场馆的覆盖率和利用率。引导、鼓励各地科普场馆根据本地情况突出专业和地方特色，逐步形成多样化、特色化的场馆结构布局。推动专题科普场馆、专业行业类科普场馆的建设。联合地方政府，依托大科学装置、重大工程及地域文化、乡村生态等共同建设一批科普小镇。

（2）强化数字科技馆功能。中国数字科技馆增设交互学习体验中心定位，实现展览展品及教育活动的数字化、网络化，拓展展品的远程实时互动功能，加强原创科普内容开发，构建全媒体学习资源库，完善公众自主学习环境，打造“永不闭馆”的科技馆。

（3）增强科普基础设施与社会互动、与公众交流能力。组织开展主题性、全民性、群众性科普活动。深入开展全国科普日，以及防灾减灾、健康中国行、食品安全宣传等活动，围绕公众关切的健康安全、科技前沿等热点、焦点问题，及时、准确、便捷地为公众解疑释惑。广泛开展针对领导干部和公务员的各类科普活动，着力提高领导干部和公务员的科学执政水平、科学治理能力、科学生活素质。

（4）强化科普基础设施的馆校结合机制。努力争取将中小学生到科普基础设施参加科技课程或活动计入科学课学分；将大学生、研究生在科技馆开展志愿服务或科普活动计入学分。加强与科研院所合作，吸引科研人员参与科普资源创新研发，促进科技成果向科普资源转化；鼓励科研人员投身科普，促进公众对科学的理解和认可；扩大科普志愿者队伍，建立健全志愿者招募和管理办法；加强与教育、新闻媒体、互联网行业的合作与交流，增大社会宣传力度，创新科学传播渠道。

（三）科普人才建设工程

1. 主要问题

（1）科普人才总量还不足。根据科技部的调查统计，2016 年全国科普兼职人员有 162.88 万人，比 2015 年减少 20.35 万人，但实际投入工作量达到 185.46 万人月，比 2015 年增加 4.02%。同时，科普专职人才的综合能力未达到当代科普工作的要求，科普人才学科单一，无法适应当前跨界融合的形势要求。基层科普人才所占比例少，不能满足基层工作需要。

（2）科普人才培训规模还不能满足需求。科普人员培训制度化尚未形成，科普人员培训机会较少，培训制度、教学大纲、课程体系亟须常态化、制度化。科普兼职人员很少接受正规的科学传播技能培训，以致他们在科普能力和技巧方面不能得到提升，在实际科普过程中，也难以发挥主要作用；区域内科普兼职人员队伍结构不均衡，省会、大城市或中心城市以及东部地区的科研、教学单位比较多而集中，而中西部地区的科普兼职人员数量较少且发展速度慢。

（3）科普人才在培养、使用与评价方面还未有机整合。与科普人才管理体制相配套的改革还不到位，仍然带有明显的过渡性和摸索性，人才市场调节机制不够完善，在观念、体制、机制和政策等方面还存在诸多障碍，与市场经济体制相配套的人才工作机制，尤其是科普人才工作机制还不够健全，运行不够灵活。

2. 主要目标

到 2030 年，为适应实施创新驱动发展战略的要求，初步形成规模宏大、素质优良、结构合理、富有活力的科普人才队伍、科普人才培养体系和管理制度，在重点领域形成科普人才国际竞争优势，为公众科学素养的提升提供有力支撑。全国科普人才总量达到 700 万人，其中，专职科普人才 70 万人，兼职科普人才 630 万人；全国中级职称以上或大学本科以上学历的科普人才达到 525 万人，占科普人才总数的 75%。科普行政管理人才 50 万人，科普企业经济管理人才 20 万、科普专业技术人才 430 万人、科普技能人才 100 万人、农村科普实用人才 200 万人。

到 2035 年，形成规模宏大、素质优良、结构合理、富有活力的科普人才队伍，科普人才的科普贡献率明显提升。进一步推动解决数据鸿沟和知识鸿沟，为提升全民科学素质、支撑世界科技强国建设贡献力量。全国科普人才总量达到 800 万人，其中，专职科普人才 80 万人，兼职科普人才 720 万人；

全国中级职称以上或大学本科以上学历的科普人才达到 600 万人，占科普人才总数的 75%。科普行政管理人才 50 万人，科普企业经济管理人才 50 万人、科普专业技术人才 400 万人、科普技能人才 100 万人、农村科普实用人才 200 万人。

到 2049 年，形成规模宏大、素质优良、具有国际视野的科普人才队伍，科普人才的国际地位明显提升，在构建人类命运共同体中发挥引领作用。全国科普人才总量达到 1500 万人。其中，专职科普人才 150 万人，兼职科普人才 1350 万人；全国中级职称以上或大学本科以上学历的科普人才达到 1200 万人，占科普人才总数的 80%。科普行政管理人才 100 万人，科普企业经济管理人才 400 万、科普专业技术人才 600 万人、科普技能人才 200 万人、农村科普实用人才 200 万人。

3. 主要任务

（1）以组织建设为基础，推进科普人才队伍建设。不断健全、完善基层组织，加强基础建设，以实施科普益民、科普惠农项目为重要抓手，开展常态化基层科普服务活动。建立健全专职科普人才职业资格认证体系，推进专职科普人才持证上岗制度建设和职称评定工作。兼职科普人才与科普志愿者队伍整合，以各级科协组织为依托，对兼职科普人才进行管理。从招募、培训与激励措施着手，形成严格的兼职科普人才管理机制，不断完善科普服务流程。

（2）加快发展科普人才教育。构建合理的教育体系，加强对科普人才培养发展的统筹指导和综合保障，加快建立适应科普发展需求、产教深度融合、人才有机衔接、布局结构更加合理的现代科普人才教育体系。采取联合协作、多方投入、共建共享的方式，建立完善科普人才培养培训体系。推进一批国际水平的一流学科和院校建设。依托国家重点人才工程、重点学科、重点专业、重点实验室、重大科普项目等，构建科普人才开发新平台、新载体。

（3）抢占世界高端科普人才发展制高点。打造一支具有前瞻性和国际眼光的战略科学家队伍。加快推进科学家工作室建设，采取自组团队、自主管理、自由探索、自我约束的管理制度，使科学家及其团队能够潜心从事科学研究，提升我国科学家在国际上的影响力。培养一批具有国际视野、符合国际水准的科普专门人才，创造条件输送到国外的科学共同体、科普机构，扩大我国在国际行业中的影响力。支持开展与“一带一路”沿线国家、传统友好国家、中东欧国家、周边国家和发展中国家间的双边、多边国际科普人才开发合作。支持院校、行业组织等举办科普人才开发国际论坛、研讨会。鼓励院校开展科普人才国际交流，引进海外优质科学资源，支持有条件的院校开展海外办学和国际合作人才培养项目，增加科普领域教师和学生到海外留学、进修、实习的数量。

（4）创新区域人才发展体制机制。整合政府部门、企业、院校、行业组织、社会机构资源，形成科普人才开发合力，鼓励各地方、各单位在科普人才队伍建设方面开展差别化探索，形成可复制、可推广的经验。加强与人力资源和社会保障部合作，研究构建科普人员继续教育体制机制，分类建立科普人才培养体系，构建标准化人才培养模式。引导企业、院校、行业组织和社会机构广泛参与科普人才在职培训，构建专业化、社会化、多元化的科普人才在职培训体系。设立高级研修项目，按照高水平、小规模、重特色的要求，为高层次科普人才创造一流的进修和交流环境，每年举办国家级高级研修班，培养高层次科普人才。

（5）实施科普人才大数据工程。建立科普人才信息平台，强化全国科普人才工作经验交流和信息共享。重点建设科普企业领军人才和职业经理人数据库、科普高级专业技术人才数据库、科普高技能人才数据库和乡村科普实用人才数据库。将专职科普人才、兼职科普人才纳入数据库，将其年度内开展的活动记入数据库。以人才管理带动科普事业的发展。

（四）新媒体与科学传播建设工程

1. 主要问题

（1）科普内容的科学性难以保证。新媒体时期，由于信息和传播信息的门槛大大降低，许多非专业人士也参与到科学传播的过程中，成为“科普自媒体”，导致科学传播信息良莠不齐，科普知识的科学性、准确性大大降低。如“2012 年是世界末日”、“核辐射传言”导致疯狂抢碘盐、“超级月亮引发日本地震”等错误观点和谣言，都是自媒体科普门槛太低导致的结果[19]。

（2）新媒体带来信息冗余的倾向。在新媒体平台上，科普信息每时每刻都在呈指数级更新，每一个公民都能根据自己的经验和需要改变原来的内容，使得内容在数量上不断增加。在不受管控的环境下，科学传播会导致科学信息的泛滥，造成“信息爆炸”，反而降低了科学传播的效率。

（3）科普材料的知识产权难以保护。数字媒体，尤其是新媒体信息传播的一个重要特征是，信息极其容易被储存、复制和再传播。在对内容创新相关的法制和政策保护机制尚未建立起来的情况下，这种特征很容易导致对原创科普内容的剽窃和抄袭，严重损害科普材料知识产权所有者的合法权益，极大损害其创作的积极性。这个问题不仅针对使用新媒体的原创作者，传统媒体下科普产品的原创作者随着科普材料信息化、数字化也面临权益的侵害。广播、影视、图书、报纸等媒体形式正面临着这样的问题[20]。

（4）专业人员面临参与“鸿沟”。尽管新媒体在科学传播方面具有诸多优势，但专业的科研和科普人才加入新媒体仍面临着客观和主观障碍：沉重的科研压力，科研工作者难以分摊时间参与科普工作；主观意愿不强，加上缺乏足够的激励机制，认为科普工作应当留给专门的科普机构去负责；媒介使用能力有限，很多科研工作者不熟悉传播工具的使用，不关心提高科普内容的趣味性和可读性，阻碍了科学知识在新媒体的有效传播。

2. 主要目标

（1）科普内容标准规范体系得以建立并完善，科普内容质量不断提高。以“科普中国”品牌为统领，开展“科普云”服务，建立和完善资源建设、系统开发、服务提供、数据开放等方面的科普内容标准规范体系，建立专家审核和公众纠错结合的科学传播内容审查机制，建立对上传和传播科普内容的审核平台，汇聚各级科普内容资源，加强科普内容资源保障，提高新媒体下科学传播内容的权威性和准确性。

（2）多媒体、多网络、多渠道的科普内容分发体系基本形成。科普信息资源共享平台基本建立，媒介合作的态势得到巩固。建立覆盖全国的科普信息资源共享平台，实现跨部门、跨地区、跨领域科普内容资源共享交换，鼓励各级各类科普服务平台与商业运营平台、网络传播媒体、公共服务平台开展合作，嵌入科普内容资源，提升科普服务的数字化、网络化、智能化水平。

（3）大数据应用更加广泛，科学传播更加精确高效。健全大数据分析系统，加强需求信息的整理、归纳和分析，精准识别公民科学素质普及需求。采集和挖掘公众需求数据，做好科普需求跟踪分析。此外，依托大数据技术，建立和完善科普信息库，满足网民对特定科普信息的查询需求

（4）科学传播人才队伍的专业素质不断提升，为优质的传播内容提供保障。扩充科学传播人才队伍规模，优化人才结构，推进并加强人才培养和交流，引导科技工作者、传播专业高校毕业生参加科学传播，提高科普传播人才的专业性。

3. 主要任务

（1）创新科普传播模式，发展现代科普传播渠道。各类科普组织要充分利用和借助现有传播渠道，特别是移动终端等多种渠道，运用微博、微信、社交网络等开展科学传播，让科学知识在网上流行。传统媒体应与网络媒体加强合作，形成媒介融合。例如，传统电视媒体可与视频网站合作，解决电视科普内容缺乏的问题；网络视频等新媒体可以将传统媒体内容（如电视节目）利用网络视频进行直播和点播，扩大信息传播面[21]。

（2）引导社会资金多元化投入科学传播。目前政府仍是科普工作投入的主体，社会力量对科普投入相对较少。科普网站、期刊、APP 运营经费短缺，仅靠政府财政资金运行明显不足。在不改变公益属性的前提下，利用市场化手段，充分调动社会资金，引导鼓励社会力量、组织和个人捐助或者投资科学传播事业。

（3）紧密围绕医疗健康、应急避险、前沿科技等网民关切主体开展科普工作。各类科普组织应聚焦公众的科普需求，贴近实际、贴近生活、贴近群众，围绕公众关注的卫生健康、食品安全、低碳生活、心理关怀、应急避险、生态环境、反对愚昧迷信等热点和焦点问题，大力普及科学知识，及时解疑释惑。

（4）进一步缩小地域间、代际间的科普信息鸿沟。各类科普组织要充分运用多元化手段拓宽科学传播渠道，缩小不同群体公民之间获取科普信息的差距。积极争取将科普信息化建设纳入本地公共服务政府采购范畴，充分发挥市场配置资源的决定性作用，依托社会各方力量，创新和探索建立政府与

社会资本合作、互利共赢、良性互动、持续发展的科普服务产品供给新模式。积极组织和动员科技类博物馆、科普大篷车、科普教育基地、科普服务站等，主动地利用现有科普信息平台获取适合的科普信息资源，加强线上科普信息资源的线下应用，丰富科普内容和形式，探索符合地方需求、有地方文化特色的科普传播模式。

六、科普产业开发与公民科学素质行动

（一）科技资源科普化工程

1. 主要问题

（1）科技成果转化难度大。由于科技成果转化为科普性产品的过程涉及面广、复杂性高，其中充满了大量风险和不确定性，社会资本很少有意愿把资金投向项目早期和前端，这就难免造成科技成果难以转化、不能转化的情况较为普遍，而症结就在于国家级科技成果转移转化启动资金的缺失[22]。

（2）科技成果转化政策落实还没有形成协同机制。科技成果转化涉及研究、开发、商品化转化、产业化等多个环节，涉及政府（政）、产业（产）、高校（学）、研究院（研）、金融机构（金）、中介服务机构（介）、销售渠道（贸）等多个主体，涉及资金、技术、人才、信息等多方面要素。高校、科研院所、科技企业和科技人员在实施科技成果转化中遇到问题时，往往不是一个部门能够单独解决的，需要相关政府部门密切配合与协同。然而，目前还缺乏跨部门的政策落实协同机制。

2. 主要目标

（1）进一步建立健全配套政策体系，完善和落实各项政策。要营造大众参与、科普共建共享资源的政策环境，打破制约创新的行业垄断与市场分割，形成人人参与科普的社会氛围；对比借鉴高新技术产业、文化产业等相关产业的政策，健全科普产业准入政策、财税政策、金融政策、人才政策等，强化产业政策的引导和监督作用，形成有利于转型升级、鼓励创新的科普产业政策导向。

（2）大力发展科普企业，形成科普龙头企业集团，加快产业集聚。这是

当前我国科普产业发展亟须解决的问题。培育一批龙头科普企业，形成科普产业园区，可以壮大我国科普行业的实力，从而带动相关科普企业的发展，形成集团优势，充分发挥产业集聚效应。

（3）整合科普资源，建立科研与科普相结合的机制，推动重大科技创新资源向科普资源转化。加强科普资源共建与共享，推动科普资源的集成。鼓励高等院校及工程中心承担各类科普展品的研究开发工作，并将研发成果及时向社会公众普及；鼓励高新技术企业研发中心、车间等向公众开放，向公众普及企业产品研发生产过程与创新技术；鼓励各类景区结合自然及人文景观，打造科技旅游路线，宣传地质、环境、生态等知识，将科普与人文有力结合。

3. 主要任务

（1）完善促进科技成果转化的政策机制。推动高校建立知识产权运营机构，并引导高校设置国家战略新兴产业发展、传统产业改造升级、社会建设和公共服务领域改善民生急需的专业，鼓励具备条件的普通本科高校向应用型转变。

（2）支持科研工作者将最新的成熟研究成果转化为科普产品。鼓励科学家担任科普导师、传媒科学顾问，参与科学创新教育与科技传播工作。制定合理有效的人才激励机制，引导和支持科研教育机构及高科技企业设立科普人才奖励机制，充分调动科学家和科技工作者的积极性，培育一批高素质水平的科普工作队伍，增强科普的社会影响力。

（3）发挥专业科普组织的支撑作用。中国科学院各专业科普组织要把握科普工作的发展趋势，凝聚成员单位力量，统筹专业科研资源，组织成员单位开展科普理论研究、举办大型科普活动、进行科普资源网络转化、研发系列科普产品，为“高端科研资源科普化”计划和“‘科学与中国’科学教育”计划的组织实施提供有力支撑[23]。

（4）培育更多的创新型企业。着力推动科研项目企业化落地，加速科研成果和新型研发机构企业化运作，加快建立现代企业制度。以股权为纽带，把高校院所、科研团队、地方平台、社会资本等紧紧联系在一起，发展混合所有制企业，形成创新的合力、利益的共同体。建立科技型中小企业、科技小巨人企业、高新技术企业、上市企业、行业龙头高新技术企业梯度发展工作推进机制。实施科技型企业成长帮促计划，针对不同类型的企业、企业成长的不同阶段、创新型企业链条上的各个环节，分别制定有针对性的扶持政策。

（二）科普产业助力创新工程

1. 主要问题

（1）新型科普产业缺少过硬的品牌产品，缺少大而强的科普企业。科普影视作品总量少，科普创作“叫好不叫座”；科普影视业缺乏优秀、高质量的内容；缺乏科学家与艺术家的有效合作机制；缺少表现形式的创新，微电影、微视频发展不足；一些新形式的科普节目，如科普真人秀节目也正处于萌芽状态，节目质量仍有待提高。

（2）市场发育不成熟。我国目前正逐步形成科普展教品业、科普图书出版业、科普动漫业、科普影视业、科普游戏业、科普玩具业和科普旅游业，但科普产业整体上还处于“布局散、发展缓、规模小、实力弱”的状态，缺乏龙头企业，产业链中传统科普展教品业比较大，而新兴科普产业发展极为不够。

（3）科普产业观念滞后、创新不足。促进新型科普产业发展的政策法规不配套、不完善；科普产业发展的体制、机制创新不够；支撑科普产业发展的制度体系不完善；科普产业发展急需的高素质经营管理人才匮乏；科普产业发展的相关理论研究严重滞后等问题较为突出。

2. 主要目标

（1）建立完善的市场机制。优化配置科普资源，细分和繁荣科普服务市场，丰富科普产品和服务，提高科普产品和服务效能与品质，弥补公共科普产品和服务的不足，促进科普事业的发展，切实满足人民群众多层次、多方面、多样化的科普需求。

（2）培育一批有自主科普创新能力、有知名品牌、有自主知识产权的科普企业和企业集团。这些企业科普机构，既可以以市场竞争的方式来承接政府或科普公共（公益）机构采购、外包、授权等的科普产品和服务订单，也可以根据政府、社会、个人的科普需求，通过市场直接向科普需要者提供多样化的科普商品和服务。

（3）繁荣科幻创作。推动制定科幻创作的扶持政策，将科幻创作和产品纳入相关专项资金支持和税收优惠范围。设立国家科幻奖项，成立全国科幻社团组织，兴办国际科幻节，支持建设科幻产业园，推动我国科幻作品创作与生产进入国际一流水平。推动科普游戏开发，支持科普新游戏开发、现有游戏增加科普内容，开展技术交流和创意交流，加大科普游戏传播推广力度。

（4）推动将科普产品研发纳入国家科技计划。推动科普产品研发中心建设，支持优秀科普作品的产业转化。推动科普产品交易平台建设，加大对重点科普企业产品的政府采购力度。

（5）加强科普创作的国际交流与合作。着力面向世界推广展示中华文明和智慧的科幻、动漫、游戏、科普展览、图书等作品，增强我国在国际科学传播领域的话语权。开展科普创作国际交流活动，增强对国际一流科普作品的引进消化吸收和再创新能力。

3. 主要任务

（1）完善科普产业政策体系。推动新型科普业态产业的发展离不开政府的导向和支持，但目前专门针对新型科普产业的政策较少，缺乏系统的新型科普产业发展政策体系。加强科普产业政策研究，完善政策环境和落实保障措施，强化对科普产业发展的宏观指导，主要包括：完善科普产业市场准入政策，完善科普产业财税政策，完善科普产业激励政策。

（2）完善科普产业市场体系。科普产业线下发展的同时必须要开展线上推广，以满足客户多样化、及时化、定制化的消费需求；鼓励举办各种类型、专业化、市场细分的交易会，对于促进科普事业及产业的发展具有重要作用。组织动员高等院校、科研机构、科普有关单位、政府部门等合力开展不同层次、不同形式的科博会，形成有影响力的特色交易平台。

（3）组织行业培训和交流峰会。目前我国的行业培训和交流峰会均处于方兴未艾的阶段，其中很大原因是缺乏行业内交流，缺乏足够专业的人才，懂科学的人不懂传播，懂传播的人不懂科学。而从国外的发展经验来看，这些新兴行业的发展对科普传播的意义重大，能够让受众以轻松、愉悦的方式理解科学、接受科学、喜欢科学，可谓事半功倍。因此，科协系统有必要组织一些行业培训会议和行业交流峰会，汇集众人智力，跟踪国际国内前沿，提供发展典范，并通过各类渠道为大家提供发展机会。

（4）鼓励科普业态跨界整合发展。一方面，促进科普产业内部业态相互融合，形成新的业态，如科普出版、科普网络、科普影视等共同组建成科普信息业的基础；另一方面，科普产业与其他产业融合发展，催生出新的业态，如科普产业与文创产业相结合形成科普文创业，科普产业与健康产业相结合形成科普健康业等。

（三）科普文化旅游业开发工程

1. 主要问题

党的十八大以来，高新技术不断获得重大突破，“天眼”探空、“神舟”飞天、“墨子号”升空、高铁奔驰、“北斗”组网、超算“发威”以及 C919 首飞等，特别是人工智能、量子科技等前沿科技的快速发展，使大众对科技知识的普及产生巨大的需求，为科普旅游产业带来发展机遇。同时，人民群众的需求快速增长，对基础设施、公共服务、生态环境的要求越来越高，对个性化、特色化旅游产品和服务的要求越来越高，旅游需求的品质化和中高端化趋势日益明显。但是，我国科普产业发展还存在着如下明显问题。

（1）科普旅游产品较为缺乏。2016 年 12 月 19 日，教育部等 11 部门联合发布的《关于推进中小学生研学旅行的意见》明确提出，要将研学旅行纳入中小学教育教学计划。2017 年 3 月，国家旅游局和中国科学院共同发布“中国天眼”等十大科技旅游基地。目前，科普旅游市场需求非常强烈，但科普、教育、旅游等相关部门的有效合作机制尚未完全建立，难以开发更多满足社会公众需求的科普旅游产品。

（2）科普旅游市场发育尚不成熟。需要吸引更多企业、高校、科研机构的参与，发挥信息、产品与服务交流平台的作用，引导并促进科普旅游产业发展。目前，全国科技旅游基地、高等院校和科研院所实验室的数量和规模远远不能满足社会需求，而且缺乏常态性的交易市场，难以满足科普旅游的需求。

（3）科普旅游专职人员不足，素质有待加强。专职人员在推动科普旅游的发展中起到关键性作用，需要提高其素质，同时激励科普旅游兼职人员，如专家教授、志愿者等积极参与其中。

（4）缺乏统筹机制。科普旅游是新生事物，因此要加强对科普旅游科学合理的规划、开发与管理，以保证科普旅游的质量。目前，东西部地区发展情况不均，需在全国范围内整合资源，合理配置，创建各区域、各省特色品牌，让公众根据个人偏好选择旅游项目。

（5）资金渠道单一化。政府的力量有限，科普旅游的发展需要全社会共同参与。可考虑设立专项基金，用于资助科普旅游项目，并确保社会组织和个人资助科普旅游的财产，必须用于科普旅游相关活动，任何单位和个人不能克扣或挪用；也可通过表彰或奖励举措来鼓励企业或个人积极参与。

2. 主要目标

（1）推进科普旅游创造学习型社会。人们旅游的目的不单纯是享乐，而是受教于乐，在心情愉悦的体验过程中接受信息，这有助于在全社会形成崇尚科学、反对迷信的良好风气。同时，科普旅游有利于构建和谐社会。当人们参观游览时，了解了大自然的奥秘，便会心生敬畏之情，培养爱护环境的意识。

（2）科普旅游服务供给总量有效扩大。推进科普旅游服务供给侧结构性改革，加大服务投入力度，发挥市场的资源优化配置功能，全面提升科普旅游供给能力。坚持共建共享，推动科普旅游服务普惠化、均等化发展。

（3）科普旅游服务供给结构不断优化。立足游客需求，扩大科普旅游服务内容，优化旅游公共服务供给结构。创新科普旅游的供给方式，推动科普旅游市场化运营，提高游客满意度。以贴近公众认知为出发点，创作易于公众理解科技的展教手段与形式，根据不同人群与层次设计适宜的科普旅游产品，从而为公众带来良好的科普旅游体验。

（4）积极培育具有世界影响力的旅游院校和科研机构。鼓励院校与企业共建旅游创新创业学院或企业内部办学。支持旅游规划、设计、咨询、营销等旅游相关智力型企业发展。构建产学研一体化平台，提升旅游业创新创意水平和科学发展能力。

（5）建立科普旅游综合推进机制，持续加大政府投入力度。鼓励引入社会资本，形成政府、市场、社会多元合作格局，推进科普旅游的市场化、专业化，实现科普旅游可持续发展。各级科普教育基地通过开展科普旅游，充分发挥科普教育基地的重要作用。

3. 主要任务

（1）加强原有科普业态的深化延伸。目前，我国的科普旅游基地大多为动物园、植物园和科技馆等，同质化问题较为严重。为加强科普旅游业的发展，需要在原有科普业态的基础上进行深化与延伸，一方面，要加快科普旅游基地的建设，满足公众对科普旅游日益增长的需求；另一方面，要在现有的单位中择优颁发旅游基地牌照，充分调动民间资源。

（2）进一步放宽市场准入。放宽市场准入有利于贸易自由化，也有利于学习国外先进的管理经验与运作模式，引进先进设备和优质人才，以进一步促进我国科普旅游健康快速发展。考虑进一步开放我国科普旅游市场，鼓励外资进入我国科普旅游领域，如允许外资投资科普旅游项目、建设科普场馆等科普旅游资源开发与经营管理活动。

（3）贴近时代，凝聚人才，建设科普旅游新基地。我国现有的科普旅游景点正面临着二次创业的改革大潮，新的科学园、农科示范工程、工业综合旅游景点和科普示范旅游基地，都应有时代特色感，统一规划，形成科普旅游热线。

（4）注重投入，完善设施，促进科普旅游大众化。展馆形式灵活多变，形象新颖，集教育性与趣味性于一体。开发科普旅游的总体思路是：科教—新奇—玩乐—求知，使科普旅游集知识性、科学性、教育性于一体，突出好玩，符合大众需求，有利于科普旅游发展新机制的建立。

（5）倡导科幻、激发探索，掀起科普旅游新热潮。科学幻想是一种在科学的基础上敢于求新、求奇、求异的探索精神，热衷和倾心科幻的大多是青少年，应当引导、激发我国青少年的想象力与求知欲，尽快形成科幻发展的宽容、良好的氛围，通过新渠道，研究和探索新形势下科普工作的新方式。建立新思想，讲求实效，大胆创新，使科学知识技术形象化、通俗化，为群众所接受和喜爱。

（6）大力提倡和鼓励多渠道、多形式、灵活多变的资金投入。资金投入保障体系是发展科普旅游产业的关键，应当从政策和法律上真正保护投资者的利益。汇集各地经验，顺应创新、特色的主旋律，不能因新兴产业有利可图而一哄而起。

（7）服务完善，秩序井然，建设高品质科普旅游基地。科普场所的公共服务设施完善，有明显的参观标示说明，服务人员队伍专业化，提高接待能力，面向公众提供完善的服务，充分发挥科技、文化教育的服务功能。

七、公民科学素质建设机制问题

（一）组织保障机制

1. 主要问题

当前，中国正在构建以政府为主导的、引导社会各界积极参与的共享共建机制，推进全民科学素质建设，但这种机制还存在以下主要问题。

（1）联合协作机制有待进一步加强。当前推进公民科学素质建设的主体是科协，限于科协的自身地位和性质，在具体工作落实过程中，科协的协调力度相对有限，大联合、大协作的机制有待进一步加强。

科协是党领导下的人民团体，是带有半官方性质的群众组织。在全国公民科学素质的推进过程中，虽然都是由科协来组织协调，但具体工作的推进落实主要是由政府部门来推进。在组织层级设计、任务目标等各个方面，科协对地方政府都缺乏一定的约束。同时，科协组织尤其是各地方科协组织在政府职能机构中长期处于被边缘化的状态，资源分配能力较弱，执行力和协调能力受到很大限制。

当前各个部门参与公民科学素质建设的积极性也明显不足，政策对于各个部门参与公民科学素质建设的要求也相对宽泛温和，多以鼓励、支持、引导等导向性要求，虽明确了各责任主体和相关要求，但对各实施机构职责定位不清，且对主体履责情况缺乏明确考核和刚性规范要求、奖惩机制不够健全，也缺乏有效的执行细则和配套办法。例如，全民科学素质工作领导小组与正式序列机构的关系不明，影响到正常的管理层次，增加了不必要的办事程序和手续，降低了工作效率。此外，全民科学素质工作领导小组的具体职责定位不明，特别是与正式序列机构职责分工不清，造成多头管理或部门之间相互推诿。全民科学素质工作领导小组及其办事机构的职责常与正式序列机构的业务范围相重叠，削弱和影响了正式序列机构作用的发挥。

（2）共建机制激励不足。对于各地方政府而言，推进公民科学素质建设的激励不足。虽然部分地方政府将全民科学素质建设纳入地方经济发展规划或政府绩效考评指标中，但由于各地方政府的政绩评价主要来自经济工作，对公民科学素质建设的重视程度仍有不足[24]。同时，对于很多地方政府而言，即使有意愿投入，财政力量也相对不足。2015 年有 10 个省（自治区、直辖市）和 51%的地市、47%的区县本级人均科普经费不足 1 元[25]。此外，由于提升全民素质建设周期长、见效慢，对于地方政府而言，推动全民科学素质建设激励不足。

（3）社会力量参与不足。当前，由于体制机制，社会力量参与公民科学素质建设还相对有限，尚未形成广泛的社会参与机制。科研人员参与激励不足，当前科研机构和高校工作人员参与公民科学素质建设工作缺乏“硬”约束，激励不足。各单位对科普活动的重视和组织、对参与科普活动的人员在职称、职务晋升方面的具体鼓励政策，是影响科研人员个人科普积极性的最重要因素[26]。而科普产业化力量有限，企业参与不足，研究显示[27]，当前中国的科普产业产值约 1000 亿元，主要科普企业数量为 375 个左右。企业主要分布在京津冀、长三角地区及广东、安徽等省（自治区、直辖市）。科普企业主要涉及展教、出版、影视、网络信息、科普教育等行业。科普企业规模普遍偏小，且多依附于科普事业，其产品主要面向 B 端市场，面向 C 端市场的产品供给相对不足，产业化动力和机制都明显不足。

2. 主要目标

（1）构建共建共享的公民科学素质建设机制。公民科学素质建设具有公众性、长期性、公益性，同时公民科学素质涉及公民科学知识、科学思维、科学能力等多个方面的内容，公民科学素质涉及青少年、农民、城镇劳动者人口、领导干部和公务员等多个群体，公民科学素质建设是一项基础性的社会工程，是政府引导实施、全民广泛参与的社会行动。在具体落实过程中，也涉及多个部门、多个主体，因此，要广泛调动各部门、各层级、各主体参与公民科学素质建设的积极性，构建共建共享的公民科学素质建设长效机制。

（2）构建目标责任清晰的公民科学素质建设体系。落实《科学素质纲要》中提出的中国 2020 年公民科学素质建设的目标，最重要的是要把政策文件的精神和目标要求落到实处，通过相应的组织保障体系和工作机制，确保公民科学素质建设工作的稳步推进。因此，有必要构建目标责任清晰的公民科学素质建设体系，从而确保公民素质工作稳步推进。

3. 主要任务

国家科普能力是构建公民科学素质提升体制机制的最终目标，因此，提升公民科学素质的体制机制建设应围绕着国家科普能力来进行。结合公民科学素质建设组织保障措施的主要目标，提出以下几项主要任务。

（1）加强党的领导，巩固现有的组织领导体系。继续由国务院领导公民科学素质建设工作，由国务委员担任组长，协调国务院办公厅、中央组织部、中央宣传部、科技部、国家发展和改革委员会、教育部、财政部等相关部门领导成立领导小组，由中国科协负责领导小组的日常工作，领导小组要定期召开联席会议，结合公民科学素质建设推进和测评情况，进行宏观指导。领导小组办公室则负责落实新纲要的具体政策建议，负责督查落实领导小组会议议定事项和交办的其他事项，负责公民科学素质测评的监督和实施工作。领导小组办公室要定期向领导小组汇报公民科学素质建设的进展工作。

（2）明确部门职责分工，加强大联合、大协作机制。在国务院的领导下，组成由各个相关部门领导共同组成的领导小组，通过统筹协调的方式，建立部门之间的共建共享机制。搭建统一的公民科学素质建设平台，实现各个部门之间的资源共享。针对科普人员、科技场馆、科普活动、科普经费分散在各个部门的现状，可以通过建立统一的科普资源平台，将各个部门的科普资源纳入统一的平台中，通过联合协作的方式协调科普资源平台向社会开放，提升各部门科普资源的服务效率。明确各部门在公民科学素质建设中的职责，实现部门之间的协作共建。

（3）将公民科学素质建设纳入地方政府的考核体系中。由于公民科学素质建设具有一定的公益性、长期性，要求政府必然在公民科学素质推进过程中承担主体作用。针对当前地方政府在推进科学素质建设过程中存在激励不足的问题，可以考虑从顶层设计的角度将推进公民科学素质纳入政府的考核体系中，将公民科学素质推进工作作为一项“硬指标”加以推进。从各个地方公民科学素质推进工作的实际经验来看，凡是工作取得成效的地方都有一个共同的特点，就是党政领导高度重视，将公民素质建设纳入地方工作规划和考核指标中，党政领导出席联席会议，参加各类科学素质推进活动。

（4）构建社会化的公民科学素质建设机制。建立多元化的筹资机制，设立中央专项科普基金，加大对地方科普项目的支持力度。从各地方的经验来看，对于中央设立的科普项目，因为其资金、人员、设施能够保证到位，所以实施效果相对较好，参与度也较高。还可以参照美国国家科学基金会的方式，设立科普基金，支持社会各界参与科普活动。另外，还可以构建市场化的投融资渠道，引入社会资本进入科学素质建设事业中，助推科普产业化发展。

（5）引导社会组织积极参与。通过政府购买服务等，充分发挥各类学会、科普组织等社会组织在公民科学素质建设中的作用。将参与公民科学素质建设的情况纳入各级科协所属学会的评价之中，提升学会对相关工作重要性的认识，并将参与公民科学素质建设工作、参与科普传播活动作为政府向学会购买公共服务的重要考量标准之一。

（二）经费投入机制

1. 主要问题

当前，我国公民科学素质建设经费基本靠财政拨款，政府投入相对有限，在一定程度上制约了公民科学素质建设的推进。

（1）缺乏公民科学素质投入的统一统计标准。目前，我国尚没有对公民科学素质建设经费建立专门的统计。目前有统计数据的主要为科普经费，科普经费的统计也没有完全统一的标准。现有的关于科普建设经费的统计主要包括中国科协的《中国科学技术协会统计年鉴》、科技部编制的《中国科普统计》和财政部的《政府收支分类科目》[28]。中国科协在《中国科学技术协会统计年鉴》中将科协系统中用于科普设施建设和科普活动的专项经费进行了统计。

科技部编制的《中国科普统计》和《中国科技统计年鉴》则是从政府收支分类科目中录入科普经费。科普统计经费包括科协组织的经费数据，也包括职能部门开展科普工作的经费数据，范围较《中国科学技术协会统计年鉴》要广。《政府收支分类科目》中对科学技术普及经费（项目编码 206 类 07 款）的指标进行了统计，主要包括机构运行、科普活动、青少年科技活动、学术交流活动、科技馆站、其他六个类别指标。上述三类统计因为统计口径、统计标准、统计对象都不统一，且各自有其自身的不足，因此，尚不足以成为公民科学素质建设经费投入的统一的统计标准。

（2）公民科学素质建设总体投入规模小。虽然近些年来，我国公民科学素质建设投入规模不断加大，但是总的来看，公民科学素质投入规模仍然偏小，2016 年，全国公民科学素质建设经费筹集额仅 152 亿元，而人均公民科学素质建设经费才 10 元左右。研究表明，科普经费投入对科普能力建设具有重要的影响。李群课题组通过对北京市科普发展的研究，将科普人员、科普经费、科普设施、科普传媒、科普活动等指标列入科普发展的几项内容，指出科普经费占据科普发展绝大部分比重。也有研究表明，科普经费投入与国家创新能力之间具有很强的关联度[29]，因此，相对于公民科学素质建设目标来看，当前我国公民科学素质建设投入总体规模仍明显不足。

（3）公民科学素质建设呈现地区之间的不平衡。我国科普经费呈现明显的地区不平衡，东部地区的人均科普经费筹集额远高于中西部地区，尤其是中部地区和东北地区的科普经费筹集水平明显要低很多。2011～2016 年，每年东部地区科普经费筹集额占全国的比重都在 55%以上。2016 年，东部地区人均科普经费筹集额为 15.87 元，比中部和西部地区分别高出 10.45 元、5.83 元。东部地区人均科普专项经费远高于中西部地区，差额分别为 4.64 元、2.55 元。

（4）公民科学素质建设与科技创新要求差距较远。目前我国拥有科普人员 189 万人，科普经费总额为 152 亿元，与我国科技人力资源总量 8000 万人、全国科技研发经费 1.75 万亿元相比，基数过小、增速偏低，不能满足科学素质工作发展和公民科学素质建设的需求。2016 年全国有科普专职人员 22.35 万人，比 2015 年增加 0.20 万人。其中专职科普讲解人员 2.89 万人，比 2015 年增加 0.39 万人，占科普专职人员的 12.91%。专职科普创作人员 1.41 万人，比

2015 年增加 0.08 万人，占科普专职人员的 6.33%。全国科普兼职人员有 162.88 万人。目前，全国 444 个科技馆中只有专职科普讲解人员 2376 人，50.23%的科技馆没有一名科普讲解人员。2015 年，31.08%的科技馆年度科普经费筹集额在 10 万元以下[30]。

（5）社会化筹资明显不足。当前公民科学素质建设经费投入是以政府为主导的，社会化筹资呈现明显不足，来自社会捐赠和其他渠道的筹资占科普经费筹集额的比例不足 1/4。由于缺乏引进社会力量的有效激励措施，来自企业、社会组织等各种力量参与公民科学素质建设的积极性有限。

2. 主要目标

（1）加大公民科学素质建设投入力度。2018 年，中国公民具备科学素质的比例达到了 8.47%[31]，比 2015 年的 6.2%提升了 2.27 个百分点，逐步缩小了与主要发达国家的差距。但是值得注意的是，中国公民科学素质距离建设目标仍有一定的距离。而公民科学素质建设的长期性、公益性特征要求要加大对公民科学素质建设的投入力度，要求政府要将公民科学素质建设视为一项长期的基础工程加以推进，加大对公民科学素质建设的投入力度。

（2）构建政府主导的多元化的筹资体系。当前各社会组织和企业在公民科学素质建设中的力量相对弱小，短期内仍难以发展壮大，社会化投入机制难以在短期内形成，而中国各方的社会组织力量相对薄弱，各类基金会受到的约束相对较多，而科普产业发展相对较慢，各类企业的参与空间相对有限。因此，短期内要实现公民科学素质建设目标，必须要以政府投入为主导。同时，中国社会对科学素质的需求现状决定了多元化筹资体系具有可行性。当前，有部分社会力量已经参与到公民科学素质的建设中，如参与航天科普知识传播的中国航天基金会和中国民航科普基金会，对生命科学和医学知识普及有贡献的中国医学基金会和中国医药卫生事业发展基金会，对科学知识普及和科普活动、展览有贡献的中国科技馆发展基金会，对地理科学知识普及有贡献的中国古生物化石保护基金会。

3. 主要任务

鉴于公民科学素质建设的长期性和公益性，结合当前公民科学素质推进实践，未来要持续推进公民科学素质建设，需要建立以政府为主导投入的多元化社会投入体系，在政府投入机制中，要建立以中央财政投入为主导，带动地方财政投入的多层次投入体系。

（1）建立共建共享的财政筹资机制。佟贺丰等研究指出，中国的科普人员、场地、经费、传媒和活动等分布在发改委、教育、科技管理、工信、民族、国土资源等多个部门[32]。除科技管理部门和科协之外，公民科学素质建设推进工作并不是其他部门的主要工作任务，推进力度会受到相应的影响。因此，在中央政府部门之间建立共建共享的财政筹资机制，建立统一纳入、统一归口支出的公民科学素质建设投入平台，有助于统筹公民科学素质建设中的各个部门的力量，确保各个部门对公民科学素质建设的投入。

（2）成立公民科学素质建设基金。目前，中国在国家层面已经有了科技基金、专项等五大类，即国家自然科学基金、国家科技重大专项、国家重点研发计划、技术创新引导专项（基金）、基地和人才专项五个大类。同时，可以鼓励各类民间基金会或企业公益基金投入公民科学素质建设中。针对当前已经存在的一些民间基金会或者企业的公益基金，可以通过适当的政策引导，将其吸引到公民科学素质建设中来。例如，给予这些基金会一定的宣传平台，设立相应的免税机制，建立民间基金会投入公民科学素质建设的评优机制等，提高民间基金会或企业公益基金投入公民科学素质建设的积极性。

（3）调动多主体参与筹资的积极性。当前鼓励企事业单位从事科普活动的税收优惠政策涉及的受惠企事业单位相对有限，主要集中于科普传媒产品、向社会公众开放的科普场馆和科普基地等单位，对于其他企业涉及则较少。同时，税收优惠力度有限，且企业享受税收优惠的时限较难，认定时间也较长，不利于调动企业的积极性。因此，需要进一步扩大参与公民科学素质建设企业享受税收优惠的范围、力度，鼓励企业通过捐赠或直接投资的方式参与公民科学素质建设。

（4）促进科研资源科普化，鼓励科研人员投入公民科学素质建设。完善科研人员投入公民科学素质建设的激励机制，出台鼓励科技工作者参与科普工作的措施，建立科研与科普密切结合的机制。通过设立科普基金的方式鼓励科研工作者参与，也可以在科研立项、结项等国家科研项目中，增加鼓励科研工作者开展科普工作的内容。对于那些积极向社会推进科研资源科普化的机构，给予相应的激励措施。

（5）设立若干教育专项转移支付项目。通过要求各级政府提供相应的配套资金[33]，将公民科学素质建设经费列入同级财政预算，建立中央、省、市、县四级财政支出体系，专款专用，逐步提升公民科学素质建设的经费投入水平。同时，加强对公民科学素质建设的绩效考评，确保专款专用和使用效果。在四级财政支出体系中，参考教育投入模式，照顾到东、中、西部不同地区的经济发展水平和财政力量，对于配套资金给予不同的比例，如东部要求100%配套，中部、西部可以根据地方实际设定 50%的配套水平，或者完全由中央资金支持。

（三）监测评估机制

1. 主要问题

（1）公民科学素质评估标准有待改进。全国范围内的公民科学素质调查已经进行了 10 次，能够反映中国的科学素质现状，但是一直以来，对于公民素质调查的争议就没有停止过，尤其是对于相关的测评指标和测评体系的标准存在诸多争议。具体而言，当前中国的公民科学素质测评与国际通用标准还存在差异，国际上已经开始从经典米勒体系发展到新米勒体系的评估标准，中国仍沿用经典米勒体系框架，在进行国际比较时存在标准不统一的问题。进入 21 世纪，国际上已经扬弃经典米勒体系，开始采用新的测评指标，将米勒的科学知识、科学过程、科学与社会的三维指标调整为一维指标（科技知识），采用公民科学素质指数即新米勒体系[34]来表征一个国家具备科学素质的公民比例。欧盟和美国分别于 1992 年和 1995 年最后一次采用经典米勒体系进行公民科学素质调查。我国至今仍以经典米勒体系为基础来进行调查，因此，我国的测评结果只能反映我国公民科学素质建设的历史情况，在国际比较上，只能停留在与欧盟 1992 年、美国 1995 年的公民科学素质调查结果进行比较，不能与其他国家进行比较。由于国际上采用的新的米勒体系的测评结果会普遍偏高，因此，中国现有的结果可能会呈现与发达国家之间差距越来越大的状况，这主要是因为采用了不同的测评体系。同时，公民科学素质调查的指标体系与中国国情不相适应是学者一直质疑和争议的问题。有研究指出，目前国际上关于公民科学素养的观点主要有民主的观点、经济的观点、文化的观点和实用的观点[35]，米勒设计的指标体系明显是民主的观点下对于公民科学素养的关注，而中国的公民科学素质更多的是实用的观点。因此，经典米勒体系并不完全适应中国的国情。另外，也有研究指出，米勒体系的计算方法并不可取，米勒认为科学知识、科学过程、科学与社会的关系三者之间存在递进关系，只有当科学知识内容合格之后，才能进行下一步分内容的测评，而这与当前中国公民科学素质侧重于应用但对于基本的科学知识原理了解和掌握相对有限的现状并不相符。因此，米勒体系的测评和计算方法都与中国的国情存在较大差异。

事实上，针对米勒体系的适应性问题，我国也在不断尝试提出符合中国国情的公民科学素质测评体系，但是并没有形成统一的测评意见。上海市率先在全国推出以科学生活能力、科学劳动能力、参与公共事务能力、终身学习与全面发展能力四个方面为主的评估公民科学素质的“上海体系”。2016 年 4 月，科技部和中宣部联合发布《中国公民科学素质基准》，将科学精神、掌握或了解科学知识、科学能力等多个方面汇集成 26 条基准，132 个基准点，构成公民科学素质测评基准。测评时从 132 个基准点的题库中随机抽取涵盖 26 条基准的 50 个基准点的测评题目进行调查。《中国公民科学素质基准》被视为符合中国国情的测评体系，但是也受到诸多争议。例如，有人认为部分条目存在错误或不准确；阴阳五行、天人合一、格物致知等说法本身就带有迷信色彩，与现代科学知识有冲突；有些内容与日常生产、生活应具备的科学常识相距甚远等[36]。

（2）地方公民科学素质评估尚未形成长效机制。目前，各省（自治区、直辖市）虽然开始在自己的辖区内开展公民科学素质调查，如上海、北京、山东、云南、湖北、江苏、湖南等地。由于涉及各个地方的调查指标体系的问题，如上海市正在致力于建立自己的指标体系，加之调查经费等有限，因此目前各省（自治区、直辖市）的公民科学素质调查也仅是几次，并未形成长效机制。

（3）对公民科学素质推进工作的评估体系尚未建立。《科学素质纲要》提出，到 2020 年中国全民科学素质要提升到 10%以上，并要求地方各级政府将公民科学素质建设纳入当地国民经济和社会发展的总体计划，将《科学素质纲要》的实施纳入政府的议事日程，纳入业绩考核。但是，目前对于全国各地推进公民科学素质建设工作并没有建立相应的考核评估体系。目前只有全国层面和地方层面针对公民科学素质的调查，对于各地方对于推进公民科学素质建设在经费、人力、物力等方面的投入情况，并没有建立有效的统计、评估机制。

2. 主要目标

（1）构建科学的符合国情的公民科学素质评估体系。在现有的《中国公民科学素质基准》的基础上，结合中国现阶段公民科学素质建设目标和公民科学素质发展现状，建立和完善符合中国国情的公民科学素质评估体系，发展和完善适应中国现实情况的测评方法，并将公民科学素质发展状况纳入国家社会发展的指标体系中。

（2）构建常态化的公民科学素质推进工作评估体系。《科学素质纲要》提出，要委托有关监测评估机构对公民科学素质状况和实施情况进行监测评估，并提出相应的对策和建议。要构建常态化的公民科学家素质推进工作评估体系，确定衡量各省（自治区、直辖市）推进公民科学素质建设工作的指标体系，定期对各省（自治区、直辖市）推进公民科学素质的相关举措进行监测评估，对各省（自治区、直辖市）公民科学素质的投入情况和成效进行监测评估。

3. 主要任务

（1）重新审视、修订公民科学素质评估指标体系。结合中国社会发展的现状，重新审视、修订公民科学素质评估指标体系。加强对国际公民科学素质调查指标体系的研究，实现中国公民科学素质调查与国际接轨，并要结合中国当前的发展实际，提出符合中国国情的测评指标和测评体系。由于公民科学素质测评的目的不同，在各个国家的测评内容和指标也有所不同。英、美地区的公民科学素质测度的主要目的是反映公民了解科学、参与科学事务的能力，而我国的公民科学素质测度则主要是服务于提升公民科学素质水平的相关决策[37]。因此，中国的测评内容和测评体系要能够符合中国当前的国情和发展现状。

（2）建立多层次的公民科学素质评估体系。需要结合各地区公民科学素质建设的现实情况、各人群特征和公民科学素质发展现状，建立多层次的公民科学素质评估体系，包括各省（自治区、直辖市）常态化的公民科学素质监测评估体系，以及不同群体的科学素质评估指标体系等，需要根据不同群体在科学知识、科学思维、科学能力等方面的差异情况，设计符合群体特性和针对这一群体推进科学素质建设的重点任务要求的测评指标体系。

（3）构建公民科学素质推进目标责任机制。进一步落实公民科学素质建设的实施责任主体，通过目标责任机制将公民科学素质建设的具体任务落到实处。将推进公民科学素质建设纳入各层级政府的工作计划中，将其纳入政府工作的考核指标体系中。明确评估主体责任，构建常态化评估机制，并构建常态化的地方公民科学素质实施评估体系。

（课题组成员：严　洁　郭凤林　黎娟娟　廖梓豪　张家郡　宋娇娇　于少龙）

参考文献

[1] Cohen I B，Watson F G. General Education in Science[M]. Cambridge：Harvard University Press，1952.

[2] Hurd P D. Science literacy：Its meaning for American schools[J]. Educational Leadership，1958，16（1）：13-16.

[3] Miller J D，Prewitt K. The measurement of the attitudes of the US public toward organized science[J]. National Opinion Research Center，University of Chicago，1979.

[4] 朱效民. 国民科学素质——现代国家兴盛的根基[J]. 自然辩证法研究，1999，1：41-44.

[5] 刘立. 公民科学素质的本土化探索[J]. 科学，2005，57（3）：29-32.

[6] 李大光. 社会文化维度中的公众对科学的理解[M]//中国科普研究所. 中国科普理论与实践探索——第十九届全国科普理论研讨会暨 2012 亚太地区科技传播国际论坛论文集，北京：科学普及出版社，2012.

[7] 鞠思婷，高宏斌，颜实. 终身学习视角下我国成年公民科学学习内容研究初探[J]. 科普研究，2015，10（4）：44-51.

[8] 本报评论员. 准确把握当前和今后一个时期的国际形势——二论贯彻落实中央外事工作会议精神[N]. 人民日报，2018-06-25：1.

[9] 洪源. 2030 年的世界格局与大国博弈方式展望[J]. 人民论坛・学术前沿，2017，15：

42-55.

[10] 刘万侠，方珂. 大国关系与世界格局新变化[J]. 前线，2018，10：30-34.

[11] 王立胜. 如何理解中国特色社会主义进入了新时代？[J]. 北京交通大学学报（社会科学版），2018，1：9-15.

[12] 唐洲雁. 深刻理解和准确把握中国特色社会主义走进新时代[J]. 东岳论丛，2018，1：5-15.

[13] DT 新材料—DT 高分子在线. 科技引领发展，科技改变世界——2017 年世界前沿科技发展态势报告[EB/OL][2018-11-20]. https：//www. sohu. com/a/220218587_777213.

[14] 宣晓伟. 新常态下中国治理模式的转型[J]. 中国经济报告，2017，10：35-39.

[15] 鄢一龙. 中国创新“1+n”中心国家治理模式[J]. 当代世界，2018，4：9-13.

[16] 田毅鹏，薛文龙. “后单位社会”基层社会治理及运行机制研究[J]. 学术研究，2015，2：48-55.

[17] 吴青熹. 用互联网思维推进国家治理创新[N]. 学习时报，2016-08-23：005.

[18] 李逸波，赵邦彦，孙哲. 提高农民科学素质，强化乡村振兴人才支撑[N]. 农民日报，2018-04-21：003.

[19] 赵军，王丽. 新媒体在科普中的应用及相关问题研究[J]. 科普研究，2012，7：46-52.

[20] 相德宝. 新媒体问题与管理——2011 中国新媒体研究综述 [J]. 新闻界，2012，2：41-46.

[21] 伍正兴. 大众传媒科技传播能力建设研究[D]. 合肥：合肥工业大学，2012.

[22] 江海河，高昌庆，马锋. 科技成果转移转化存在的问题与症结[EB/OL][2018-11-20]. http：//news. sciencenet. cn/htmlnews/2018/3/406019. shtm.

[23] 中国科学院遗传与发育生物学研究所课题组. 中国科学院科普人才培养使用和评价政策研究[R]. 2017.

[24] 陈套. 我国科普体系建设的政府规制与社会协同[J]. 科普研究，2015，10（1）：49-55.

[25] 白希. 关于《全民科学素质行动计划纲要》实施工作情况的报告[EB/OL][2019-11-12]. http：//www.kxsz.org.cn/content.aspx?id=643&lid=19.

[26] 莫扬，彭莫，甘晓. 我国科研人员科普积极性的激励研究[J]. 科普研究，2017，12（3）：26-32.

[27] 中国科普研究所. 我国科普产业发展研究报告[R]. 2018.

[28] 张超，任磊，何薇. 加强统计分析　保障科普经费投入[J]. 科协论坛，2017，12：34-35.

[29] 侯晨阳，杨传喜. 科普投入与国家创新能力关联性研究[J]. 中国科技资源导刊，2016，48（2）：99-104.

[30] 佟贺丰，刘娅，黄东流. 中国部门科普工作的定量评价与分析[J]. 全球科技经济瞭望，2017，32（9）：54-59.
[31] 公民科学素质建设纲要办公室. 2018 年公民科学素质建设报告[R]. 2018.
[32] 佟贺丰，刘娅，黄东流. 中国部门科普工作的定量评价与分析[J]. 全球科技经济瞭望，2017，32（9）：54-59.
[33] 周美多. 税费改革后农村义务教育 “三级共建”的财政投入机制研究. 中山大学研究生学刊（社会科学版），2005，4：60-71.
[34] 刘立. 公民科学素质测评国际新进展及对中国的启示[J]. 全球科技经济瞭望，2018，（5）：33-39.
[35] 李大光. 公众科学素养理论与评估[J]. 科学，2016，68（4）：1-5.
[36] 高宏斌，鞠思婷. 公民科学素质基准的建立：国际的启示与我国的探索[J]. 科学通报，2016，61（17）：1847.
[37] 张超，任磊，何薇. 中国公民科学素质测度解读[J]. 中国科技论坛，2013，1（7）：112-116.

《全民科学素质行动计划纲要》组织实施与保障条件战略规划研究

中国科学院科技战略咨询研究院课题组

一、引言

随着知识经济时代的到来，科学技术知识的生产、传播、扩散和应用作为一个有机的体系，影响着国家综合实力的全面提升[1]。世界各国政府与国际组织针对公民科学素质建设纷纷制定规划并采取积极的措施，将公民科学素质建设纳入重要的议事日程，将其作为一项重要的社会工程，作为促进社会政治、经济、文化等发展的重要部分[2]。通过一系列的体制机制建设，保障该项工作的顺利开展，主要包括以下四个方面。

一是以法规、政策作为提供保障。包括将公民科学素质行动纳入官方政策或有关法规，并辅以其他配套政策，如美国 1991 年的《国家素质法案》、2001 年的《素质家庭法案》。同时，设立专门的组织实施机构，负责科学素质行动的规划、协调和评估等工作，如发起“2061 计划”的美国科学促进会、英国推行公众理解科学运动的公众理解科学委员会[3]。同时，设立相应的测评、激励机制，如日本的“科学技术指标”、美国的“科学工程指标”。此外，设置高级别的科普奖励也是一种常见的方式，如联合国的卡林加奖、美国国家科学基金会的公共服务奖、英国的朗–普伦斯科学书籍奖、印度的国家科普奖等[4]。

二是细化对象层次，操作性强。各国在公民科学素质建设这一主题下，针对不同对象群体或实施区域，进行专项活动的设计与推行，使得科学素质建设更加具有操作性。比如欧盟 2000 年的"建立青年共同体行动计划"、2002 年的《针对欧洲妇女与科学的国家政策》都具有明确的对象群体，而英国 1995 年建立的非洲-加勒比海科学技术网络也是为了增强特定人群的公众科学素质[4]。

三是加强科普能力建设。各国在推行科学素质建设的过程中加大了对博物馆、科技馆、动物园、水族馆等科教场馆的建设，并通过政策优惠与各种激励措施保障实施工作的资金投入与人才队伍建设[5]。

四是注重舆论宣传和引导。各国与国际组织在推行各类科学素质建设时非常注意与传媒的配合，几乎所有的科学素质建设行动都有专门的会议论文、调查报告、战略规划、具体计划、实施办法、培训手册、测评反馈等书籍文案出版；有关科学素质的政府科技白皮书、科技发展规划、领导人讲话、国际组织宣言等，也常常通过正规出版物，在社会上引发对科学素质建设的响应[4]。

在这样的时代背景下，普及科学技术知识、传播科学思想、提高全民科学素质，在我国具有与科技创新同样重要的地位，并且是激励科技创新、建设创新型国家的内在要求[6]，受到了党中央和国家的高度重视。自 2006 年《全民科学素质行动计划纲要（2006—2010—2020）年》（以下简称《科学素质纲要》）颁布以来，我国从国家层面对全民科学素质建设进行了重要部署，打开了我国全民科学素质建设新的、更宏大的局面[7]。"十二五"以来，我国科普事业发展成绩显著，科普基础条件明显改善，公共科学服务能力明显提升，公民科学素质快速提高。根据第九次中国公民科学素质调查结果，2015 年我国公民具备科学素质的比例达到 6.20%，比 2010 年的 3.27%提高了近 90%。

但不可否认的是，我国公民科学素质水平与发达国家相比仍有较大差距，全民科学素质工作发展还不平衡，不能满足全面建成小康社会和建设创新型国家的需要。究其原因，这其中固然存在我国公民科学素质底子薄、基础差、发展不协调等不争的事实，但直接的原因是科普投入不足，全社会参与的激励机制不完善，市场配置资源的作用发挥不够[8]，更深刻地反映出我国全民科学素质建设工作中的统筹协调、组织保障、监测评估等体制、机制因素方面存在深层次缺陷与不足。开展科学素质行动组织实施与保障条件战略规划研究，对《科学素质纲要》实施中的统筹协调、组织保障、监测评估进行科学分析，对进一步加强全民科学素质建设，不断提升人力资源质量，增强自主创新能力，推动大众创业、万众创新，引领经济社会发展新常态，注入发展新动能，助力创新型国家建设和全面建成小康社会具有重要战略意义。本研究基于对我国全民科学素质行动实践工作的深入分析与相关研究成果，更加全面系统地阐释全民科学素质行动实践中的协调机制、组织保障、监测评估等各类问题。研究既立足于素质建设工作层面，对当前全民科学素质行动中体制、机制相关问题展开分析，同时着眼于战略层面，对全民科学素质行动规划的态势和发展进行综合研判。

二、我国全民科学素质建设工作的实践与探索：《科学素质纲要》组织实施的历史与现状

自 2006 年国务院颁布实施《科学素质纲要》以来，各地、各部门围绕党和国家发展大局，联合协作，未成年人、农民、城镇劳动者、领导干部和公务员、社区居民等重点人群科学素质行动扎实推进，带动了全民科学素质水平整体提高；科技教育、传播与普及工作广泛深入开展，科普资源不断丰富，大众传媒特别是新媒体科技传播能力明显增强，基础设施建设持续推进，人才队伍不断壮大，全民科学素质建设的公共服务能力进一步提升；全民科学素质建设共建机制基本建立，大联合、大协作的局面进一步形成，为全民科学素质工作顺利开展提供了保障。第九次中国公民科学素质调查结果显示，2015 年我国公民具备科学素质的比例达到 6.20%，较 2010 年的 3.27% 提高近 90%，超额完成“十二五”我国公民科学素质水平达到 5%的工作目标。

（一）全民科学素质实施的体制机制不断完善

1. 部门间大联合、大协作的工作局面业已形成

截至 2016 年年底，《科学素质纲要》实施成员单位为 33 个，分别是中央组织部、中央宣传部、国家发展和改革委员会、教育部、科技部、国家民委、民政部、财政部、人力资源和社会保障部、环境保护部、农业部、卫生和计划生育委员会、新闻出版广电总局、国家安全监管总局、林业局、中国科学院、社会科学院、中国工程院、气象局、国家自然科学基金委员会、全国总工会、共青团中央、全国妇联等。其中，工业和信息化部、民政部、国土资源部、文化部、国家质检总局、国家体育总局、食品药品监管总局、旅游局、地震局、文物局为 2014 年增加的 10 个部门。

截至 2016 年年底，成立《科学素质纲要》实施工作机构的有 30 个省（自治区、直辖市），分别是：北京、天津、河北、山西、内蒙古、辽宁、吉林、黑龙江、上海、江苏、浙江、安徽、江西、山东、河南、湖北、湖南、广东、广西、海南、重庆、四川、贵州、云南、西藏、陕西、甘肃、青海、宁夏、新疆，还有新疆生产建设兵团。其中有 15 个省（自治区、直辖市）保留了《科学素质纲要》实施工作领导小组，分别是：河北、山西、内蒙古、辽宁、上海、江苏、江西、山东、河南、湖北、广西、贵州、西藏、甘肃、新疆，还有新疆生产建设兵团。

2. 规划引领、实施保障、绩效考核，多管齐下促进素质工作顺利开展

截至 2016 年年底，20 个省（自治区、直辖市）将《科学素质纲要》实施工作纳入当地的“十三五”规划，即北京、天津、河北、山西、内蒙古、辽宁、吉林、上海、江苏、江西、山东、河南、湖南、重庆、四川、云南、西藏、陕西、宁夏、新疆。其中，山西、新疆、山东、湖南、陕西等省（自治区）还将本地区全民科学素质建设目标值纳入本省、自治区《国民经济和社会发展第十三个五年规划纲要》中。

进一步推动各地各部门将科学素质工作纳入本部门、本系统的中长期规划和年度计划，目前，各省级行政区均已印发本地区《全民科学素质行动计划纲要“十三五”实施方案》。

19个省（自治区、直辖市）将全民科学素质工作纳入党委和政府部门的绩效考核体系，即天津、河北、山西、辽宁、吉林、江苏、浙江、安徽、福建、江西、山东、河南、湖北、广西、重庆、四川、云南、宁夏、新疆，还有新疆生产建设兵团。江苏省将公民具备科学素质的比例纳入省政府建设具有全球影响力的产业科技创新中心、苏北地区可持续发展等指标体系。贵州、宁夏、云南等地与所辖地市政府签订“十三五”《科学素质纲要》目标责任书。甘肃省12个市州与区县建立《科学素质纲要》实施工作目标责任制考核机制。广东省将科学素质工作目标任务纳入《“十三五”广东省科技创新规划（2016—2020年）》，宁夏回族自治区将全民科学素质行动纳入《宁夏回族自治区党委人民政府关于推进创新驱动战略的实施意见》。

（二）全民科学素质建设工作的法律、政策体系日趋完善

1. 科学素质建设工作法制建设的实施与开展

2002年，《中华人民共和国科学技术普及法》（以下简称《科普法》）的颁行标志着我国科普工作正式进入法制化轨道，对我国科普工作的开展与公众科学文化素质的全面提高具有里程碑意义。《科普法》以普及科学技术知识、倡导科学方法、传播科学思想、弘扬科学精神为战略基点；以法律形式明确了科普工作的性质、内涵和方式，以及科普组织管理的职能定位，进而明确了科普工作是全社会的共同任务；同时，对科普的保障措施和法律责任做出了明确的规定。《科普法》颁布十多年来，我国科普法律与制度建设全方位、多层次、宽领域地深入展开，逐渐形成了以《科普法》为统率，以《中华人民共和国农业法》（以下简称《农业法》）、《中华人民共和国防震减灾法》（以下简称《防震减灾法》）、《中华人民共和国气象法》（以下简称《气象法》）等部门法为支撑，以国务院行政法规、地方性科普法规、规章、相关部门规章为实施基础的法律、制度体系。

一是各部门全面开展素质工作的法制化建设。《科普法》颁行之后，我国的部门科普法制建设在环境保护、水土保持、农业、食品卫生、防震减灾、职业病防治等领域逐步展开。通过国家立法机关对相关领域的部门法的重新修订和制定，明确了国家、各级人民政府、相关政府部门等的部门科普义务，

形成了部门科普法制建设相互促进的局面。例如，2002 年全国人大常委会对《农业法》进行修订时，明确将提高农民的科学文化素质写入立法宗旨，并设立单章专门规定农业科技和农业教育，对农业科普做了详细规定。

二是各地方素质工作法制化建设得到全面深化与发展。《科普法》颁行之后，我国有的地方立法机关结合地方科普实际对所在地区原有的科普条例进行了修订，同时有不少地方立法机关和人民政府制定了地方科普条例或科普规章，在相关地方的法律、法规修订、制定中进一步明确了相关地方科普方面的规定。从地方科普条例的修订来看，修订的主要目的是与上位法《科普法》进行衔接，并根据地方实际情况对上位法的制度措施予以补充和细化。例如，2010 修订的《新疆维吾尔自治区科学技术普及条例》就增加了一些有特色的规定："开展科普工作应当加强对少数民族科普工作的扶持，大力提高少数民族科学文化素质。"[9]

2. 系列规划指导和引领全民科学素质建设工作的发展方向

2006 年 2 月，国务院发布了《国家中长期科学和技术发展规划纲要（2006—2020 年）》，提出要"提高全民族科学文化素质，营造有利于科技创新的社会环境"。一是实施全民科学素质行动计划。以促进人的全面发展为目标，提高全民科学文化素质。在全社会大力弘扬科学精神，宣传科学思想，推广科学方法，普及科学知识。加强农村科普工作，逐步建立提高农民技术和职业技能的培训体系。组织开展多种形式和系统性的校内外科学探索和科学体验活动，加强创新教育，培养青少年的创新意识和能力。加强各级干部和公务员的科技培训。二是加强国家科普能力建设。合理布局并切实加强科普场馆建设，提高科普场馆运营质量。建立科研院所、大学定期向社会公众开放制度。在科技计划项目实施中加强与公众沟通交流。繁荣科普创作，打造优秀科普品牌。鼓励著名科学家及其他专家学者参与科普创作。制定重大科普作品选题规划，扶持原创性科普作品。在高校设立科技传播专业，加强对科普的基础性理论研究，培养专业化科普人才。三是建立科普事业的良性运行机制。加强政府部门、社会团体、大型企业等各方面的优势集成，促进科技界、教育界和大众媒体之间的协作。鼓励经营性科普文化产业发展，放宽民间和海外资金发展科普产业的准入限制，制定优惠政策，形成科普事业的多元化投入机制。推进公益性科普事业体制与机制改革，激发活力，提高服务意识，增强可持续发展能力[10]。

2010 年，中共中央、国务院发布《国家中长期人才发展规划纲要（2010—2020 年）》，确定了国家中长期人才工作的指导方针、战略目标与总体部署，提出“人才素质大幅度提高，结构进一步优化。主要劳动年龄人口受过高等教育的比例达到 20%，每万劳动力中研发人员达到 43 人年，高技能人才占技能劳动者的比例达到 28%。人才的分布和层次、类型、性别等结构趋于合理”的目标[11]，为科学教育和普及培育潜在后备人才。同年，国家中长期教育改革和发展规划纲要工作小组办公室发布了《国家中长期教育改革和发展规划纲要（2010—2020 年）》，提出开展科学普及工作，提高公众科学素质和人文素质。积极推进文化传播，弘扬优秀传统文化，发展先进文化。积极参与决策咨询，主动开展前瞻性、对策性研究，充分发挥智囊团、思想库作用。鼓励师生开展志愿服务。

2011 年，在总结“十一五”《科学素质纲要》实施的经验基础上，国务院办公厅发布了《全民科学素质行动计划纲要实施方案（2011—2015 年）》，作为“十二五”期间全民科学素质行动计划的指导方案。2016 年在总结“十二五”期间《科学素质纲要》实施经验的基础上，国务院办公厅再次发布了《全民科学素质行动计划纲要实施方案（2016—2020 年）》，以指导“十三五”期间我国全民科学素质提升工作。

自 2006 年《科学素质纲要》颁布以来，各省（自治区、直辖市）积极落实，制定了大量的专项规划意见，基本能够做到每五年发布一次针对性的实施意见或通知。2016 年《全民科学素质行动计划纲要实施方案（2016—2020 年）》发布后，各省（自治区、直辖市）积极响应。例如，2016 年 5 月河北省印发《河北省全民科学素质行动计划纲要实施方案（2016—2020 年）》，2016 年 6 月广东省印发《广东省全民科学素质行动计划纲要实施方案（2016—2020 年）》，2016 年 7 月浙江省印发《浙江省全民科学素质行动计划纲要实施方案（2016—2020 年）》，2016 年 11 月四川省印发《四川省全民科学素质行动计划纲要实施方案（2016—2020 年）》，其他各省（自治区、直辖市）也相继发布了《科学素质纲要》细化落实方案，形成了从中央到地方，辐射全国点面的《科学素质纲要》实施配套政策体系。此外，北京、重庆、上海、甘肃、西藏、浙江等地也都制定了各自的“十三五”科普发展规划，以配合《科学素质纲要》的实施。

3. 各部委加大协同，《科学素质纲要》实施的配套政策体系逐渐完善

2006 年 2 月《科学素质纲要》颁布实施后，依据文件精神，各部委积极制定了落实意见，进一步丰富完善了《科学素质纲要》实施的配套政策体系。

（1）《科学素质纲要》的配套政策

2006 年 11 月，科技部发布了《关于加强县（市）科技工作和科普事业发展的指导意见》。2007 年 1 月，科技部、中宣部、国家发展和改革委员会、教育部、财政部、中国科协、中国科学院联合发布了《关于科研机构和大学向社会开放开展科普活动的若干意见》。2006 年 12 月，国家环境保护总局、科技部发布了《国家环保科普基地申报与评审暂行办法》。2007 年 1 月 17 日，科技部、中宣部、国家发展和改革委员会、教育部、国防科学技术工业委员会、财政部、中国科协、中国科学院联合下发《关于加强国家科普能力建设的若干意见》，指出国家科普能力建设是建设创新型国家的一项基础性、战略性任务，这是国家首次以专门文件的形式要求加强科普能力建设，体现着国家将科普事业社会化的理念。2007 年 11 月，农业部、中国科协等 17 部委联合发布《农民科学素质教育大纲》，提出提高广大农民崇尚科学、反对愚昧、移风易俗、文明生活的能力；提高农民珍惜资源、节约能源、保护环境、防治污染、发展循环农业、建设生态家园的能力；提高农民掌握、运用现代技术和管理方法发展农业生产，进行生产管理和农产品经营，实现增收致富的能力；提高农民向工业、服务业转产转岗和进城务工的能力。2008 年 1 月，中国气象局、科技部下发了《关于加强气候变化和气象防灾减灾科学普及工作的通知》。2008 年，国家发展和改革委员会、科技部、财政部、中国科协联合发布了《科普基础设施发展规划（2008—2010—2015）》。2009 年，国土资源部制定颁布了《国土资源科普基地推荐及命名暂行办法》。2009 年 4 月，财政部下发了《关于 2009—2011 年鼓励科普事业发展的进口税收政策的通知》。《科学素质纲要》工作各成员单位，结合各自工作属性，多方位发布政策文件，保障了 2006 年《科学素质纲要》的推进落实。

（2）《全民科学素质行动计划纲要实施方案（2011—2015 年）》的配套政策

2011 年，国务院办公厅下发《全民科学素质行动计划纲要实施方案（2011—2015 年）》，各部委随后制定了一系列配套政策文件，以推动方案的实施落地。2011 年，农业部和共青团中央联合制定了《全国青少年农业科普示范基地管理办法》（试行），国土资源部、科技部制定了《国土资源“十二五”科学技术普及行动纲要》，教育部、科技部、中国科学院、中国科协联合下发了《关于建立中小学科普教育社会实践基地开展科普教育的通知》。

2011 年，财政部、国家税务总局印发了《关于继续执行宣传文化增值税和营业税优惠政策的通知》，规定“自 2011 年 1 月 1 日起至 2012 年 12 月 31 日，对科普单位的门票收入，以及县（含县级市、区、旗）及县以上党政部门和科协开展的科普活动的门票收入免征营业税。对境外单位向境内科普单位转让科普影视作品播映权取得的收入免征营业税”。2012 年 1 月，财政部、海关总署、国家税务总局印发了《关于鼓励科普事业发展的进口税收政策的通知》，规定“自 2012 年 1 月 1 日至 2015 年 12 月 31 日，对公众开放的科技馆、自然博物馆、天文馆（站、台）和气象台（站）、地震台（站）、高校和科研机构对外开放的科普基地，从境外购买自用科普影视作品播映权而进口的拷贝、工作带，免征进口关税，不征进口环节增值税；对上述科普单位以其他形式进口的自用影视作品，免征进口关税和进口环节增值税”。两项税收优惠政策的继续实施，充分体现了党中央、国务院对我国科普事业发展的高度重视和大力支持，对促进“十二五”期间我国科普事业发展，推进我国科普基地建设和向公众开放，开展科普活动具有重要意义。

2012 年，科技部印发了《国家科学技术普及“十二五”专项规划》，中共中央办公厅、国务院发布了《关于深化科技体制改革加快国家创新体系建设的意见》。这一系列规划文件从多个层面保证了《全民科学素质行动计划纲要实施方案（2011—2015 年）》的顺利推进，形成了《科学素质纲要》实施的配套政策体系。

（3）《全民科学素质行动计划纲要实施方案（2016—2020 年）》的配套政策

2016 年 2 月，国务院办公厅关于印发《全民科学素质行动计划纲要实施方案（2016—2020 年）》部署“十三五”时期我国全民科学素质建设工作，并要求各地各有关部门将全民科学素质建设相关任务纳入工作规划和计划，加大政策支持，加大投入保障，加强督促检查，推动各项工作任务落到实处。2016 年 3 月，中国科协印发了《中国科协科普发展规划（2016—2020 年）》，在“完善保障机制”部分，强调“推动科普政策的完善。推动建立完善科普发展的相关政策、体系和激励机制，推动建立完善科普内容知识产权保护、开放等制度。建立健全全国科普统计制度，建立完善全民科学素质监测评估体系。加强科普理论研究和长远规划，创新科普方法，把握科普的基本规律和国际社会发展趋势，为实践工作提供指导”。2016 年 6 月，国土资源部办公厅印发《关于落实全民科学素质行动计划纲要实施方案（2016—2020 年）的分工方案》。2017 年 5 月，科技部、中央宣传部印发《“十三五”国家科普与创新文化建设规划》，指出要“加快实施全民科学素质行动计划，以青少年、农民、城镇劳动者、领导干部和公务员、部队官兵等为重点人群，以青少年、城乡劳动者科学素质提升为着力点，开展《中国公民科学素质基准》的宣贯实施，全面推进全民科学素质整体水平的跨越提升，特别关注少数民族、贫穷、边远、落后地区群众科学素质的提升，缩小城乡和区域差别，提高公民解决实际问题和参与公共事务的能力，保障全面建成小康社会。”

（三）全民科学素质建设人才工作机制逐步健全，人才队伍不断壮大

目前，我国全民科学素质建设队伍主要包括三个部分。一是专业化人才，指专门从事科学技术教育、传播与普及工作的专门人才，由中小学科学教育教师、科普工作的组织管理者、专职科普资源开发者、科普活动实施者和科普研究者等组成；二是兼职人才，主要指兼职的科普工作者，他们是具有相当的科学文化素质、在本职工作之余从事科普工作或工作内容与科学教育和传播有关的人员。兼职科普工作者大多从事科技、教育、传媒、文化等方面的工作；三是志愿者队伍，指以弘扬科学精神、普及科学知识、传播科学思想和科学方法为宗旨，志愿致力于科普传播活动的社会各方面人员[12]。

自2006年《科学素质纲要》颁布实施以来，中央、地方各成员单位不断创新素质建设工作人才队伍的选拔、培养、激励机制，广泛动员多元社会组织参与全民科学素质建设，科学素质工作的人员队伍在数量和质量上都有较大提升。突出特点是：形成了一定规模的高素质的科普工作人员队伍；社会力量参与科学素质工作的热情逐步高涨；全民科学素质研究受到学界广泛关注，多维度支撑科学素质建设。

1. 建立奖励激励机制，激发素质建设人才队伍活力

2016年8月29日，中国科协、中央组织部、中央宣传部、国家发展和改革委员会、教育部、科技部、财政部、人力资源和社会保障部、农业部9部门联合发文印发《关于表彰〈全民科学素质行动计划纲要〉实施工作先进集体和先进个人的决定》，对2006年以来在实施《科学素质纲要》工作中做出突出业绩和贡献的150个单位和194名同志予以表彰，分别授予《科学素质纲要》实施工作先进集体和先进个人荣誉称号。2016年表彰“十二五”先进集体260个，先进个人347名。环保部建立了环保科普表彰奖励制度，有力地促进了优秀环保科普作品的创作，以及优秀环保科普单位和个人的涌现。2006年，中国环境科学学会设立了环保科普创新奖，“十一五”期间，已成功举办6届，评选出环保科普获奖作品86项，先进集体14个，先进个人21名。中国气象学会积极开展科普工作者表彰工作。2006年，中国气象学会开展第七届全国气象科普工作先进集体（工作者）和优秀气象科普作品奖评奖活动；2008年11月召开的第三次全国气象科普工作会，表彰了48个先进集体和42名先进个人。

2. 构建培养机制，推动素质建设人才队伍专业能力提升

为深入贯彻落实《全民科学素质行动计划纲要实施方案（2016—2020年）》《中国科协科普发展规划（2016—2020年）》《中国科协科普人才发展规划纲要（2010—2020年）》，推进实施科普人才建设工程，推动科普人员知识更新和能力提升，中国科协科普部从2016年开始举办科普人员培训班。2016年，中国科协共开设13期科普培训专题班，涵盖“互联网+”科普、公众科学传播、科普活动组织策划、科普展览策划、科普社会动员、媒体科学传播等科普工作重点领域和重要任务，全年累计直接培训在职科普人员2400人。2017年，

举办科普人员培训班 18 期，其中基层和一线科普工作者占 90%以上。加强科技辅导员队伍建设，研究制定《中国科协科技辅导员培训体系建设方案（2016—2020 年）》，发布《青少年科技辅导员专业标准（试行）》。新疆维吾尔自治区在全国率先建立科技辅导员职称系列，推动科普人才专业化发展。中国医学救援协会、中国老科学技术工作者协会等全国学会积极开展科普志愿者队伍建设。深入开展全国学会科学传播专家团队建设，新聘续聘首席科学传播专家 276 位，目前 98 个全国学会累计组建科学传播专家团队 432 个，团队成员已达 5264 人。

3. 创新选拔机制，打造素质工作人才后备队伍

2012 年，教育部与中国科协联合开展培养高层次科普专门人才试点工作。首批在清华大学、北京师范大学、浙江大学等 6 所高校和中国科技馆、上海市科技馆、山东省科技馆和广东省科学中心等 7 家科技场馆开展。试点高校招生类型为硕士专业学位研究生，通过全国统考途径招收的生源主要为理工科专业的应届、往届本科毕业生。2017 年，6 所试点高校共录取 571 名科普方向研究生。2012 年，先期开展科普教育人才、科普产品创意与设计人才、科普传媒人才三个方向的试点工作，并根据试点工作开展情况，逐步扩大培养方向。自 2014 年起，科技部在每年全国科技活动周期间举办全国科普讲解大赛活动。通过各地选手的同台竞争，既传播了科技知识，又为全国科普人员搭建了一个学习交流平台，促进了科普人才队伍水平的整体提升。加强科普人才培养师资、课程、教材和基地建设，全国注册科普信息员累计达 10 万人。

2015 年，我国拥有科普人员 205.38 万人，同比增长 2.1%。其中，我国科普专职人员为 22.15 万人，比 2006 年增长 10.8%，年均复合增长率为 1.1%（表 1）。这表明近年来我国科普专职人员发展较为稳定，主要原因是科普专职人员主要分布在国家各部门、学会、协会、高校等单位，多属于体制内人员[13]。从相对数看，每万人拥有科普专职人员 1.6 人。相对科普专职人员，科普兼职人员队伍更庞大、发展更快，从数量上看，科普兼职人员数是专职人员的 8.3 倍。2015 年，我国注册科普志愿者 275.62 万人，而 2006 年仅为 35.74 万人，平均每年以 25.5%的复合增长速度快速增加（图 1）。

表 1　全国科普人员统计表

年份	全国科普人员/万人	科普专职人员/万人	科普兼职人员/万人	每万人口拥有科普人员/人
2006	162.35	19.99	142.35	12.4
2008	176.10	22.97	153.14	13.26
2010	175.14	22.34	152.80	13.06
2012	195.78	23.11	172.67	14.46
2013	197.82	24.23	173.59	14.54
2014	201.23	23.50	177.73	14.71
2015	205.38	22.15	183.23	14.94

数据来源：2008～2016 年的《中国科普统计》、科技部各年度全国科普统计数据

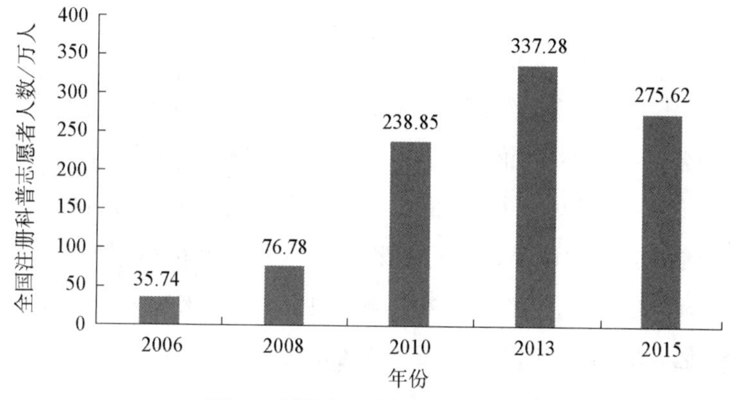

图 1　全国注册科普志愿者人数

数据来源：2008～2016 年的《中国科普统计》、科技部各年度全国科普统计数据

同时，人才队伍结构渐趋优化，拥有中级职称以上或大学本科以上学历的科普人员数量从 2006 年的 66.84 万人增长到 2015 年的 130.94 万人，增长了近 1 倍。可见，社会公众从事科普事业的积极性与主动性显著提升。

（四）全民科学素质建设经费总量提升、结构优化，综合保障能力稳步增强

《科学素质纲要》提出了全民科学素质建设经费的三个来源：一是各级政府财政专项投入；二是各相关部门划拨的专项科普经费；三是从社会力量筹措来的资金。但从经费的本质来源来说，全民科学素质建设的经费只有两个来源，一是国家财政投入，二是社会投入。国家财政投入的经费是全民科学素质建设经费的主要来源，同时，通过多种渠道，广泛吸纳社会资金，也应该成为全民科学素质建设经费的有益补充。从提高全民科学素质的主渠道来

看，全民科学素质建设经费可分为科学技术教育经费和科学普及经费两大部分。科学技术教育经费主要是指教育机构用于面向青少年和特定人群开展科普活动、建设科普基础设施与科普展教具等方面的经费；科学普及经费是各级政府部门、企事业单位、有关团体和组织、公民个人围绕全民科学素质提高活动而投入的经费。这两部分经费的侧重对象有所不同，科学技术教育经费的侧重人群是青少年学生，科学普及经费则侧重于普通公众。在"十二五"期间，全民科学素质建设经费主要用于支撑开展四大主要行动和六大基础工程。

1. 经费投入总量持续增加

自 2006 年《科学素质纲要》颁布以来，我国公益性科普基础设施建设和运行经费的公共投入不断加大，在政府资金的引导下，多渠道、多层次筹措科普经费的力度不断加强。数据显示，全国科普经费筹集额由 2006 年的 46.83 亿元增加到 2016 年的 151.98 亿元，比 2015 年增加 7.63%。其中，政府拨款也由 2006 年的 32.50 亿元增加到 2016 年的 115.75 亿元。科普专项经费由 2006 年的 15.58 亿元增加到 2015 年的 63.59 亿元（图 2）。

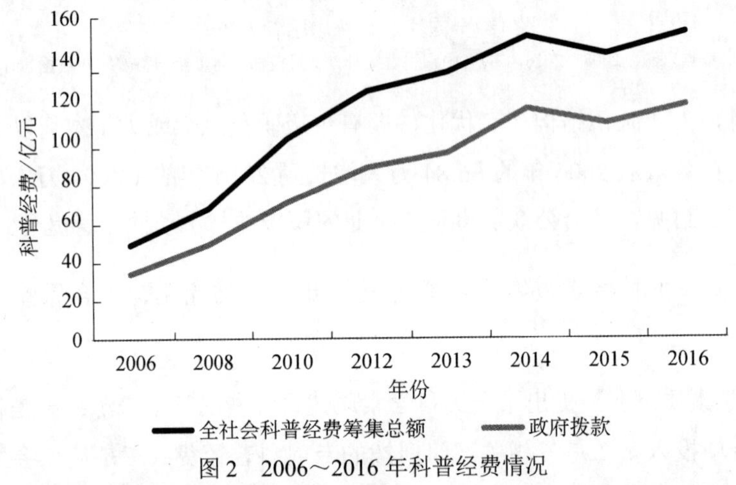

图 2　2006～2016 年科普经费情况

数据来源：2008～2016 年的《中国科普统计》、科技部各年度全国科普统计数据

2. 经费结构持续改善

社会参与全民科学素质建设的力量持续增强，其中社会捐赠科普逐年递增，人均科普经费由 2006 年的 1.18 元增长到了 2015 年的 4.63 元，增加了近

3 倍（图 3，表 2）。

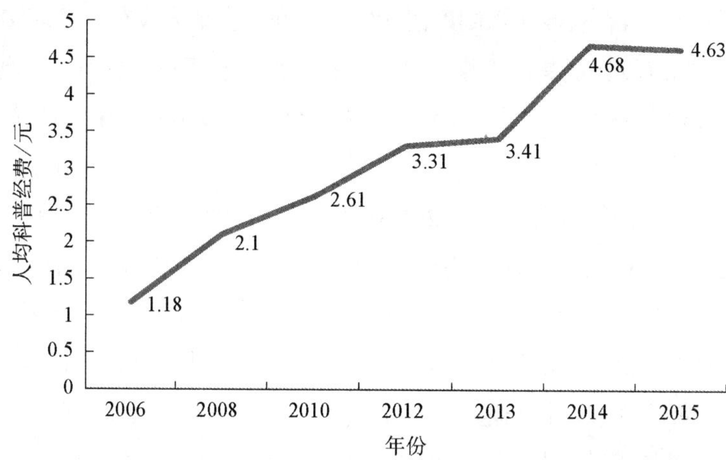

图 3　2006～2015 年人均科普经费

数据来源：2008～2016 年的《中国科普统计》、科技部各年度全国科普统计数据

表 2　2006～2016 全国科普经费结构

年份	全社会科普经费筹集总额/亿元	政府拨款/亿元	科普专项经费/亿元	社会捐赠科普经费/亿元	人均科普专项经费/元
2006	46.83	32.50	15.58	0.78	1.18
2008	64.84	47.00	24.42	—	2.10
2010	99.52	68.00	—	1.37	2.61
2012	122.88	85.04	44.78	—	3.31
2013	132.19	92.25	46.40	—	3.41
2014	150.03	114.04	64.01	1.60	4.68
2015	141.20	106.67	63.59	—	4.63
2016	151.98	115.75	—	—	—

数据来源：2008～2016 年的《中国科普统计》、科技部各年度全国科普统计数据

（五）问题与不足

1. 相应法规政策体系不完备，缺乏操作实施细则，难以保障工作顺利开展

现有的《科普法》在诸多的制度安排上规定比较原则、概括，以至于在实施中，诸多制度的落实和贯彻难以落地，实践中存在着“最后一公里”的遗憾。多年来，《科普法》的实施细则或实施办法迟迟没有出台，进而导致了我国科普领域法制建设发展缓慢。此外，科学素质建设工作面临诸多新的发展机遇与挑战，但是相对而言，政策设置与制度安排比较滞后，难以促进和

保障科学素质建设工作的快速发展，如公益性科普事业的相关制度至今没有很好地建立起来；科普税收优惠制度的规定至今在很多地方没有很好落实；科普产业发展的制度设计更是由于规定过于概括，而没有很好的执行力；等等。

2. 人才总量不足，综合利用效率相对较低，成为制约科学素质事业发展的瓶颈因素

2015 年，我国拥有科普人员 205.38 万人，同比增长 2.1%。其中，科普专职人员 22.15 万人，比 2006 年增长 10.8%，年均复合增长率为 1.1%。尽管存在一定比例的增长，但是与我国科技人力资源总量 8000 万人相比，基数过小，增速仍然偏低，无法满足科普事业发展和公民科学素质建设的需求，与国家人才强国战略的要求还有一定差距。此外，科普人才选拔、培养、使用的体制和机制不够完善，这些已经成为制约我国科普事业发展的瓶颈。

3. 经费投入总量偏低，增速缓慢，与科技、文化领域的政府投入相比经费缺口明显

2016 年，全国科普经费总额为 152 亿元，近 5 年年均增长仅为 7%。而在 2016 年，我国的文化事业经费为 770 亿元，年增速达到 10%；全国科技研发经费 1.75 万亿元，年增速 10.7%；国家财政科学技术支出 7760 亿元，年度增长 10.8%。相比而言，科普投入无论是在经费总额还是在增速上都存在巨大差距。

4. 组织实施机构作用弱化，成员单位缺乏充分合作，工作难以形成合力

全民科学素质工作领导小组成立时，在职能界定、日常工作程序、构成人员等方面都没有明确规定，因而组织实施机构的运行通常是按惯例或经验来操作。第一，全民科学素质工作领导小组与正式序列机构之间的关系不清晰，会增加不必要的办事程序和手续，不利于工作效率的提升。全民科学素质工作领导小组虽然没有明确的行政级别，但其负责人有较高的政治权威，从而全民科学素质工作领导小组事实上的地位高于一般性常设机构的地位，成为各有关工作部门之上的一个管理层次。在彼此之间的关系没有明确界定的情况下，领导小组的地位使其有能力干预日常机构的行政事务，可能会影响这些机构的工作开展。第二，全民科学素质工作领导小组的具体职责定位不明，尤其是与其他正式序列机构职责分工不清楚，可能会造成多头管理或部门之间相互推诿，而职责范围的重合也会削弱正式序列机构的作用发挥。

三、新形势下保障《科学素质纲要》实施的思考与设计

（一）全民科学素质建设面临的新形势和新定位

当前，世界格局在重塑中发生着深刻的变化，经济全球化、世界多极化、社会信息化、文化多样化等推动全球治理体系和国际秩序变革加速推进。全民科学素质建设对于推动构建人类命运共同体具有十分重要的意义，具有影响“世情”的重要战略作用和地位。从科学技术发展的态势来看，新一轮科技变革的兴起之势不可阻挡，并带来了产业变革，进而催生社会生产力的持续跃升，引发国际经济、科技竞争格局的不断重塑，也给人类的生产生活方式和社会结构带来深刻变化。全民科学素质的提升对于促进科技事业的发展、创新人才队伍建设十分重要，是改变“科情”的源头之水。

从我国的发展形势来看，当前我国正在全面建设社会主义现代化强国，全民科学素质建设对于提升国家创新能力、促进经济社会全面协调可持续发展具有十分重要的战略意义，全民科学素质建设工作在政治、经济、文化、民生、社会、环境领域大有作为，成为改变“国情”的重要因素与界面。当前，我国全面建成小康社会、创新型国家建设进入冲刺阶段，对全民科学素质建设提出了新的更高要求。为实现创新驱动发展，实现经济发展的动力转换和结构优化，不仅需要大力提升科技创新能力，还需要强化创新文化氛围，把科技创新的成果和知识为全社会所掌握、所应用，在全社会弘扬科学精神，普及科学知识，大幅度提升公民科技意识和科学素质，提高公民解决实际问题和参与公共事务的能力。这样的时代背景对科普工作和全民科学素质工作执行提出了新的更高要求。基于此，本研究对全民科学素质建设的重要性做出如下判断：第一，全民科学素质建设是实施创新驱动发展战略的动力源泉；第二，全民科学素质建设是构建国家现代化治理体系的基本保障；第三，全民科学素质建设成为多领域、多主体关注的重要界面；第四，全民科学素质建设成为新思想、新机制产生的源头之水。

（二）关于保障《科学素质纲要》执行的思考与设计

执行力是让既定目标落地的操作能力，是将《科学素质纲要》规划的目

标转变为实际效益的关键所在。《科学素质纲要》的执行效果直接关系到全民科学素质的提升情况，关系到各项素质工作目标能否顺利实现。就《科学素质纲要》的执行来看，既受《科学素质纲要》的内部影响，也受《科学素质纲要》的外部影响。

就内部影响而言，主要有如下三方面。一是全民科学素质建设的工作目标可行性。目标制定必须实事求是，应根据经济社会发展的实际情况，确定合适的目标，这里的“合适”就是具有可行性，否则，再有各级政府部门也很难使目标上不可行的规划具有执行力。二是《科学素质纲要》内容的合理性。这里的合理性，既包括符合经济社会发展的规律，又包括符合现行法律，还包括与原有《科学素质纲要》和政策的良性关系。《科学素质纲要》中的这些因素都会对规划的执行力产生重要影响。三是《科学素质纲要》措施的可操作性。一般说来，《科学素质纲要》比较宏观，政策措施尚未细化，虽然这些政策措施还未形成具体方案，但其思路必须是可细化为操作性方案的，否则如果仅仅是一些无法操作的“口号”，这样的“口号”就很难执行，执行力也会大打折扣。

就外部影响因素而言，主要有如下四方面。一是政府政治领导能力，《科学素质纲要》执行必须要有政治上的坚强领导，这是提升其执行力的重要保证。二是具体执行者的实施能力，《科学素质纲要》执行是通过其执行团队来实现的，细化后的具体政策方案必须由执行团队来实施。一个强有力的执行团队，是提升《科学素质纲要》执行力的一个重要因素。三是地方政府的综合实力。《科学素质纲要》的执行，需要投入大量的资源，包括人力资源、物力资源、财力资源和信息资源，如果国家的综合实力不能稳步增长，难以做到资源的有效投入和合理运用，也就难以保障其执行力。四是公众的支持力度。《科学素质纲要》的执行离不开公众的支持，这种支持的力度与《科学素质纲要》的执行是相向而行的，支持度高则执行力高；反之，支持度低则执行力低[14]。

基于此，本研究对如何保障《科学素质纲要》的执行做出如下设计：第一，协调合作的制度化与科学化建设：加强《科学素质纲要》的组织协调工作；第二，设立预期性和约束性指标：锚定《科学素质纲要》的保障条件；

第三，围绕成效开展评估：构建《科学素质纲要》执行的监测评估体系。

四、关于《科学素质纲要》实施中组织协调工作的总体安排

《科学素质纲要》所提出的工作目标能否实现的关键在于组织实施工作的开展。《科学素质纲要》的组织实施是一项庞大的系统工程，涉及主体多，范围广，工作复杂繁重，因此在实际工作中要抓重点，抓关键。各个地区和部门要因地制宜，结合实际情况和工作特点，明确工作重点和实施步骤，制订切实可行的工作计划。

我国全民科学素质建设中的组织协调机制由主体、方式、规则、资源等要素构成。其中，主体包括政府部门、科技团体、企事业单位及社会公众；方式主要有科层制协同、外包式协同、沟通性协同、战略性协同等；规则包括有关组织协调的程序、协议、文化等。按照承载科普资源的载体，资源分为人、财、物三类。人主要包括广大科技工作者和科普、教育工作者；财是指用于我国全民科学素质建设的经费，主要包括政府拨款、自筹经费、社会捐赠等；物包括科普资源基础设施、实物资源、虚拟资源、针对四类重点人群的专项科普活动等。

（一）组织协调工作面临的困境

从广义上来讲，全民科学素质建设是由政府各部门、非营利组织、企业、个人等主体向整个社会公众提供科学普及、科学教育、科技传播等公共服务的过程[15]。从我国全民科学素质建设的实践来看，《科学素质纲要》实施工作办公室通过“上下协作、横向联合”的工作方式开展全民科学素质建设工作，形成以各级科协为主体、相关单位及社会力量广泛参与的全民科学素质建设工作网络。“上下协作”是指中国科协机关的直属单位、全国学会和地方科协分工负责、通力合作；“横向联合”是指中国科协联合相关单位和社会力量共同参与全民科学素质建设工作[16]。然而，“上下协作、横向联合”并没有达到预期的结果，组织协作仍然过于单一地集中于科协系统内部和相关科普资源

占有单位内部，而且也只是由中国科协牵头进行的一些科协系统的上下协作，横向联合少之又少，共建共享的协作机制尚未建立。此外，目前由于信息的交流和沟通不畅，各部门、各系统和各行业的科普资源存在着内容分散、建设重复、利用率低等问题。这种条块分割、各自为政的建设模式，不能有效地实现协作共赢。

在我国全民科学素质建设体系中，除厘清各供给主体的优势外，还需要寻找一套有效化解由于多元化导致的服务供给碎片化问题。因此，与多元供给体系相伴生的是协同机制建设问题，即需要探讨多元供给主体之间的协调与合作。

越来越多元的公共服务需求需要越来越复杂的公共服务供给体系。但是，相对于单一的政府管理体制而言，多元化的公共服务体系在发挥各组织供给优势的同时，也面临着组织间协调所带来的成本增加等问题。许多公共服务都需要两个或两个以上的部门或组织来提供，造成公共服务“碎片化”，各组织间由于责任边界模糊导致相互推诿，不但无法发挥各自优势，还额外增加了大量协调成本[17]。

我国全民科学素质建设中的组织协调，最直接的目的是对全社会科普资源进行战略重组和系统优化，以促进全社会科普资源高效配置和综合利用，更好地服务于我国全民科学素质的提升和发展。而全民科学素质建设中组织协调的重点和难点就是如何构建一个高效运行的协作、共建、共享机制。从全民科学素质建设中组织协调的成效可以看出，《科学素质纲要》实施工作办公室已经开始搭建针对不同资源、不同科普对象的共建协作、共享平台，但由于尚处于起步阶段，全民科学素质建设中的组织协调机制仍面临诸多问题。

（二）组织协调机制的设计

加强不同部门间的协调合作，不能仅仅停留在原则性规定和口号性倡导层面，需要科学、细致的制度设计。从国外的经验来看，一个有效的协调合作机制，必须具备以下要素[18-20]。①明确的合作目标和绩效评估机制：对于有着不同甚至相互冲突的利益诉求的监管部门来讲，求同存异，确立各方共同认可（或称共赢）的合作目标并建立有效的绩效评估机制，对促进监管部门积极参与合作至关重要。②有效的组织文化交流：不同监管部门具有不同的组织文化，为促进各方建立合作关系、产生相互信任，必须发展共同的术语和概念，确立兼容的政策和程序，促进公开交流。③明确、连续、稳定的领导机构或领导者：从集中责任和加速决策的角度考虑，确定一个领导者往往更有利于协调；同时，能否得到高层（包括立法机关、最高行政机关和上级行政机关）在政策和资金方面的支持和承诺，对合作项目的有效性也至关重要。④参与各方角色和责任的明晰：通过法律、法规、规章、政策或合作协议明确各方的职责范围，以及合作的具体程序机制，有利于协调合作的制度化、常态化。⑤拥有足够权力和能力的参与人员：参与协调的具体人员必须具备进行协调合作的知识、技能和能力，并拥有解决问题的权力，否则协调目的很难实现。⑥专用的资源：合作各方必须保证实施并维持合作必需的人员、信息技术、物力和财力。⑦书面的合作指南和协议：尽管不是所有的合作机制都需要书面的合作指南或协议，尤其是非正式的合作，但实践证明，通过签订书面协议，明确合作的领导者、合作的目标和责任、合作各方的角色和职责、资源保障、监督机制等，更加有利于协调合作的有效性。

基于此，我国全民科学素质建设中组织协调机制设计的基本思路是，将为我国全民科学素质建设工作提供强有力的组织保障和制度支持作为发展目标，加快资源的共建、共享步伐，要突破思维局限，形成“素质工作大格局”的概念；加强科协系统与教育系统、科技管理系统、新闻传媒系统、科研院所等单位的联合与合作。

具体思路如下：一是全民科学素质建设的目标要凸显经济发展目标、生活健康目标、精神文化目标、民主参政目标，直至国家长远战略目标等[21]；二是进一步增强全民科学素质建设主体的责任感和使命感[22]，使之包括科学共同体、大众传媒、教育机构、政府部门、企业、社会团体，甚至公众等；三是建立多元化的资源经费投入渠道，建立社会化大协作机制；四是注重在社会大众之间建立平等、协商、互信的关系，促进科技与社会的协调发展，形成科技与社会的良性互动，以促进科学技术造福人类[21]。

根据上述思路，我国全民科学素质建设中的组织协调机制包括以下三个层次。

一是各级科协系统内部不同部门之间的组织协调。主要内容是科普资源如何在各级科协系统内部不同部门之间合理分布，避免重复工作。其目的是提高各级科协系统内部不同部门科普资源的利用效率，强化各职能部门之间的合作，通过整合各职能部门分散的科普资源，加强各级科协系统内部科普资源的共建共享[23]，为我国全民科学素质建设中的组织协调打下良好的基础。

二是不同或同一层级科协系统之间的组织协调。主要是通过加强上下级（或同级）科协系统之间（如中国科协与省级科协之间、省级科协之间、县市级科协之间以及省级科协与县市级科协之间）的沟通，从而实现科协系统本身的组织协调。

三是科协系统与掌握科普资源的系统之间的组织协调。中国科协有很多研究涉及协同机制问题，尽管表达协同所使用的概念不同，如系统内外的沟通，如通过科协系统与中国科学院、教育部、科技部、中央宣传部等系统的科普资源的共建共享，实现我国全民科学素质建设中的组织协调。

（三）具体建议[23]

1. 建立管理协调与集成整合相结合的机制

一是由《科学素质纲要》实施工作办公室提请党中央、国务院责成国家各相关部委，加大贯彻《科普法》《科学素质纲要》的工作力度，结合实际，制定落实《科普法》《科学素质纲要》的实施细则，将全民科学素质建设工作的责任具体化、数量化和可操作化。

二是由《科学素质纲要》实施工作办公室提出《科学素质纲要》工作的规划和具体实施方案，并将《科学素质纲要》实施工作办公室的意见和建议上升为国家意志和政府规定，列入对各部门工作的考核和评价之中[24]。

三是建立多领域、多层次的管理协调机构。围绕素质工作的重点，成立多领域、多层次的工作委员会。各管理协调机构按管理权限协调跨系统、地域之间及地域内部不同主体的利益关系，提高共享调控科普资源的能力；同时，明晰各管理协调机构的功能与职责。可以将管理协调机构的职责定位在对资源共建共享联盟的整体规划，激活并完善相应的投入机制，监督各主体在共建共享过程中的活动，解决共建、共享合作中存在的问题，提供共建共享服务等方面[25]。

四是必须继续坚持和完善“国务院领导、各部门分工负责、联合协作”的工作机制，进一步明确各地政府的领导责任和分管领导牵头负责的工作体制，落实中国科协行使全民科学素质工作领导小组的具体职责，确保全民科学素质工作的顺利推进[26]。

2. 推行利益共享与成本分摊相结合的机制

建立科普资源共建共享机制，通过调整科普资源所有者、占有者、需求者与使用者的利益，建立资源利益分配制度，保障各方的合法权益，降低资源共享的交易成本，最终实现科普资源共享效率的提升。因此，要使科普资源共建共享能够形成良性循环[27]，就必须大力推行利益共享与成本分摊相结合的机制。

一是要厘清不同共享主体的利益诉求，针对不同特点采取不同的正激励形式，保证利益共享。科普资源共建共享应该遵循“谁贡献、谁受益”的基本原则，以此体现公平性，也可以通过奖励、实施优惠政策等，形成一个投入、贡献与所获利益平衡的机制，调动各成员单位参与科普资源共建共享的积极性[28]。

二是对于科研院所和高等院校这样的主体，对于其参与共享时应该设立相关社会奖项，授予荣誉称号，满足其荣誉诉求，以期激励其资源提供；对于科普企业参与共享激励，应该集中于税收激励、政策扶持等方面。

三是运行成本分摊机制的核心是建立资源产权分解制度。必须通过制定相应的法规，或根据国家有关法律，明晰科普资源的产权主体，解决科技资源的归属问题，确立科技资源的共享地位和成本分摊责任，形成成本分摊机理。在兼顾效率与公益的基础上，通过公平的成本分担制度，实现科普资源共建共享的协调有序运行。

五、关于科学素质工作的条件保障与法规政策设置

（一）经费投入保障

全民科学素质建设属于公益性事业，工作的开展要以国家财政投入为主，

同时可以借助一定的政策工具，灵活运用市场机制来调动各方面的参与积极性。在分析我国科普经费投入情况的基础上，全民科学素质建设在经费投入方面应采取以下措施以解决遇到的问题[29]。

一是加大政府财政对科普工作的支持力度，明确科普工作的国家投入比例。政府是公共产品的主要提供者，在社会公益事业建设方面负有领导和推动责任，必须通过大幅度提高国家在全民科学素质建设方面的投入，建立必要的投入机制，才能确保这一事业稳步推进。各级政府部门必须切实执行《中华人民共和国教育法》《科普法》《科学素质纲要》等政策法规的有关规定，将科普经费列入同级财政预算，保障《科学素质纲要》的顺利实施[30]。还应参照国际经验，出台《社会科普事业财政投入法》等类似法规，把科普财政投入以法律形式固定下来，明确包括财政投入科普事业最低保障线（财政投入占本级财政支出的比例），强制政府部门履行财政保障投入的职责，提高各级政府财政投入的自觉性。另外，还应发挥各级人大与社会各界的法律监督作用，防范与纠正拖延、挪用、压低财政投入的违法行为，为社会公益事业财政投入的稳定增长创造良好的外部环境。争取在 2035 年前使政府投入科普的经费占政府科技投入的 10%。通过财政转移支付等途径，支持西部欠发达地区增加科普投入，带动我国科普事业平衡、健康与可持续发展[31]。

二是落实各相关部门的实施经费。与全民科学素质建设相关的部门是实施《科学素质纲要》的主要力量，各部门要从提高全民科学素质的战略高度充分认识实施《科学素质纲要》的意义，结合部门特点开展科普活动，积极争取国家和地方财政的大力支持。规定科研机构从国家提供的科研经费中拿出一定比例用于科普工作，向纳税人介绍所开展的科研工作及取得的成果；逐步在五类国家科技计划的申请、执行、评价过程中增添科学普及的内容和要求，设定一定比例的经费用于科学普及工作，促进高端科技资源和科研成果转化为科普资源。在国家自然科学基金中设立科普专项，建议按科学基金资助项目总额的 1%匹配科普专项经费（1%是美国国家科学基金会的下限标准），促进基础研究创新成果、科学前沿知识和科学探索精神的传播与普及[32]，鼓励和支持基于科学基金项目的科普工作。

三是广泛扩展社会资金筹集方式和渠道。全民科学素质建设是一项社会系统工程，需要社会各界的共同参与和努力。要尽快制定完善公益事业捐赠法实施细则等政策，广泛扩展社会资金投入渠道。要通过政策手段，不断引导企业加大全民科学素质建设方面的投入，如通过税收优惠等鼓励企业在开展科普活动方面进行投入或捐赠。支持相关社会团体等非营利机构投入科普。借鉴英国议会通过建立国家彩票基金会支持科普的运行方式，通过发行科普彩票集聚科普资金，建立科普彩票基金会，支持我国的公益性科普设施建设，支持弱势地区开展科普项目。建立政府科普基金，实行严格的科普“项目支持，费用分担”制度。在政府的科普经费投入中，可以借鉴国外政府科普项目资助制度及其费用分担的运行机制，建立科普基金会，将国家财政投入科普方面的部分经费采取基金式的管理运作方式，牵动社会上更多的资金投入科普事业中来[30]。

（二）人才队伍建设

当前我国科学素质建设人才队伍建设的首要问题是如何健全和完善一整套“选拔—培养—使用—激励”的人才工作机制。在人才选拔方面，正规教育体系要形成以社会需求和市场为导向，在国家的教育政策指导下，由学校负责自主管理运行的机制；在人才培养方面，继续教育体系要建设科普人才培养的新机制和新格局，即以社会和科普工作的需要为导向，以政府政策为指导，以拉动性投入和资源整体配置为框架，科协制定培训制度、规范培训行为，培训机构自主运行，逐步建设开放、竞争的社会化培训服务体系。同时，注重推动科普、科技、教育、传媒等多方合作，在实践中学习和提高科普业务水平。在人才激励方面，在科普实践中要加强奖励和评价等引导和激励工作。

一是加强高校科普相关专业建设，打造科学素质工作后备人才队伍。争取到 2020 年，在 30 所以上的重点大学和师范院校开设学科体系、教学方法、培养方案等各个方面都比较成熟的多层次、多方向的科普相关专业；在 100 所以上的高校自然科学专业的学生中，增设科技传播专业的选修课程。首先，设立科普相关专业要注意多层次、多方向；其次，加强科普专业教育专兼职师资队伍建设；再次，加强科普重点课程的教材、教法、培训模式的研究；最后，建设多种类型的科普人才培养教学和培训基地。

二是建立培训体系，全面提升人才队伍综合能力。第一，加快出台科普人才培养制度，在科普规划、纲要或条例中，明确关于建立不同类型的科普人才培养包括培训制度的规定；第二，制订主要类型的科学素质建设人才培养工作计划及培训大纲，明确规定各种类型培训的指导思想、培训目标、培训机构设置原则，明确培训的对象、内容、师资、教材、管理、考核等具体问题；第三，逐步健全实施机构，协调科学素质建设人才培养工作；第四，制定各类培训质量评估指标体系，建立评估制度；第五，建立培训机构资格审查制度，实行优胜劣汰。

三是完善扶持、激励、评价机制，构建科学素质工作人才发展的有利环境。第一，应当加快推动国家重大人才政策在科普人才队伍建设中的适用，加强科普人才建设工程与现有国家重大人才政策的衔接；第二，保障科普经费的投入和增长幅度，切实改善科普人才，尤其是基层科普人才的工作条件和工作待遇，使他们能够安心从事科普工作，安心科普创新活动；第三，积极开展科普人才评价制度和评价机制的创新，着力解决科普人才的职业发展前景和技术职务激励问题；第四，推动改革现有科普类奖项奖励机制，激发科普人才队伍活力；第五，积极推动各级政府对在农村基层和艰苦边远地区工作的科普人才在工资、职务、职称等方面实行倾斜政策[33]。

（三）法规政策设置

全民科学素质建设是一项巨大的社会系统工程，需要包括政府、社会和公民在内的各方主体都参与和行动起来，共同推动这一事业的健康发展。《科学素质纲要》指出，在全民科学素质建设过程中要坚持“政府推动、全民参与、提升素质、促进和谐”的方针，其中政府发挥推动作用的主要方式就是通过制定积极有效的法规、政策，引导和动员社会各方力量，为全民科学素质建设做出贡献。发展和完善全民科学素质建设法规政策，应主要从以下六方面着手。

一是在《科普法》中体现全民科学素质建设的目标和要求。《科普法》是全民科学素质建设的根本性、指导性法律，自颁布之日起已走过了十多年的历程，对我国全民科学素质建设有着重要的保障和推动作用，在新的时代要求与新形势变化背景下，科学素质建设工作的内涵与外延都发生了变化与拓展，亟须结合当前的现实需要进一步修订现有的《科普法》。首先，要深入分析，系统思考修订《科普法》的必要性；其次，要立足现实，科学谋划修订《科普法》的可行性。要研判新发展形势下科学素质建设的新使命、新任务、新动向、新需求，在修订《科普法》的过程中体现全民科学素质建设的目标和要求。

二是制定《科普法》实施细则。这既是对《科普法》的全面阐释，也是对《科学素质纲要》的重要阐释。我国的科普工作经过多年实践，目前已经具备了制定《科普法》实施细则的条件。制定和实施《科普法》实施细则，将极大地激发和调动全社会参与科普事业的积极性和主动性，推动《科学素质纲要》的全面实施。

三是要加强全民科学素质建设政策的补充和完善，从根本上保证《科学素质纲要》得以落实。科协组织、科技部、教育部等部门作为全民科学素质建设工作的主导部门，要以政策为纽带，加强与其他部门的联合与协调。同时，部门政策内容要及时根据时代需求进行适应性调整，既能反映工作特色，又要致力于解决当今社会面临的、本领域内的热点和难点问题。此外，政策制定主体需要培养前瞻性意识，能够对本领域科普发展情况进行预见，从而确保本部门政策布局，为未来工作开拓预留足够的发展空间。

四是要加强科普政策宣传工作。政府部门和人民团体应积极将科普政策宣传纳入本部门的科普工作内容，尽量做到科普政策宣传的多渠道、全媒体覆盖。一是通过培训会、宣介会、科技周、科普日等科普活动组织方式，对政策进行双向沟通式的宣讲；二是发挥图书、报纸、广播、电视等传统媒体的宣介作用，通过专刊、专版、专栏等进行单向式的传播；三是充分利用互联网中新媒体传播的泛在优势，通过网站、微博、微信等渠道，采用文字、图片、视频等形式，以公众易于理解的方式扩大科普政策信息的覆盖范围[34]。

五是建立对科普政策实施效果的反馈机制。建议科普政策的制定部门和实施部门从多个维度、不同方面对重要科普政策实施效果进行评估，以促进科普政策的改进和完善。

六是组织开展相关政策的研究工作。构建科学素质工作研究网络，围绕科学素质工作中的主要议题，广泛吸纳科学素质工作领域的管理者、研究者，形成广泛合作交流的研究机制。积极开展国际交流与合作，借鉴国外的成功经验，为相关政策的制定提供智力支持。

六、关于监测评估工作的规划设计与组织实施

（一）监测评估工作的作用与意义

为进一步凸显我国全民科学素质建设工作的成效，提高各类主体的科普能力，完善全民科学素质建设工作的组织机制和运行模式，促进各类主体间学习交流和加强责任意识，确保全民科学素质建设工作顺利有序规范运行，提升全民科学素质建设工作的社会认知与响应，有必要对各类主体的素质工作成效进行评价。全民科学素质建设工作的成效评价作为促进各类主体的素质工作的重要政策机制，具有十分重要的作用，概括起来讲，主要发挥如下作用。

（1）引导作用。我国全民科学素质建设工作的主管部门可以通过指定成效评价指标体系和具体的评价活动，表达其对全民科学素质建设工作开展的管理意志，宣传素质工作管理与实践的理念、方法和技术，引导各类主体的素质工作的发展方向和工作内容，确立全民科学素质建设工作服务国家战略的工作思路和运行机制。

（2）激励作用。通过开展科学素质建设中的监测评估工作，将竞争机制潜移默化地引入各类主体机构中，有助于鼓励各类主体的素质工作机构明确自己的战略优势，积极借鉴优秀的各类主体的素质工作机构的管理经验，不断探索各类主体的素质工作机构激励和资源整合的新机制、新思路，营造一种学习、创新的科普文化。

（3）规范和诊断作用。全民科学素质建设中的监测评估指标体系作为各类主体素质工作的一种标杆和标准，有助于各类主体对比自查，发现问题，从而加快科研机构科普工作的规范化、科学化和制度化，保障各类主体素质

工作的可持续发展[35]。

（二）监测评估工作的方法和原则

1. 监测评估工作的方法

借鉴科技评价领域常用的科技评估方法，结合素质工作的特点，建议采用以下主要评估方法[36]。

（1）定量评估法。本研究拟采用具有统计学意义的合理性和可信度的指标，从中观层面研究科学素质实施机构的素质工作能力、科学素质活动、科学素质活动的水平及影响，从而对国家宏观科技政策和科技管理具有一定的参考价值。

（2）案例与回溯评价法。全民科学素质建设中的监测评估工作将通过借鉴各类优秀主体素质工作的管理经验，鼓励各类主体明确自己的战略优势，不断探索各类主体激励和资源整合的新机制、新思路，营造学习、创新的科普文化。针对典型优秀素质工作单位和个人的案例与回溯分析法，有利于清晰描绘该机构素质工作的关键事件及其价值，以及内外因素对研究工作的影响。

（3）定性评估方法。与上述多方法的补充与结合，可以有效规避定量评估和定标比超方法导致的“数字和指标导向”，以及案例回溯分析法难以大范围铺开的缺点。

2. 监测评估工作的原则

在开展我国全民科学素质建设中的监测评估工作时，本研究建议遵循以下基本原则[37]。

（1）科学性原则。指标体系首先应当反映被评价对象的本质特征，这是构建指标体系的最基本原则。同时，评估指标还应具有代表性，含义应清晰、准确，避免可能产生的歧义。

（2）系统性原则。指标体系应系统、全面、重点突出地反映被评价对象的各个方面，不遗漏任何关键信息，也不对某一部分有所偏颇。

（3）独立性原则。指标体系中的各个指标应层次清楚，尽可能避免相互交叉和重叠。对于含有隐含相关关系的某些指标，在评估过程中应采取适当措施消除影响。

（4）可操作性原则。在建立评估指标体系过程中，要充分考虑评估活动中所面临的时间、信息采集、成本等多因素的实际限制。评估指标体系应精炼简洁，尽可能地以较少的指标反映较多的信息，便于评估人员理解及采集相关信息。

（三）监测评估的指标体系

依据我国各类主体素质工作的实践与现状，同时充分考虑素质工作成效评估工作的可行性和可操作性，初步考虑以素质工作目标指向、实施保障、制度建设、活动与产出、产生影响等为重点评估内容，开展对我国各类主体素质工作成效的评估。其中，能力建设包括制度安排、经费保障、队伍建设、科普场地设施等方面。工作成效包括活动的组织、产品的开发，以及素质工作的成效与影响。满意度测评包括政府部门的评价满意度（各类科普奖项、领导批示等），社会和媒体的评价满意度（传统媒体与新媒体的报道等）。

按照定性与定量相结合、自评与他评相结合的基本理念，本研究构建了全民科学素质建设监测评估的指标体系（表 3）。

表 3　全民科学素质建设监测评估的指标体系

指标	指标描述与内容	自我判断	关键事实与证据
科学素质工作的目标	1. 与科技创新工作的衔接性、促进性		
	2. 对于创新人才培养的促进		
	3. 对于全民科学素养的提高		
科学素质工作的实施保障	4. 成立《科学素质纲要》实施工作者或联席会议制度		
	5. 政府召开常务会议专题研究科普工作次数		
	6. 党政主要负责人参加科普活动次数		
	7. 科普人员比例		
	8. 科普经费比例		
	9. 外争科普经费比例		
	10. 科普经费年增长幅度		
	11. 科普设施、基地使用频次		
科学素质制度建设	12. 有科普相关规章制度		
	13. 有科普工作计划与总结		
	14. 参与国家或各级科普工作统计		

续表

指标	指标描述与内容	自我判断	关键事实与证据
活动组织与工作产出	15. 全国科技周、全国科普日主会场活动		
	16. 主办的各种科普活动		
	17. 科普讲座		
	18. 科学课程开发机科学探究活动		
	19. 开发科普图书、教材、教辅数量		
	20. 开发科普视频数量		
	21. 开发科普（微）视频质量（如采用情况）		
	22. 开发科普展品数量		
	23. 科普展品使用情况		
科学素质工作的影响	24. 政府部门的评价满意度（各类科普奖项、领导批示等）		
	25. 社会和媒体的评价满意度（传统媒体与新媒体的报道等）		
	26. 科普工作获奖情况		

（四）关于监测评估工作的建议

1. 激励卓越、注重实效，正确把握全民科学素质建设监测评估定位

一是要把握全民科学素质建设监测评估的目的。结合定量数据、典型案例和专家定性等综合评估方法开展成效评估，一方面，帮助各类主体推进素质建设工作；另一方面，通过评估进一步确立一批优秀集体和个人，为促进及推广素质工作提供参考。

二是要突出强调针对全民科学素质建设中监测评估的诊断评估导向。通过调研、国际合作交流等方式，学习国内外前沿的评价经验和方法，不断探索创新评价方式方法，持续完善全民科学素质建设监测评估的理论体系建设和方法。有效并充分利用各类统计数据、信息等提高评估评价工作的准确性和科学性，避免评估评价中的重复工作，同时邀请国内外有宽阔视野的外部专家，结合定量数据和典型案例，判断各类主体素质工作的现状及优势和不足，发挥同行专家、科普专家和管理专家在评估中的诊断作用。

三是要把握好规范，突出特点分类评估。全民科学素质建设监测评估要尊重素质工作的特点和各类主体的特点，确定重点评议内容和专家组组成等，实行科普成效的分类评估。

四是要减轻参评单位负担，注重实效。充分利用中央及地方、社会组织等已有材料和公开数据，减轻参评单位负担，保证评估组织方与参评单位的充分沟通，达到评估的实效。

五是认真开展全民科学素质建设监测评估的预研究工作。为促使全民科学素质建设监测评估工作切实产生导向与激励作用，拟就全民科学素质建设监测评估研究布置相关课题，重点围绕全民科学素质建设监测评估的意义与必要性、各类主体素质工作的规律和特点研究、评估的理论与方法研究等主题组织开展研究工作。评估工作结束后加强总结和研究，重点围绕在实践中遇到的难点与热点问题，展开理论与实践相结合的总结研究工作，以更好、更有效地促进全民科学素质建设监测评估工作。

2. 统筹谋划、合作交流，系统设计全民科学素质建设监测评估工作

一是开展顶层设计，加强统筹协调。研究开展全民科学素质建设监测评估工作的顶层设计，全盘考虑大规模开展全民科学素质建设监测评估的总体框架；出台规范全民科学素质建设监测评估工作的制度与意见，完善体制机制建设；加强机构之间的合作、交流，实现统筹协调，不断完善相关部门各负其责、相互配合的工作机制，共同推进评估工作的开展。

二是精准确定参评各类主体。鉴于评估工作要发挥立导向、树优秀的作用，在确定参评单位和机构时，应优先考虑在素质工作方面有一定积累和经验的单位。具体可以由熟悉或主管科普工作的上级部门先筛选出一批参评单位，再经与评估工作主管单位和参评单位沟通后，确定参评机构的最终名单。

三是合理优化专家遴选及构成。根据参评机构的科普工作特点，遴选合适的评估专家。在专家构成方面，主要有熟悉该机构领域内科研工作特点的同行专家（1～2 名），长期从事科学传播与科普工作的一线科普专家（1～2 名），以及负责科学传播及科普工作的管理专家（1 名）。在专家条件方面，所遴选的专家应具有开阔的视野、公正敢言，同时与参评单位无利益冲突。被评单位可先提名专家，由评估主管方确定最终名单。

四是充分准备并利用各项评估材料。主要评估材料包括：全民科学素质建设监测评估工作介绍、我国科普工作整体情况数据报告、参评单位自评表和专家评议表。其中，全民科学素质建设监测评估工作介绍由评估工作组提

供，主要向参加评估工作的专家和被评单位介绍本项评估工作的意义、要求和内容等。我国素质工作整体情况数据报告由评估工作组提供，用于向被评单位和专家展示全民科学素质建设监测评估的整体情况，以便自评和专家评议时作参照。参评单位自评表由评估工作方提供，由参评单位根据自身工作情况据实填写。专家评议表由评估工作方提供，由专家根据参评单位自评表，结合自身经验与意见，完成专家评议。

五是超前谋划系统设计评估全过程。根据评估工作要求，规范评估工作的设计与实施工作，各评估相关方各负其责，相互配合，共同推进评估工作的开展。在评估开展前三个月，评估主管单位负责总体协调，与科技部、中国科学院等协商并确定被评单位；评估前两个月，评估工作组联系被评单位及主管单位，完成评审专家的推荐、遴选、审定及邀请；评估前一个月，被评单位准备自评材料，评估工作组完成数据采集及指标测算等工作；评估中，被评单位首先完成自评估，专家进而完成专家评议；评估后一个月内，评估工作组联络评估主管单位、评估专家和被评单位，完成评估结果的反馈与应用。

3. 定性与定量相结合，科学设计全民科学素质建设监测评估指标

从科学素质监测工作逻辑模型与指标体系可以看出，科学素质建设监测评估工作是定性和定量相结合。因为绝大部分素质工作都发生在复杂的社会环境中，是无法严格控制和限制的多因素环境，而且涉及多方主体参与，存在大量主观现象，因此不能为了追求过度的客观性、可比性，将目前许多无法量化的被评估属性量化。

提倡互动、参与式评估。互动、参与式评估是指吸收被评估对象及其他利益相关主体参与评估过程，打破传统的“自上而下”评估方式。其优势体现在：①受评机构参与评估，有助于扩大评估设计的焦点和范围，降低评估中不实际、不公平的问题，提高评估质量；②让科学素质工作对象、科普受众参与评估，可以了解受众对科学素质工作的满意度及需求；③吸收受评对象参与评估，有助于评估结果的回馈和利用。[38]

4. 探索规律、推广经验，切实用好评估结果

评估工作组根据专家评议结果，结合指标体系，实现全民科学素质建设

监测评估的量化打分表，并在此基础上进一步提出如下几种评估结果的使用办法。

一是通过政策支持、项目牵引、表彰先进等方式激发各类主体开展素质工作的积极性，建议设立以下奖项。①素质工作成效卓越集体（整体奖）：根据专家打分表和定性评议结果，根据不同活动类型，提出一批成效卓越的单位和机构，以示奖励，激励其他机构进步。②素质工作成效卓越集体（单项奖）：考虑到有些机构的素质工作整体上可能并不是特别优异，但单项工作在较大范围内产生了显著影响，为褒奖这类机构在单项活动上取得的成绩，设立单项奖，同样起到激励与促进作用。③素质工作成效先进个人：对于个别在素质工作中表现突出且影响深远的单个研究人员，授予其“素质工作成效先进个人”称号，以资奖励，并可号召其他机构与个人向其看齐。

二是做好交流合作，积极示范推广。要通过此项评估工作，积极探索素质工作规律，不断总结推广素质工作经验，召开专题工作研讨会、交流会，编写典型示范案例，推广好的经验和做法。

（课题组成员：张思光　刘玉强）

参 考 文 献

[1] 吴国盛. 科学走向传播［M］. 长沙：湖南科学技术出版社，2013.

[2] 张双更，王一报，仇利军. 公民科学素质建设实践与探索［M］//中国科普研究所. 中国科普理论与实践探索：公民科学素质建设论坛暨第十八届全国科普理论研讨会论文集. 北京：科学普及出版社，2011：417-422.

[3] 刘复兴. 素质教育政策与《美国 2061 计划》——教育政策决策和实施程序的比较分析［J］. 教育发展研究，2002，22（10）：27-31.

[4] 陈首. 科学素质建设：国外在行动［J］. 科学学研究，2007，25（6）：1057-1062.

[5] 王梦紫. 论大学生科学素质教育的问题与对策［D］. 武汉：武汉理工大学，2010.

[6] 胡锦涛. 在纪念中国科协成立 50 周年大会上的讲话［EB/OL］［2018-12-10］. http：//news. xinhuanet. com/newscenter/2008- 12/15/content_10509648. htm.

[7] 张超，任磊，何薇. 中国公民科学素质测度解读［J］. 中国科技论坛，2013，1（7）：112-116.

[8] 中华人民共和国国务院办公厅. 全民科学素质行动计划纲要实施方案（2016—2020 年）[Z]. 2016-02-25
[9] 张义忠，任福君. 我国科普法制建设的回顾与展望 [J]. 科普研究，2012，7（3）：5-13.
[10] 科学网. 2006—2020 年国家和山东省中长期科学和技术发展规划纲要摘要 [EB/OL] [2010-07-15]. http://blog. sciencent. cn/blog-37768-344311. html.
[11] 尹蔚民. 更好实施人才强国战略 为全面建成小康社会提供人才支撑 [J]. 中国人才，2013，（6）：21-23.
[12] 潘文良. 提升城镇居民科学素质将成为公民科学素质建设难点 [J]. 科技视界，2012（25）：80-81.
[13] 王康友. 国家科普能力发展报告（2006—2016）. 北京：社会科学文献出版社，2007.
[14] 王佳宁，罗重谱. “十三五”规划的执行力 [J]. 改革，2015，（12）：5-25.
[15] 唐任伍，赵国钦. 公共服务跨界合作：碎片化服务的整合 [J]. 中国行政管理，2012，8：17-21.
[16] 中国科协. 中国科协科普资源共建共享工作方案（2008—2010 年）. 2008
[17] 戴年红，廖和平. 协作性公共服务：推进产学研协同创新的路径选择 [J]. 改革与开放，2014，12：46-47.
[18] U. S. Government Accountability Office. Results-Oriented Government：Practices That Can Help Enhance and Sustain Collaboration among Federal Agencies. GAO-06-15，Washington，2005.
[19] U. S. Government Accountability Office. Managing for Results：Key Considerations for Implementing Interagency Collaborative Mechanisms，GAO-12-1022，Washington，2012.
[20] U. S. Government Accountability Office. International Regulatory Cooperation；Agency Efforts Could Benefit from Increased Collaboration arid Interagency Guidance. GAO-13-588，Washington，2013.
[21] 岳静. 新时期我国科普创新研究 [D]. 合肥：合肥工业大学，2010.
[22] 朱效民，赵立新，曾国屏，等. 国家科普能力建设大家谈 [J]. 中国科技论坛，2007，（3）：3-8.
[23] 蒋栩. 高校科协联合组织科普资源利用及优化研究 [D]. 武汉：华中科技大学，2018.
[24] 杨娟. 中英美澳科学传播政策内容及其实施的国际比较研究 [D]. 重庆：西南大学，2014.
[25] 孙瑞英. 基于博弈分析的信息资源共建共享的协作机制研究 [C] //中华图书资讯学教育学会，武汉大学. 第九届海峡两岸图书资讯学学术研讨会论文集. 2008：184-191.
[26] 李建中. 认真学习贯彻党的十七大精神 扎实推进全民科学素质工作 [J]. 科协论坛，

2007，（12）：4-5.

［27］樊婷. 中国科协科普资源共建共享对策研究［D］. 武汉：华中科技大学，2011.

［28］尹锋，彭展曦. 略论长株潭城市群两型社会建设中的信息资源共建共享问题［J］. 图书馆，2009，（1）：96-98.

［29］刘庆炬. 我国科普工作存在的问题与解决策略［J］. 淮南师范学院学报，2009，11（6）：21-23.

［30］赵立新. 第二十七讲: 公民科学素质建设的经费投入［EB/OL］［2018-12-10］. https：//www. gzast. org. cn/Item/ 1755. aspx.

［31］高建杰. 科普筹资多元化机制研究［D］. 济南：山东大学，2013.

［32］刘容光，刘云，王岩，等. 国家自然科学基金科普专项资助与管理模式对策研究［J］. 中国科学基金，2003，17（4）：247-250.

［33］张义忠. 国家重大人才政策在科普人才队伍建设中的适用［C］//中国科协年会第 21 分会场：科普人才培养与发展研讨会，2011.

［34］中国科普研究所. 关于发挥科普政策作用　促进科普能力提升的建议［EB/OL］［2018-12-10］. http：//www. crsp. org. cn/xueshuzhuanti/yanjiudongtai/031222052018. html

［35］李建军，王鸿生. 科技社团评价的总体思路和关键性指标［J］. 学会，2008，（6）：35-37.

［36］张先恩. 科学技术评价理论与实践［M］. 北京：科学出版社，2008.

［37］吴淑荣. 科技项目评审专家绩效综合评价方法研究［D］. 武汉：武汉理工大学，2009.

［38］张义芳，武夷山，张晶. 建立科普评估制度，促进我国科普事业的健康发展［J］. 科学学与科学技术管理，2003，24（6）：7-9.

我国科普事业的短板、产生原因与应对之策

中国科学院大学课题组

自 2006 年国务院发布《全民科学素质行动计划纲要（2006—2010—2020 年）》[1, 2]（以下简称《科学素质纲要》）以来，我国的科普事业迅速发展，推动了公民科学素质的大幅度提升。在这个计划即将结束的前夕，需要考虑下一个 15 年即 2021～2035 年我国科学素质建设规划的设计问题。设计新的规划需要总结已有计划的成功经验，也需要反思 15 年来实践中的不足，更需要思考时代提出的新要求。

100 多年来，我国学者讨论科普的文献不少，但是讨论科普事业短板的文献少之又少且议题不集中。据笔者统计，中国知网收入的文献中，以“科普”为主题者，截至 2019 年 7 月 16 日多达 37 437 篇，其中 1876～1901 年只有 4 篇，自 1982 年起每年就超过了 100 篇，1999 年起每年超过 500 篇，2007 年起每年超过 1000 篇，2011 年起每年超过 2000 篇。相比之下，以“科普短板”为主题者，自 2001 年才出现，迄今只有 10 篇文献，且这 10 篇文献涉及的其他主题分散为科协主席、科协组织、科协系统等责任主体，博物馆、高等专科学校、师范生、科技工作者等行为主体，科普写作、朋友圈、传播渠道、线下活动、信息化建设、着力点、“互联网+”、食品药品监督管理等创作传播和治理机制，转基因工程和食品、生物技术产品、合理用药、地卫一、电磁波、无线电波、金属薄片等具体知识问题，以及公民科学素养相关议题，多达 23 个。

木桶原理指一个木桶能盛多少水，不取决于最长的桶板，而取决于最短的桶板，此为“短板效应”。根据这个原理的分析思路，我们思考未来的科学素质建设和科普工作规划，一个重要任务就是寻找近 15 年来甚至将来也会制约我国科普事业发展的短板。

我们在分析数十份官方文件和一些重大科普事件的基础上，试图捋顺官方和媒体对于我国科普事业短板的认识，针对这一问题提出我们自己的看法。我们的思路是，从新时代对科普事业的新要求出发，反观我国的科普事业现状，寻找其中的短板，分析产生的原因，提出补齐短板的建议。

一、新时代对我国科普事业的新要求

随着社会发展，人民的生活水平不断提高，社会的主要矛盾发生了改变，同时，在科普工作向前推进的过程中，也遇到了新的掣肘因素。为此，党和国家对于科普工作和提高公民的科学素质工作又提出了新的要求。

目前，世界正面临着“百年未有之大变局”。从国际形式上来看，第二次世界大战结束至 20 世纪 80 年代，美苏两大强国分庭抗礼，世界局势处于两极格局的冷战阶段。1991 年苏联解体，标志着美苏冷战结束，世界格局发生了大转变。在美国经济、科技、军事力量强大的条件下，一些发展中国家进入世界经济、军事、科技竞争中来，世界出现“一超多强”的局面。在冷战之后，世界发展了近 30 年，又面临着新的变局。在新的经济形势下，各国间既合作又冲突，全球化是当今世界的主要发展方向。科技成为各国间竞争的核心主题，世界上从未对研发提出过如此多的需求，也带动着对基础研究提出更多期待。随着社会发展，目前世界格局又出现了新特点。中美贸易摩擦揭示了未来世界新的并将持续的冲突方向，芯片之争代表着科技战也将持续，军事威慑在各国争斗过程中将起到重要作用，意识形态之争将日益敏感化。这些新变局具有长期化、复杂化、胶着化的特征，为了使中华民族屹立于世界之林，我国必须正面迎接挑战，想出各种应对之法。

我国倡导合作共赢的多边主义，提出构建人类命运共同体，这个倡议获得了广泛的国际响应。2017 年 2 月 10 日，联合国社会发展委员会第 55 届会议一致通过“非洲发展新伙伴关系的社会层面”决议，写入“建构人类命运共同体”。2017 年 3 月 17 日，联合国安理会通过关于阿富汗问题的第 2344 号决议，“构建人类命运共同体”理念首次载入联合国安理会决议。2017 年 3 月 23 日，联合国人权理事会第 34 次会议通过关于“经济、社会、文化权利”和“粮食权”两个决议，“构建人类命运共同体”理念首次载入联合国人权理事会决议。2017 年 11 月 2 日，“构建人类命运共同体”的理念写入联合国大会“防止外空军备竞赛进一步切实措施”和“不首先在外空放置武器”两份安全决议。人类命运共同体的概念，强调的是人类的共同利益、可持续发展和全球治理，其核心是在追求本国利益时兼顾他国合理关切，在谋求本国发展中促进各国共同发展和人类永续发展。

习近平总书记在党的十九大报告中提出：“经过长期努力，中国特色社会主义进入了新时代，这是我国发展新的历史方位。”[3]在世界范围内，相互依存的国际权利影响着世界各国的发展，国家之间既相互制约，又相互依存。

在这种背景下，中国需要的是更符合世界发展的趋势，同时，中国的公民素质也需要跟随新时代的步伐得到提升。目前，中国公民科学素质发展还不平衡，偏远地区、少数民族地区等地与经济发达地区相比还有一定的差距。

中国自改革开放以来进入了历史新阶段，经济和社会进入了迅速发展时期。2001 年中国加入了世界贸易组织，进入了经济全球化的浪潮之中。在近 20 年的发展中，中国的国内生产总值（GDP）迅猛增加，科技力量迅速增强，中国经历了前一百年未有过的新发展。因此，党和国家领导人对中国的科普事业也提出了新要求。首先，要以人民为中心，做“为人民服务”的科普。要求提高全民族的文明素质[3]，要同其他国家开展科普交流活动，分享增强人民科学素质的经验做法，起到推动构建人类命运共同体的作用[4]。目前，我国社会的主要矛盾已经转化为人民日益增长的美好生活需要和不平衡不充分的发展之间的矛盾[3]，人民更加注重精神需求的满足程度。自古以来，中国就有注重教育的良好传统，随着科学技术的飞速发展，科学教育更加为人所重视。其次，要立足于新时代，调整科技政策，满足新时代新需求。党和国家领导人多次在不同大会上提到，中国目前的科技人才队伍还有待整合提高。习近平同志在中国科学院第十七次院士大会、中国工程院第十二次院士大会上的讲话中提出:“我国科技队伍规模是世界上最大的，这是我们必须引以为豪的。但是，我们在科技队伍上也面对着严峻挑战，就是创新型科技人才结构性不足矛盾突出，世界级科技大师缺乏，领军人才、尖子人才不足，工程技术人才培养同生产和创新实践脱节。”[5]科技创新最重要的因素是人，要充分调动科研人员的积极性和创造性。[6]另外，要着眼于国内外的差距。中国的核心技术受制于人的格局还未改变，但我们不能总是指望依赖他人的科技成果，更不能做其他国家的技术附庸。[5]

2016 年 5 月 30 日，习近平在全国科技创新大会、中国科学院第十八次院士大会、中国工程院第十三次院士大会、中国科协第九次全国代表大会上的讲话中提到:“科技创新、科学普及是实现创新发展的两翼，要把科学普及放在与科技创新同等重要的位置。”[7]这为新时代、新形势下的中国科普工作指出了方向和期望，对中国科普事业提出了新要求。

二、我国科普事业面临的问题与挑战

新时代，我国科普事业还面临着许多问题，主要有以下几方面。

（一）科普资源欠缺

主要表现在科普经费不足、科普设施不够完善、科普队伍建设存在诸多问题这几方面。2002 年 6 月，《中华人民共和国科学技术普及法》颁布[8]，其中规定要求各级政府将科普经费纳入财政预算，但众多报道显示，科普经费所占预算比例依旧不高，中国部分地区人均科普经费不到一元人民币[9]。除金额不足外，使用分散、来源单一也是科普经费方面存在的重要问题。科普经费存在的各种问题，导致科普设施不够完善，许多地区无力建设公共科普场馆；即使场馆已建立，之后维护修缮的费用也不能及时到位。还有一些科普场馆，无法正常开办展览，使用率低，回报率小，长此以往形成恶性循环。科普人才是科普工作的重要部分，而科普队伍建设又是科普工作中遇到的一大难题。国家一直呼吁广大科技工作者开展科普工作，但科研人员的考核制度、晋升制度、科普工作的地位都制约着他们投身科普事业。我国科普人才出现的问题主要是发展机制未完善，虽然对科研人员参与科普工作已有奖励措施，但难以从根本上调动他们的积极性。此外，专职从事科普事业的人更少，导致供求不平衡。这些因素都制约着我国科普事业在新时代前进的步伐。在多个官方文件和媒体报道中都提到了这个问题，但至今未能得以良好解决。习近平总书记在全国科技创新大会、中国科学院第十八次院士大会、中国工程院第十三次院士大会、中国科协第九次全国代表大会上强调："希望广大科技工作者以提高全民科学素质为己任，把普及科学知识、弘扬科学精神、传播科学思想、倡导科学方法作为义不容辞的责任，在全社会推动形成讲科学、爱科学、学科学、用科学的良好氛围，使蕴藏在亿万人民中间的创新智慧充分释放、创新力量充分涌流。"[7]

（二）大众传媒发挥的作用不够

突出的问题是大众传媒（尤其是新媒体）的科技传播力度不够、质量不高，无法完全保证传播内容的科学性；新媒体科普机制固化，依旧按照传统媒体传播方式进行，没有彻底按照新媒体的运营模式转型。从社会发展的各方面来看，我国已经进入了新时代，传播方式也出现了新形式，新媒体正是在这个时代出现的新方式，不难想象新媒体科普将是未来科普的新形势。但许多从未出现的问题因新事物的出现而滋生。新媒体的科普内容难以把控，传播内容的准确性、科学性都无法保证，知识产权难以界定。因缺少新媒体科普的规章政策，这些问题难以解决，科学工作者加入新媒体科普队伍将十分谨慎。再者，大众媒体刊登、报道的科普作品水平较低，没有一个对内容质量把关的标准和机制[10]。

（三）公民科学素质建设需要调整

一是公民科学素质建设整体布局需要调整。公民科学素质对国家的科学创新有着重要的影响作用。只有公民的科学素质提升，科技成果才能快速转化。目前，公众对哲学和社会科学的重视和认可远低于对自然科学的重视和认可，我国公民的思想意识形态亟待提升，这制约着公民科学素质的提升。

而具体到科普工作中，公共科普设施、活动因多方面因素未能满足需求，是制约公民科学素质提升的重要方面。基层文化建设不平均也是导致问题出现的原因。农村、中西部地区对文化活动的重视程度远低于东部沿海地区及东北部内陆地区，公共科普设施缺乏，活动难以开展。对特殊群体的科普工作缺乏重视，尤其是对进城务工人员的科普教育、留守儿童的教育等都是在科普工作中忽视的部分。现今，科普教育更多的是面向中青年和学生，忽略了对老年人、领导干部开展的科普工作。只有全社会各阶层、各年龄段的人都被考虑在科学素质提升的范围内，才能够保证科普工作向前发展。

二是中小学科普和科学教育需要改进。要充分体现科学教育是立德树人工作的重要组成，是提升全民科学素质的基础[11]。中小学科普和科学教育内容缺乏最重要的价值观和行为方式教育，缺乏抵制超自然信仰的教育，缺乏社会责任和伦理教育，缺乏科学事业运行方式的教育。教师对于知识教育缺乏大观念，并且脱离知识形成和应用环境，理论与实践之间缺乏联系。方法教育过于简单，把探究过程简单化和模式化，测评方式没有脱离应试窠臼。

这两方面都需要注意的是，目前的科普工作，多是将具体的科学知识进行讲授，而非真正的素质提升。科学素质提升要将真正的科学精神、科学方法、科学思想传播到公众中去。

（四）政府对科普工作的认识需要调整

政府工作人员需加强自身科学素质的培养，这样才能从根本上重视科普工作。政府缺乏对公共科普活动、参与科普活动的公益性事业单位的投资拨款。与科研单位信息交流不畅、不对等，无法及时获取需要的信息。行动计划和主要工程针对提高以价值观和行为方式为核心的素质不够。如此，就无法建立能够长效运行的科普机制，导致学界和民间的创造性活动缺乏有力引导和支持，科普资源针对的人群不清晰。

科普资源、科普人才、政府政策与公民科学素质是相辅相成的关系，一方动则全身动。要想解决各方面问题，需要综合考虑各方因素，真正解决新时代中国面临的科普事业问题。

三、科普事业短板与科普事业再定义

习近平总书记在2016年召开的全国科技创新大会、中国科学院第十八次院士大会、中国工程院第十三次院士大会、中国科协第九次全国代表大会上强调“科技创新、科学普及是实现创新发展的两翼，要把科学普及放在与科技创新同等重要的位置。”[7]这一讲话将科学普及提升到与科技创新同等的地位，标志着我国的科学普及工作将步入新的历史阶段。为什么科学普及如此重要？不仅仅因为它是提高全民科学素质、为创新发展提供人才支持的重要手段，还在于科学普及有时也会成为科技创新的重要思想源泉，对社会的进步与发展产生重要影响。

比如，《寂静的春天》[12]这本科普读物改变了人们看待自然的方式，成为环境保护运动的开端。该书出版于1962年，作者蕾切尔·卡森通过大量的事实描述了由于DDT等杀虫剂的滥用，生态环境受到了巨大的威胁。其主要观点如尊重自然本身的价值、反人类中心主义、生态系统是一个有机整体等都是具有前瞻性的思想。这些思想不但让人们重新开始思考人与自然的关系，还促进了环境科学的发展，人们开始为探究一条可持续发展的创新道路做出努力。除此之外，《寂静的春天》一书的出版直接影响了美国相关政策和法律的制定，1969年，美国国会通过了《美国环境政策法》，指出要促进人类与环境之间的充分和谐；努力提倡防止或减少对环境与自然生命物的伤害，增进人类的健康与福利；充分了解生态系统与自然资源对国家的重要性，人类亟须反思与自然的关系，并依此法设立了环境质量委员会。[13]

再比如《自私的基因》一书[14]，该书由英国进化生物学家、动物行为学家理查德·道金斯所著，他是牛津大学第一位查尔斯·西蒙尼教席公众理解科学教授（The Simonyi Professorship for the Public Understanding of Science）。该席位是由微软首席架构师查尔斯·西蒙尼所捐赠的，设立的目的是在不丧失构成真理本质的学术要素的情况下，将科学传播给公众。获得这个教授席位的人都在公众理解科学领域做出了重要贡献。[15]理查德·道金斯在《自私的基因》一书中就达尔文进化论中自然选择的基本单位给出了新的观点，认为一切生物都是基因的生存机器，为了基因的复制而存在。他还将这种理论延伸到社会文化中，提出了模因（meme）的概念，社会文化是在模因的复制过程中进行演化的。虽然这些理论并不是已被证实的科研成果，但这一先驱思想对生物学、社会学、伦理学的发展都产生了影响。

我们通常认为科学研究是走在前面的，没有科学研究成果就没有科学普及，但实际上一些新理念、新思潮同样也会出现在科学普及或科学与社会的互动中，不能简单地把科学普及看作科学研究的附庸，要重新认识科学普及其本身的价值。

认识到科学普及的重要性后，还要明确科学普及到底要普及些什么。我们知道科学普及的最终目的是提高国民科学素质，明确科学素质的内涵，才能为科学普及的内容找到方向。美国作为开展科学素质建设的先行国家，于 20 世纪 50 年代首先提出了科学素质（scientific literacy）这一概念。英文中“literacy”（素质）一词的基本含义是指一个人具有的读写能力，相当于中文说某个人是“有文化的”。scientific literacy 就是指能读写有关科学技术方面的东西。[16]经济合作与发展组织（OECD）的国际学生评估项目（PISA）也采用了 literacy（素质）一词，评估内容包括阅读、数学和科学素养。我国在《科学素质纲要》中确定了科学素质的内容包括了解必要的科学知识，掌握科学方法，树立科学思想，崇尚科学精神，并具有一定的应用科学处理实际问题、参与公共事务的能力。可见，除了掌握基本的科学知识外，还要有科学的价值观、思维方式和行为方式。[1]但目前科普工作的内容更多的还是普及科学知识，对于如何掌握科学方法，如何树立科学思想和科学精神，却没有实际的指导方法，无法进行操作。同时，由于缺乏对科学的价值观、思维方式和行为方式的培养，缺乏抵制超自然信仰的教育，一些迷信、愚昧活动还在泛滥，反科学、伪科学活动频频发生。为什么古希腊的科学家虽然信仰神但古希腊仍能成为现代科学的发源地？劳埃德在他的《早期希腊科学：从泰勒斯到亚里士多德》[17]中指出，米利都哲学家们的思辨有两个重要的特点：第一个特点是自然的发现，第二个特点是理性的批判与辩论活动。其中，自然的发现是指懂得区分自然与超自然，认识到自然现象不是因为受到任意的、胡乱的影响而产生，而是有规则的，受一定的因果关系的支配，不用神来解释自然。所以，培养科学素养，最重要的是培养科学理念、科学精神、科学思想和科学方法。其中，科学理念最基本的就是用自然的方式来解释自然，用物质和能量来描述和理解自然；科学精神是默顿提出的科学的精神气质，包括普遍主义、公有性、无私利性和有组织的怀疑；科学思想就是运用科学概念所表达的思想，如质量、守恒、对称、演化、熵变等；科学方法最基本的就是利用确凿证据和严密推理，而不是教科书中灌输的某种固定程式。这是科学普及的主要内容。

四、科普问题与科普事业短板的原因

我国的科普经费投入虽然逐年上涨，但由于原有基数小，对科普事业的经费投入仍不充足。研究报告显示，财政支出科普经费（政府拨款）占国家财政总支出的比重偏低，2016 年为 0.62‰，年均复合增长率也为负值（−2.39%）。[10]科普经费使用分散，效果也不够理想，制约了科普工作功能的发挥。

目前，科普工作仍然是一项由政府主导负责的公益事业，为促使全社会参与到科普事业中来，我国政府出台了许多措施来保证科普的奖励机制更加完善。我国缺乏优秀的科普人才，科学家参与科普程度低，为鼓励科技工作者参与科普工作，2004 年新修订的《国家科学技术奖励条例实施细则》[18]将科普工作纳入国家科学技术进步奖的奖励范围。2007 年，科技部、中央宣传部等八部委发布《关于加强国家科普能力建设的若干意见》[19]，鼓励科研人员将科研成果转化为科普作品。这些政策的出台，从一般意义上提供了科普工作的激励机制，为科学家参与科普工作给予了外部支持。但由于缺乏内在动力，这些奖励措施的作用非常有限，科学家参与科普的程度并没有明显提高。各个高校、研究所、企业应该对科普成绩制定有效的考核措施，将其纳入科技人员晋级的评估考核中，使科普成绩与待遇挂钩。要使科学家意识到科学普及同样能激发科技创新，与科研工作同等重要，投身科普事业同样能实现自身价值。把科普工作提升到与科技创新同样的高度，科学家们自然愿意为科普工作做贡献。

我国为提升公民科学素质做出了许多努力，但公民科学素质建设仍需进一步调整。研究显示，我国目前的科普工作呈现“中间大，两头小”的态势，整体研究着眼于农民和城镇劳动人口，忽略了未成年人、领导干部和公务员的科普教育。普遍认为未成年人的科普教育是可以忽略的，而领导干部和公务员的科学素质已经达到了一定的水平，教育提升的可能性较小。[20]未成年人科普教育并不能被忽略，尤其是他们正处于一个人生观、世界观、价值观的形成阶段，更要注意其科学素质的培养。目前的科学教育，对于要培养学生怎样的科学素养尚不够清晰，多是讲授具体的科学知识，而非真正的科学素质提升。

另外，科普工作的对象绝不仅限于普通群众，任何一类群体在科学素质上都有各自欠缺的地方。尤其是领导干部拥有决策权，若科学素养不够，不仅会决策失误，更会误导公众。

在明确了科学普及的定位与科学普及的主要内容之后，其他的科普短板也能得到解决。比如新媒体作为科普的重要媒介，发挥的作用还不够。在科普工作中，新媒体不仅能拓宽传播渠道，扩大覆盖范围，还可以根据公众的偏好为公众提供更加个性化的科普服务，以及更便捷地实现科普资源共享。但由于新媒体传播内容丰富、速度快，最主要的就是保障其内容的科学性。这既需要政府重视，又需要媒体自身具有社会责任感，同时还需要民众具有分辨信息的能力。正视科学普及的定位，重视科学普及的重要性，相应的监管措施和规制办法才能及时跟进。科学家愿意做科普，内容有人把关，就能帮助减少不良信息的出现。明确科学素养的核心内容，进一步提升公众明辨是非的能力，才能减少公众被误导的可能。

因此，我国科普事业短板的存在是科普工作定位不清与科普内容不明确的外显表现，从根本上解决这些问题，才能补齐短板。

五、补齐我国科普事业短板的思考

首先，中国语境中的“素养”是指人的价值观和相应的行为方式，不同于西方语境中表示基本读写能力的 literacy。所以，科学素质（science literacy）的概念已无法容纳其内涵和外延。科学素质不仅代表个人，同时还表征着一个国家、一个民族、一个地区的文明程度。科学素质建设的对象也不应当仅仅限于个体公民，地区、国家、全人类，更有支持科学贡献和将之普惠于民的责任。所以，建议用“科学文明”来代替“科学素质”。

其次，可以设立科普专项基金来支持科普工作的实施与研究。2000 年，为贯彻落实《中共中央国务院关于加强科学技术普及工作的若干意见》，国家自然科学基金委员会设立专款，用于国家自然科学基金科普项目，主要为了鼓励并支持承担科学基金项目的科研人员，积极开发基础研究的科普资源，大力开展科普工作。这意味着只有承担科学基金项目进行科学研究的人，才能就其研究内容申请经费开展科普工作。忽略了科学普及也会激发科技创新，成为科技创新的思想源泉。那么，为提升科普工作的地位，就应该设立国家级科普基金，并且其地位应当成为与国家自然科学基金、国家社会科学基金、国家重大建设项目相等的国家级基金。该基金既要包括科普研究基金，又要包括科普活动基金，设置合理的科普基金经费吸收、支出流程，做好相关规划。

另外，科学素养教育也需要做出改革。目前，我们已进入了基础科学教育的第五阶段，中共中央提出教育的根本任务是“立德树人”，并出台了一系列新的教育改革措施。包括科学教育在内的学校教育，其目的是培养合格公民，而不单纯是培养科学家。因此，目标应该是学生在接受科学教育过程中逐步形成适应个人终身发展和社会发展需要，对待自然、人与自然的关系以及处理这种关系所涉及的自我与他人关系的基本态度、思维习惯、价值取向和跨学科观念。[21]

科学素养教育必须通过综合性的基础科学教育而不是分科式的基础科学教育来完成。分科式的科学教育，各门自然科学共享的概念，如物质、能量、结构、机制等，在不同学科中分别处理，不能给学生一个总体的概念，这就不利于学生用已有的科学知识来解释实际问题。另外，科学素质教育不能脱离知识形成和应用的环境，不能理论与实践之间缺乏联系，不能把探究过程简单化和模式化。

我们需要设计并实施从幼儿园至大学全学程的综合性科学教育计划。打破小学和初中两段式科学分界标准，取消高中理化生地分科教学，制定一个自幼儿园至高中的、统一的、综合性的科学课程标准，据此研发多种多样的教材。本科生也需要在高中课程的基础上开设综合性的科学课程，不局限于自然科学类的专业，艺术、体育、人文、社会科学、管理学、军事学、农学、医学各专业也应包括在内。除了普通基础教育之外，从事特长教育、特殊教育和职业教育的中学也应当开设综合性的科学课程，取代分科科学教育。[21]

最后，要尽快创立有效的科普能力评价体系，研究新的科学素质测评方案和标准。我国目前的测评方法多是做题，无法测试个人的思维方式和行为习惯，而且对科学素质的测评不仅要测试个人，还要能测试一个地区、一个民族、一个国家以及一段时期的科学素质。另外，我们可以允许民间（包括个人、学术机构、教育机构）制定科学素质标准并进行测量，主管机构负责检查其有无违法和错误之处。

总之，我们要认识到科学普及的重要性，明确其定位，制定符合时代特征、人民利益的科普政策，共同为科学文明做出我们这个时代的贡献。

（课题组成员：侯　霁　王珊珊　任定成）

参 考 文 献

[1] 中华人民共和国国务院办公厅. 全民科学素质行动计划纲要（2006—2010—2020 年）[N]. 人民日报，2006-02-06：8.

[2] 任定成.《全民科学素质行动计划纲要》解读[J]. 科普研究，2006，1：19-23.

[3] 习近平. 决胜全面建成小康社会　夺取新时代中国特色社会主义伟大胜利——在中国共产党第十九次全国代表大会上的报告[EB/OL]［2018-10-03］. http：//jhsjk.people.cn/article/29613458.

[4] 习近平. 向世界公众科学素质促进大会致贺信[EB/OL]［2018-10-03］. http://jhsjk.people.cn/article/30299115.

[5] 习近平. 在中国科学院第十七次院士大会、中国工程院第十二次院士大会上的讲话[N].人民日报，2014-06-10：2.

[6] 李克强. 在国家科学技术奖励大会上的讲话[N]. 人民日报，2018-01-08：2.

[7] 习近平. 为建设世界科技强国而奋斗——在全国科技创新大会、两院院士大会、中国科协第九次全国代表大会上的讲话. 北京：人民出版社，2016：18.

[8] 中华人民共和国科学技术普及法[M]. 北京：法律出版社，2002.

[9] 中国人民政治协商会议河源市委员会. 关于加强科普工作的提案[EB/OL][2018-10-03]. http://www.gdhyzx.gov.cn/hyzx/dt2018/20190301/3370780.html.

[10] 王康友. 国家科普能力发展报告（2017～2018）[M]. 北京：社会科学文献出版社，2018：14-19，26-28.

[11] 教育部. 教育部关于印发《义务教育小学科学课程标准》的通知[EB/OL][2018-10-03]. http：//www.moe.gov.cn/srcsite/A26/s8001/201702/t20170215_296305.html.

[12] 蕾切尔·卡森. 寂静的春天[M]. 王思茵，梁颂宇，王敏，译. 南京：江苏文艺出版社，2018.

[13] 赵国青，中新环境管理咨询有限公司. 外国环境法选编 1 辑[M]. 北京：中国政法大学出版社. 2000.

[14] 里查德·道金斯. 自私的基因[M]. 卢允中，张岱云，陈复加，等，译. 长春：吉林人民出版社，1998.

[15] The Simonyi Professorship for the Public Understanding of Science[EB/OL][2019-07-24]. https：//en.m.wikipedia.org/wiki/Simonyi_Professor_for_the_Public_Understanding_of_Science.

[16] 任定成，郑丹. 美国公民科学技术素质标准的设立和演变[J]. 贵州社会科学，2010，1：16-30.

[17] 劳埃德. 早期希腊科学：从泰勒斯到亚里士多德[M]. 孙小淳，译. 上海：上海科技教育出版社，2004.

[18] 中华人民共和国科学技术部. 关于进一步加强科普宣传工作的通知[EB/OL][2018-10-03]. http：//www.most. gov.cn/kxjspj/200308/t20030826_7735.htm.

[19] 全民科学素质工作领导小组办公室. 八部委出台加强国家科普能力建设的若干意见[J]. 科协论坛，2007，2：34-36.

[20] 李富强，李群，王宾，等. 中国科普能力评价报告（2016～2017）[M]. 北京社会科学文献出版社，2016：6-9，63，73，88.

[21] 任定成. 设计并启动全学程覆盖各类学校的科学素养教育计划[J]. 科学与社会，2015，5（3）：29-36.

公民科学素质测评及建设的新机制、新方式研究

中国科协–清华大学科技传播与普及研究中心课题组

一、公民科学素质测评在我国的起源和发展

20世纪80年代，美国研究公众科学素养的权威学者米勒先生曾提出米勒体系的考核标准，经我国相关专家研究认为是当时国际上用于考核与评估公民科学素养的一套较为合适的标准。该体系对考核公民科学素养的内容提出了“三个维度”，即了解科学概念术语；了解科学家探索科学的过程与方法，以及科学家理应具备的科学思想、科学精神等；了解科学与社会发展的关系。该标准在当时被认为是比较有见地、比较值得我国借鉴与应用的一种考评体系。自此，我国便开始以米勒体系作为考核全国公民科学素质的标准并在全国推行。

从1996年至今，我国公民科学素养的考核工作已开展了20多年，中国科协相关部门工作人员以米勒体系作为考评标准对中国公民科学素养的测评做了大量的实际工作，取得许多成果。首先，米勒体系使我国的科普工作不仅进入了一个有序且规范的管理阶段，还促使科普工作者进行了一些理性的思考，使我国的科普事业有了一个较好开端。在米勒体系实施之前，中国科普研究的工作方式较为传统，通常以计划、实施与总结经验为主，米勒体系的借鉴与应用使得中国科普考评工作形成了一个“闭循环”，进入了一个井然

有序的阶段。其次，按照米勒体系的考核标准，我国对公民科学素质的考核也有了一个衡量标准，对公民的科学素养有了一个大致了解。此外，就当时国际范围而言，许多国家都在采用米勒体系对公民的科学素养进行测评，当时我国采用米勒体系作为衡量标准，在一定程度上意味着我国已将对公民科学素养的考核工作纳入了国际维度，与国际接轨。最后，依据米勒标准的要求，中国科协在全国各省（自治区、直辖市）开展了评估工作，各地相关组织与部门都曾为提高本地区公民科学素养做了大量工作，在一定程度上调动了全国各地开展科普工作的积极性，促使全国各省（自治区、直辖市）对科普的考评工作给予了足够重视。

但是，自从使用米勒体系作为考评标准来开展公民科学素质评估的 20 多年以来，我国科普界对米勒体系的使用出现了众多不同意见，其中要求修改米勒体系的声音越来越强烈。尤其是随着我国科技事业的快速发展，对公民素质提出了越来越高的要求，公民都应该在科技强国的建设中，在大众创业、万众创新中发挥应有的作用，在这样的形势下，新时代对公民的科学素养也提出了许多新的要求。因此，如何考核我国公民的科学素养以适应新的发展需求，我们对此应该做出新的考量。在新的形势下，中国科协有关领导与组织认为，研究公民科学素养测评的新机制与新方式已成为亟待解决的问题。

为适应时代需求，中国科协-清华大学科技传播与普及研究中心约请了有关专家与学者对该问题进行了认真研究与讨论，课题组在听取有关专家与学者意见的基础上，对该课题进行了研究，并提出如下意见。

二、关于公民科学素质测评调查存在的主要问题

（一）公民科学素质的调查内容与考核方式亟须改进

当前国内有关公民科学素质的测评内容主要停留在对科学知识术语与概念的认知上，而公民科学素质不仅在于对科学知识的掌握，还应该主要体现在对科学知识的理解、应用与实践上。也就是说，公民科学素质要体现科学的根本意义——科学源于实践，又服务于社会实践，面向大众的素质考核应该遵循这一基本要求。现行的考核体系基本停留在对科学知识的认知范畴，

而学校教育早已提出从应试教育到素质教育的转变，素质教育已经成为学校考核的重点。当前，无论是对公民科学素质的调查内容还是对公民科学素质的考核方式都存在一定的问题，无法适应时代的需求，我们理应对其进行相应的改善。

同时，因社会职业与专业的划分较为复杂，公民素质的考评应该与其在社会上的实践能力、形成的社会效果及其所创造的社会价值相联系。因此，对于公民科学素质的考核，不应仅停留在对科学知识的认知上，而应侧重实践能力、应用效果与创造的社会价值。

当前对于公民科学素质的测量，难以完成全面客观地考评全民科学素质的任务。尤其是在我国正在进入科技创新发展的时代，如何考核公众的创新能力，以及引导公众走入创新发展的主战场，已经成为一个重要的研究问题。当前的考核内容与考核方式，已经不能适应当代社会发展的要求。

（二）应用“科学文化素质”取代“科学素质”

当前使用“科学素质”这一概念不能全面概括当代社会对公民素质的要求，一般认为“科学素质”是“四科”的标准，即普及科学知识、传播科学思想与科学方法、弘扬科学精神，这一标准未能突出科学与社会实践的关系，特别是与党的十六大已明确提出全面建设小康社会的目标，即“提高全民族的思想道德素质、科学文化素质和健康素质”是不一致的。党的十九大报告强调的是科学精神和科技知识。

当前提出的公民科学素质标准理应与中央提出的全面建成小康社会目标相一致，其基本原因在于科学素质与科学文化素质在内涵上存在本质差异，科学素质一般指的是“四科”，即科学知识、科学思想、科学方法与科学精神；而科学文化素质侧重三个方面，即在社会实践活动中实现这种素质，这种素质要求拥有生产精神文明与物质文明的创造能力，能够考量公民的物质成果。之所以提出这样一个概念，除了响应全面建设小康社会的发展目标外，还基于对“文化”概念的理解。《辞海》中对“文化”一词有着这样的定义：“文化，广义指人类在社会实践过程中所获得的物质、精神的生产能力和创造的物质、精神财富的总和。狭义指精神生产能力和精神产品，包括一切社会意识形式：自然科学、技术科学、社会意识形态。有时又专指教育、科学、文学、艺术、卫生、体育等方面的知识与设施。”[1]因此，本课题组认为，提出“科学文化素质”这一概念更符合时代发展要求。

“科学文化素质”是一个比“科学素质”内涵更丰富的概念，可以包容相关的、包括中国优秀传统文化知识在内的人文社会科学的内容。而当下，我国对“科学文化”的讨论还停留在概念层面，我们需要超越讨论，借鉴国际经验，进入对“科学文化”“科学文化素质”可操作性的测度层面。我国的法律法规等中提的是“科学文化素质”。例如，我国《中华人民共和国宪法》（2004年修正版）第十九条中指出：国家发展社会主义的教育事业，提高全国人民的科学文化水平。2002 年的《中华人民共和国科学技术普及法》（以下简称《科普法》）中的提法是：提高公民的科学文化素质；《中华人民共和国科学技术进步法》（2007 年修订版）第五条规定：国家发展科学技术普及事业，普及科学技术知识，提高全体公民的科学文化素质。《中共中央关于制定国民经济和社会发展第十三个五年规划的建议》中也是采用的“科学文化素质”提法：人民思想道德素质、科学文化素质、健康素质明显提高。[2]

（三）公民科学素质调查不能“一刀切”，应分人群对待

全国公民的科学素质虽存在共同的基本要求，但不同职业、专业对公民科学素质的需求存在明显差异，且处于不断发展中，公民素质的考核与提高更在于不同人群的专业化、职业化的科学素质水平如何。公民的科学素质一般具有通识性的标准，而提高公民科学素质最重要的意义在于在当代社会里越来越体现出一种职业化与专业化的倾向。当前关于公民科学素质的考核内容只考核通识性的科学知识，而不考核科学文化素质，因而是不完整的，所以，米勒体系这一单一标准对公民科学素质的考核难以产生提高公民素质对社会发展实际的推动价值与意义。

（四）公民科学素质的提升理应是全社会的责任，对公民科学素质的测评应避免“政绩化”

1952 年，中央文化部科学普及工作局负责全国的科普工作，曾针对广大

科技工作者组建了科普协会。该协会曾提出这样一个观点：面向大众的科普工作应该由科普协会来做，农业、林业、卫生等方面的科普工作应该由农业部、林业部和卫生部等相关部门来负责。

2002 年国家颁布的《科普法》的根本要义是：社会全体公民都有接受科学教育的义务，各部门及全体公民都有开展科普工作的责任。按照这一精神要求，我国的科普工作理应是由全社会各领域各部门共同完成的事情，而并非由某一部门单独完成，如青少年科学素质的高低主要由各级学校负责，医疗方面的科普工作主要由卫生部门来负责。按照《科普法》的要求，我们不能将科普工作仅仅寄托于一个部门来开展。

同时，按照《科普法》的要求，开展科普工作、提高全民族的科学素质是全社会各部门与每个公民的共同责任，科普工作与考评工作应适度合理地结合。然而实际上，当前科普考评工作却存在较大差异。一方面，现在的考核工作主要由中国科协承担，平时缺乏与各部门的密切联系与合作，由此形成考核权利与科普责任的分离是不合适的。例如，过去数次的考评工作已证明，考评对象素质最高的是 18～29 岁的人群，实际上这部分人群主要集中于学校与离校不久的年轻人中，其科学素质的高低反映了学校的素质教育成果；农民的科学素质在全民义务教育制水平不断提高的基础上，主要取决于农业部门农业科技与生产实践相结合的情况，提高农民的科学素质，农业部门有着不可推卸的责任。另一方面，我国自开展科普工作以来，在一定层面上，很多人普遍形成了一种错误的认识，即认为我国的科普与考评等工作是中国科协一家的责任，而并非全社会的责任，这样的认识对于我国科普工作的进一步开展是十分不利的。由此，本课题组提出：公民科学素质的提升理应是全社会的责任。

此外，对公民科学素质的测评应避免“政绩化”[3]。我们了解到，在实际操作中，现有的测评体系的数据结果成为各级组织的指挥棒，与各级组织的政绩考核机制挂钩，使得一些地方组织为了追求业务指标，测前对公众进行专项培训、指导填写问卷等现象时有发生。这严重影响了公民科学素质测评结果整体的有效性和真实性，且不提测评内容本身存在的一些问题，因而要解决这种问题，就要避免公民科学素质测评“政绩化”。

虽然定期举行的中国公民科学素养调查显示出公民的科学素养在不断提高，而各级政府亦将公民科学素养的数据作为其政绩之一，但在那些投入了大量人力、物力进行的科普活动与公众科学素养数据的提升之间，究竟是怎样的因果关系，还需要进一步研究[3]。

（五）现行素质考核的三部分内容具有不可考核的成分

公民科学素质不仅体现在公众对科学知识的认知水平，还应强调科学思想与科学方法的传播与科学精神的弘扬，也就是通常说的科普工作理应授“渔”于民。按照现行的标准，科学思想、科学方法与科学精神这三个层面是难以考核的。对于科学素质的构成要素，国际上的学者或政府的讨论中大多涉及四个方面，即科学术语和科学基本观点、科学的探究过程、科学对个人和社会的影响、科学的组织或制度性功能。其中对于前两个方面的争议较小，且普遍认为是可以量度的。[4]

公民科学素质调查是一项全国性工程，往返六七万份样本，历时数月，7000 多名工作人员参与。这样一项覆盖全国、内容浩繁的工作，关注点往往只是落在数字上，最终一个数字遮蔽了人们对报告中上百个数据，以及对职业、男女、年龄、城乡、地域之间等诸多具体分析意见的关注。[5]面对这样一连串的数字结果，社会上其实始终存在着从测评标准、工作方式到调查结果、社会效应等来自多方面的不同声音，对于科学素质的三部分内容如何跳出“数字门”进行考核还需要进一步探讨。

三、新时代公民科学（文化）素质测评的改进方案

前面已有提及，米勒体系考核标准在我国的应用在一定程度上使中国对公民科学素质的考评进入了一个有序且规范的工作阶段，可以说，它对中国公民科学素质的考评工作具有较大贡献。比如，在过去 20 多年采用该体系对公民科学素质的考评开启了我国科普工作的新阶段，使我国科普工作从制定规划到全民实施与后续的考评等工作成为一个完整的工作体系，实践表明，这种工作方式与工作流程是较为合理的。但随着时代的变迁与发展，时代对

公民科学素质的要求越来越高，从前面已得出米勒体系存在较多问题，总体上已不再适应我国现有国情。为适应新时代的需求与国情的需要，当前我国公民科学素质考评方式也应依据形势的发展与变化，与时俱进，不断创新，在总结已有经验的基础上建立新的公民科学素质新机制与新方式。

经过与多位相关专家、学者的研究与商讨，本课题组认为，未来对公民科学素质的考评工作不仅要注重考评的结果，更要有利于考评方案的实施与推动公民科学素质工作相结合。为实现这一目标，未来的考评工作理应坚持以下几个基本原则：①坚持公民的科学素质考评与社会的正规教育挂钩，并以义务教育为基准；②坚持公民的科学素质考评与各地社会经济发展水平挂钩；③坚持与非正规教育的考核相关联；④坚持与广大公民追求美好生活的实际状况相联系；⑤坚持与全面建成小康社会的目标相一致。基于以上基本原则，对公民科学素养考核内容框架的建构，本课题组尝试提出以下几个解决方案。

（一）在对公民科学素质的考核中，通识部分的内容应以义务教育课程的标准为准

据统计，2018 年中国公民具备科学素质的比例是 8.47%，而当前广大科技工作者有 9000 多万，占全民总人口的 8%，这个数字意味着除广大科技工作者之外的公民具备科学素质的比例不到 1%，这样的结果是不符合现实需要的。除科技工作者外，广大公民在不同的岗位上做出了自己的贡献，理应认为这些公民本身就已经具备了一定的科学素质，否则如何持续支撑我国改革开放 40 多年经济的高速发展？然而，当前的考核体系所考核出来的结果却难以全面且客观地体现广大公民真实的科学素质，这说明当前的考核体系存在较大问题。

国际上已在某种程度上“抛弃”了经典米勒测评体系，我们要借鉴国际上科学素质测评的新进展，建立既能与国际接轨又有中国特色的科学素质测评指标体系。[6]

对公民科学素质的考核与评估不仅要评估公民所具备的真实的科学素质，更要有利于形成新的机制，促进相关工作的开展，我们的考核体系理应在此方向上进行考量。因此，未来对公民科学素质的考评工作应与正规教育

挂钩。从 20 世纪 50 年代开始，大概在 20 多年的时间里，“我国各类学校的正规教育全面开设了近、现代科学教育课程，并开始面向广大民众以科学知识为主要内容的科学普及工作。”[7]20 多年来，对公民科学素质的考评结果都明显地说明了公民的科学素质与正规教育密切相关。对公民科学素质的考核要与推动国家正规教育的政策相联系，与科教兴国战略相关联。纵观国际情况，大量的公民科学素质建设通常是通过正规的学校科学教育进行的，但是，我国过去对学校正规科学教育重视得不够。美国的“2061 计划”和美国国家科学教育标准主要是针对学校科学教育的，其前提是全民均受到良好的十二年义务教育。据此，我们认为，在我国逐渐提高九年义务教育入学和毕业生比例，并且过渡到实施十二年义务教育的历史进程中，我们的公民科学素质建设的历史重担应当逐步转移到以学校科学教育为主、社会科学普及和传播为辅上[8]。同时，正规教育作为公民科学素质建设的主渠道已经在世界各国得到了认可，尤其是在发达国家已展开了有力的实践。[4]

据科学素质研究专家米勒教授的研究，美国公民科学素质较高，最关键的因素在于美国要求所有专业，包括文科专业的大学生必须学习一年的通识性科学课程方能拿到学士学位。[9]

（二）对公民科学素质的考评应与岗位职业教育相结合

对世界发达国家的考察与相关资料显示，公民的科学素质主要包括三方面，即正规教育、岗位职业教育和社会公共科学文化的传播与教育（包括各类媒体，如报刊等）。现代社会的发展必然走向专业化、职业化，岗位职业教育显得十分重要。对社会各领域各部门的岗位职业教育要有考核的制度与办法，以推动这项工作的开展。同时，对公民科学素质的考评与岗位职业教育相结合，也是将公民科学素质与社会实践相联系的一种体现。“一个人的科学素质形成分为两个重要阶段：一是在校学习阶段，二是社会生活实践阶段。”[10]每一个公民在接受了九年义务教育之后，在科学知识与科学思想方法等方面具备了一定的科学素质，但在其走上社会后，需要面临生产、生活与社会发展实际方面的需要，也需要具备适应生产、生活与社会发展实际需要的科学素质，岗位职业教育便是其适应社会实践需要的一种方式与途径。只是，岗位职业教育需要针对不同职业、不同岗位的人群开展不同的职业教育培训。

（三）具体的考核内容应与当地的经济发展水平相联系，各地经济发展的实际状况应成为衡量公民科学素质的重要标准

科学传播与普及的根本意义在于要体现科学的社会价值，经济成果就是这种价值的重要方面。一个地区的经济发展水平在一定程度上也能够体现当地公民科学素养的高低。倘若一个地区的经济发展水平较低，也就意味着这个地区的教育、文化、科技等的发展水平相对较低，该地区公民的科学素质也难以提升。

而在中国的传统文化中，历来有“形而下为之器，形而上为之道”的说法。中国封建社会的精英阶层即所谓称为“士”者多轻视“器物”。他们所追求的就是在中国影响深远的“学而优则仕”“官本位”的价值观，形成了唯书、唯上、唯官、唯名、崇尚权势的价值导向，以致在中国长期存在着读书做学问与经济发展、自然科学的探究不相联系的局面。这是中国文化发展中的一个严重错位，也是中国传统文化的“命脉”不强不盛的根本原因。[11]

因此，未来对于公民科学素养的考核应将经济发展水平纳入考核的范畴，各地区经济发展的实际成果理应成为衡量公民科学素质的重要指标。

（四）公民科学素质的考核应与广大人民群众对美好生活的追求相结合，与人民的日常生活相联系

当前的考核内容大多侧重对科学知识的认知，而公民科学素质的体现应是多方面的，应与公民的日常生活相联系。日常生活中不仅存在众多蕴含科学知识（如生活科学）的方面，还存在许多能够体现公民创造社会财富能力的方面。米勒体系的三个维度中包含了科学与社会关系的维度，公民的日常生活属于社会的一部分内容，在现行的考核中却忽略了这一重要方面。公民对美好生活的追求与日常生活状况的体现离不开人们的脱贫状况、人均收入水平、乡村生态文明程度，医疗卫生状况、垃圾处理状况、反封建迷信等方面的内容都应该纳入考核的范畴。

（五）公民科学素质应成为全面建成小康社会的重要标准

党的十六大明确提出，提高全民族的思想道德素质、科学文化素质与健康素质是建设小康社会的基本目标。党的十八大、十九大报告提出全面建成小康社会的目标。

对公民科学素质的考核本属于全面建成小康社会的基本目标之一，理应将其融为一体，这样不仅有利于全面建成小康社会目标的实现，而且有利于提高公民的科学素质，促进人与社会的全面发展。

四、改进新时代公民科学（文化）素质建设的机制

提高全民科学素质是一项具有深远意义的战略工程，也是实现科教兴国战略的重要基础。我们应全力响应《全民科学素质行动计划纲要（2006—2010—2020 年）》（以下简称《科学素质纲要》）的要求，加大力度实现 21 世纪对公民科学素质的要求，使全体中国公民基本达到具备科学文化素质的目标。习近平总书记在 2016 年的全国科技创新大会、中国科学院第十八次院士大会、中国工程院第十三次院士大会、中国科协第九次全国代表大会上提出“科技创新、科学普及是实现创新发展的两翼，要把科学普及放在与科技创新同等重要的位置。没有全民科学素质普遍提高，就难以建立起宏大的高素质创新大军，难以实现科技成果快速转化。”[12]这一重要讲话指出，科技创新与科学普及同等重要，提高全民族素质是科学普及最基本的工作。我们必须紧紧围绕我国时代发展要求，加大力度提高公民的科学素质，建立有利于科教兴国战略开展的新机制。

本课题组在总结《科学素质纲要》实施十余年的经验，并借鉴国外做法的前提下，对强化与加强体制和机制建设提出以下意见。

（一）建立协调领导小组与轮值主席机制

提高全民科学素质是全社会的系统工程，非一个部门之力能够完成。要提高全民的科学素质，就必须加强组织与领导各部门之间的联系，建立有效

的协调管理机制，增强各部门之间的协调能力，加强协调机制的权威，并对各相关部门对提高全民科学素质的工作情况实行必要的考核，强化协调领导小组的权威，实行轮值机制。

（二）建议尽早启动对《科普法》的修订，使其与公民科学素质建设相协调

科普工作是全民的责任，《科普法》自 2002 年颁布以来，虽然发挥了较大的作用，但其执行与公民科学素质的提高之间的联系力度仍然不够，应抓紧时间推进《科普法》的修订。

同时，要进一步研究如何调动社会资源与多方面的积极性，使其参与到加强科学文化设施建设与提高公民科学素质的工作中来。例如，一些发达国家的大型企业不仅担负着完成生产物质产品与企业科技发展的工作，还担负着向社会传播相关科学文化、向社会开放科技馆宣传相关的科学文化等责任。这些内容都应该纳入《科普法》中。

（三）加强岗位职业教育

全社会各领域各部门要进一步重视岗位职业教育，此项工作要有相关的制度要求，及时制订相应的计划、标准要求与标准办法，以及相应的激励机制。岗位职业教育是一项有助于提高公民科学素质的重要工作，需要全社会各领域各部门相互协调、相互激励共同完成，没有相关的制度、相应的计划与机制是难以完成的。

（四）全面推进我国公共科学文化设施建设

改革开放以来，我国各类科技博物馆的发展已经取得了明显的成果，但目前自主创新发展与科技馆自身的“生态体系”（关系到发展规模、体制内容的多样性、发展主体的多元化等方面），与发达国家有较大差距，我国的公共科学文化设施建设还需要更快更好的发展。

（五）继续推进公民科学素质的考评工作

公民科学素质的考评是一项亟须开展的工作，我们应该加快制定新的考

核办法与考核制度，并完善形成新的考核标准，以推动全民科普工作的继续开展。同时，考核工作应分两级进行：一是各相关部门的考核与总体的考评工作相结合；二是考核上的管理体制与机制进一步研究。

（课题组负责人：徐善衍
课题组成员：岳丽媛　张金萍　刘　立　刘　兵）

参考文献

［1］辞海编辑委员会. 辞海［M］. 上海：上海辞书出版社，2002：1765.
［2］刘立. 科学文化素质的内涵及测度［J］. 科学教育与博物馆，2016，2：103-105.
［3］刘兵. 科普的“政绩逻辑”［J］. 洛阳师范学院学报，2016，35（3）：1-2.
［4］李红林. 公民科学素质测量的理论与实践研究：以米勒体系为线索［M］. 北京：金城出版社，2018：7.
［5］徐善衍. 科学素质调查须跳出“数字门”［N］. 科学时报，2011-11-09：A1.
［6］刘立，孙楠，牛桂芹. 公民科学素质测评国际新进展及对中国的启示［J］. 全球科技经济瞭望，2018，33（5）：33-39.
［7］徐善衍. 关于科普基本特征的一些思考［J］. 科协论坛，2009，9：19-21.
［8］吴彤，李静静，王娜，等. 建国以来我国公民科学素质建设的经验和教训［J］. 自然辩证法研究，2005，21（4）：53-57.
［9］刘立. 美国公民科学素质全球第二，关键在哪里？［EB/OL］［2016-10-01］. http：//blog.sciencenet.cn/blog-71079-956286.html.
［10］徐善衍. 关于我国公民科学素质调查工作的思考与建议［J］. 科普研究，2012，7（1）：19-22，78.
［11］徐善衍. 科学文化的传播普及与国民素质［J］. 自然辩证法研究，2005，12：67-71，86.
［12］习近平. 为建设世界科技强国而奋斗——在全国科技创新大会、两院院士大会、中国科协第九次全国代表大会上的讲话（2016 年 5 月 30 日）［N］. 人民日报，2016-06-01：02.

农民科学素质建设战略研究（2021～2035年）

中国农业大学课题组

一、农民科学素质提升的历史考察

通过对农民科学素质的历史考察，可把握农民科学素质建设内涵和外延的动态变化，是探讨新时代农民科学素质提升的逻辑起点[1]。依据我国农村改革的基本历程，并以中央一号文件等重大政策变革为标志，我们把改革开放后的农民科学素质提升历程大致划分为四个阶段。

（一）第一阶段：农民农业科技自发追求阶段（1978～1990年）

这一阶段的主要标志是包产到户的实施，极大调动了农民的生产积极性，是农民需要农业科技最旺盛的时期，新品种、新肥料、新栽培措施，在这个阶段被大量创造出来，是中国农村发展最具活力的时期。1982～1986年，中央连续下发了五个“三农”一号文件，肯定并稳定了家庭联产承包责任制在党的领导下中国农民的伟大创造。在这一阶段，农民科学素质呈现出以下特征。

（1）农民“学科学、用科学”的积极性和主动性具有自发性和主动性。家庭联产承包制的推行，尊重了农民对农村事务的首创精神和主体地位，放活了农村，放活了农民，激发了农民自主从事农业生产的积极性和创造性，也调动了农民自主探索科学生产、提高农业产量的能动性。主要表现为农民对实用技术的渴望，目的是增产增收，地膜、复合肥、温室蔬菜等技术，都是在这个阶段开始被发明出来的。正是这种动力迅速推动了中国的乡村经济繁荣，国家以极少的投入解决了十几亿人的温饱问题。在这个阶段，农民的科学素质有了很大提高，成为最关心实用技术的群体之一。

（2）农业科技需求的单一性。此阶段农民的科技需求主要集中在农业实用技术方面，追求增产，科技素质的其他方面，如科学方法、科学思维没有进入需求阶段，对其他科技的需求尚处于萌芽状态。

（3）政府的科技供给处于探索阶段，传统科技服务体系解体，满足农民需要的新科技服务体系尚未建立起来，处于“线断、网破、人散”阶段，对农民科技素质提升缺乏有效组织和措施。在这样的背景下，1989 年，农业部开展了农民技术资格证书（“绿色证书”）的试点工作。

（二）第二阶段：农民科技多元需求阶段（1991～2000 年）

由于农村改革取得了卓越成就，社会上普遍认为农村的问题已经解决，发展战略中心需要从农业农村让位于工业和城市，是中国改革中心的重心全面向城市和工业转移的阶段，中国进入工业化、城镇化快速发展的阶段。到 1995 年前后，出现了转折，农业、农村、农民开始出现重大问题。到 1998 年，问题日益严重。1998～2003 年粮食产量连续 5 年大幅下降，粮食播种面积大幅减少，农村前所未有地出现大量抛耕现象。在这一阶段，随着“三农”问题的出现，农民科学素质提升工作开始受到更多重视。

（1）农民科技需求呈现多元化趋势。随着农民就业的多元化，特别是农村工业化的发展和“打工经济”的出现，农民对技术的需求从单一的农业技术转向了更广阔的技术需求领域。当时苏南流传诸如“农业一碗饭，副业一桌菜，工业富起来”“经济要翻番，乡镇企业挑重担”等口号，乡镇企业与“打工经济”的发展催生了对建筑、加工、制造等技术的需求，涌现出来一大批能工巧匠。

（2）国家提出教育兴农的发展战略，提出要把适用先进技术送到乡村，普及到千家万户。要采取有效措施，进一步推动“星火计划”“燎原计划”“丰收计划”等计划的实施，使科技成果尽快转化为现实生产力。要求科技单位、大专院校，在农村建立科学实验和示范基地，采取技术承包、有偿服务等多种形式，鼓励和选派科技人员到县乡工作。大力发展职业技术教育，提高农民文化科技素质。办好农业广播电视及函授教育、农业中等专业学校和农业职业中学；要建立县乡两级农业技术培训基地，举办技术培训班，办好农民文化技术学校，提高农村基层干部、广大农民的科学文化水平。

（3）开展以“捍卫科学”和“破除迷信”为导引的科普工作。1994 年 12 月 5 日，《中共中央国务院关于加强科学技术普及工作的若干意见》发布实施，该文件指出，在“一些迷信、愚昧活动日渐泛滥，反科学、伪科学活动频频发生，令人触目惊心”的背景下，各级党委和政府应把科普工作提上议事日程，通过政策引导、加强管理和增加投入等多种措施，切实加强和改善对科普工作的领导。中国科协联合有关单位，陆续组织了“捍卫科学尊严、反对迷信愚昧与伪科学”系列论坛。与城市相比，农村地区更易受到封建迷信和反科学思维的影响，因此，农村是开展科普工作、反对愚昧活动的重要地带。

（三）第三阶段：提高农民综合素质阶段（2001～2017 年）

进入 21 世纪以后，农业劳动力老龄化现象严重，农业后继乏人现象开始显现。2002 年党的十六大正式提出了统筹城乡经济社会发展，2003 年党的十六届三中全会提出了科学发展观，2005 年党的十六届五中全会首次提出了建设社会主义新农村的重大历史任务，发布了 2006 年中央一号文件《中共中央国务院关于推进社会主义新农村建设的若干意见》，农业农村发展进入了新阶段。为适应社会主义新农村建设的需要，农民科学素质的提升也由此得到前所未有的重视和发展。对这一时期的历史性考察，基本经验可以从以下三个方面来探讨。

（1）农民对农业科技的需求强度减弱。由于农产品销售难现象的普遍发生，农民收入结构发生变化，农民的科技需求不像改革开放初那样强烈和主动。采用科技与否对农民增收影响甚微，科技推广遇到阻力。在这种情况下，农业科技成果的转化应用受到制约，特别是兼业农民的大量出现，农业成为“鸡肋”，农民种地的态度也发生了变化。“未来谁种地”受到全社会的关注。

（2）农民科学素质的提升受到充分重视。2006 年中央一号文件指出，“提高农民整体素质，培养造就有文化、懂技术、会经营的新型农民”，这是从重视农业到重视农民的重要转折。2006 年 2 月 6 日，国务院发布了《全民科学素质行动计划纲要（2006—2010—2020 年）》，提出以科学发展观为指导，“围绕科学生产和增效增收，激发广大农民参与科学素质建设的积极性，增强科技意识，提高获取科技知识和依靠科技脱贫致富、发展生产和改善生活质量的能力，并将推广实用技术与提高农民科学素质结合起来”。2007 年 10 月，农业部和中国科协牵头，联合中央组织部、中央宣传部、教育部、科技部等 17 个部委发布《农民科学素质教育大纲》，提出培养农民科学发展、科学生产、科学经营、科学生活等 20 个方面的意识和能力。2012 年，又提出了培育新型职业农民的培养，对农民素质提出了更高要求。

（3）注重农民综合科学素质的培养。党的十六届五中全会指出，要按照生产发展、生活宽裕、乡风文明、村容整洁、管理民主的要求，扎实稳步推进新农村建设，培养和造就有文化、懂技术、会经营的新型农民，从生产、经营、管理等方面对新时期新型农民的科学素质提出了系统要求。特别是“有文化”的提出，标志着对新型农民的要求由传统单一科技普及向综合素质提升的转变。

（四）农民综合素质精准聚焦阶段（2019～2035 年）

党的十九大指出，中国特色社会主义进入新时代，我国社会主要矛盾已经转化为人民日益增长的美好生活需要和不平衡不充分的发展之间的矛盾，特别是提出了乡村振兴的伟大战略，按照“产业兴旺、生态宜居、乡风文明、治理有效、生活富裕”20 字的总目标，让农业成为有奔头的产业，让农民成为有吸引力的职业，让农村成为安居乐业的美丽家园。到 2035 年，我国大部分村庄基本实现农业农村现代化，乡村振兴农民素质要先行。到 2050 年，乡村全面振兴，农业强、农村美、农民富全面实现。乡村振兴为如何提升农民科学素质提出了新的要求。新时代农民科技素质建设不仅要着眼于产业兴旺，还要体现在生态建设、优秀文化传承、乡村治理等方面。这就需要研究新时代农民科技素质的新需求，探讨满足农民科技素质提升需求的精准路径和方法。

二、新时代对农民科学素质的新要求

早在 2005 年，十六届五中全会就提出了“新型农民”。随着城镇化发展和农村剩余劳动力转移，引发农村空心化、农业边缘化和农民老龄化等新问题，“未来谁来种地”引起政府及学术界关注，2012 年中央一号文件就提出了“新型职业农民”[2]。党的十九大提出乡村振兴战略，2018 年中央一号文件指出实施乡村振兴战略，必须破解人才瓶颈制约，强化乡村振兴人才支撑。强化乡村振兴人才支撑的举措中，把大力培育新型职业农民排在第一位。按照十九大报告提出“产业兴旺、生态宜居、乡风文明、治理有效、生活富裕”的总要求，我们认为新时代新型职业农民及科学素质应该包括以下方面。

（一）乡村产业兴旺的新需求

乡村振兴，产业兴旺是基础。产业兴旺的特征是多业并举，不仅要发展种植业和养殖业，还要发展手工业和服务业；不仅要有初级农产品生产，还要培育家庭工厂、乡村车间和手工作坊，实现产业链的延伸和农业功能的扩展；更多的农民要实现就地、就近就业，实现乡村的多元发展。在这样的背景下，农民对科技的需求不仅是综合的，而且是多样化的、个性化的。[3]

（1）农民对生产类科技的需求将被激发出来。自 2015 年以来，农村土地流转逐渐成为普遍现象，土地的集聚为适度规模经营奠定了基础。在此背景下，国家农业政策的引导和农业金融支持，促进了新型经营主体的形成。因为具有了一定的规模，他们对科技的需求十分强烈，不仅有养殖业、种植业，还包括加工、服务的基本知识，以及管理技能。特别是对发展理念和产业发展规律的认识，可以帮助他们减少失误，增加收入。在选择适合产业、发展特色农业、树立品牌、网络营销等方面，需要更新知识和技能。农业的综合性与复杂性为农民的科技素质提升工作提供了巨大空间。

（2）农民对预防性科普知识有着强烈的需求。在当今农村，农业生产合作社的理事长和家庭农场主成为重要的生产主体，包括外来投资者、本地返乡人员和当地农民带头人等。规模农业带来了规模风险，无论是自然风险还是市场风险，都需要有效应对，否则生产难以为继。调研发现，新型经营主体都对经济类作物和养殖业中病虫灾害的提前预防知识有着强烈的需求，即使是在当地从事农业多年的农业生产者，也对这些知识充满渴望。一方面，他们多年的生产经验多基于小农户生产模式，难以适用于适度规模的生产模式；另一方面，随着环境和生态的变化，生产条件也会相应发生变化，一些新出现的病害和疫情，需要新的技术和知识进行提前预警。例如，河北省张家口张北县的某蔬菜种植大户张某，2015 年流转了 900 亩土地种植蔬菜，他过去在村里就是种植蔬菜的能手，熟悉种植蔬菜的技能。但 2018 年他种植的菜花染上了一种植物黑心病，损失惨重，他特别渴望能有科技机构提前对这些疾病进行预警。

（3）农民对利用本地资源和发掘特色农业的新知识有着强烈的需求。改革开放四十多年来，中国乡村发生了跌宕起伏的变化，从 20 世纪 80 年代到 21 世纪初，农民对科技的需求经历了一个“曲线式”的发展。[4]当今，在乡村振兴背景下，发展地方特色产业成为促进当地农民增收的有效渠道。然而，特色产业因为具有地域特征，其开发不仅需要有政策的引导和市场需求的推动，更依赖于当地农民的甄别与发现，依赖农民的科技素质和发展能力。例如，山西省长治市上党区的传统制缸业，由于传统工艺制作的产品受到重视，除了整理挖掘传统工艺，使其发扬光大外，当地农民还非常需要提升产品附加值的科学知识和技能。

（二）乡村生态宜居方面的新需求

党的十七大报告提出建设生态文明。党的十八大报告进一步指出，建设生态文明，是关系人民福祉、关乎民族未来的长远大计。2015 年 9 月 21 日，中共中央、国务院印发《生态文明体制改革总体方案》，阐明了我国生态文明体制改革的指导思想、理念、原则、目标、实施保障等重要内容，提出要加快建立系统完整的生态文明制度体系，为我国生态文明领域改革做出了顶层设计。

党的十九大报告把生态宜居作为乡村振兴的重要目标之一。生态不仅包括生态环境，而且包括生态友好型的生产。2015 年 4 月 15 日《京华时报》报道，农业部副部长张桃林在国务院新闻办公室发布会上表示，中国农业资源环境遭受着外源性污染和内源性污染的双重压力，农业可持续发展遭遇瓶颈。我国农业面源污染已超过工业，成为我国最大的面源污染产业，总体情况不容乐观。我国土壤和水体污染及农产品质量安全风险也在日益加剧。在此背景下，为了进行科学农业生产从而减少环境污染，保持人与自然和谐相处，就需要将新时代生态农业和低碳生活理念传播给农民，提高农民的生态科学素质。

（1）生态农业科技需求。生态农业是农业可持续发展和农民持续增收的重要前提，农民迫切需要可持续农业理念和知识、技术。因此，让农民识别不科学的农业生产模式的危害，不仅不能提高农产品的产量和质量，还会导致农业环境的破坏和粮食安全问题的凸显，如水污染问题严重[5]、耕地破坏和土地资源流失、农业废弃物污染、农业生态平衡破坏等[6]。这些破坏自然生态的危机元素，亟待让农民了解和熟知。要减少农业生产的污染，减少化肥农药的使用，需要科学的生产模式、先进的栽培技术，需要农民具有农产品安全知识等。[7]

（2）生态宜居的乡村环境。除农业生产领域对提升农民素质的需求外，在新时代下，建造生态宜居的乡村环境也需要提升农民的科学素质。一方面，农民的日常生活有提升科学素质的需求。中国传统的农耕社会流传下来很多优秀的乡村生活理念和习惯需要发扬光大，如低碳生活、循环利用生活资源等。同时也要看到，农村不良的饮食习惯需要改变，迫切需要树立健康的生活方式和健康理念。例如，笔者在张家口某村庄调研发现，一些村民在生活条件好起来后，把吃肉当成享受，但食用过量肉食产品增加了患高血压、心脏病、糖尿病等的风险，但村民大多不太在乎，对此并没有足够科学的态度；另一方面，乡村人居环境的改变需要依靠农民科学素质的整体提升，如需要普及垃圾分类、污水处理与利用、厕所改造等方面的相关科学知识，以适应新时代的乡村人居需求。

（三）乡风文明需要农民文化素质的提升

乡风文明需要通过乡村文化建设来实现。农民文化素质的整体提升，是实现乡风文明的基础。农民的文化素质包括优秀传统文化的传承能力、现代科学技术的掌握与运用能力，以及可持续发展理念的树立。提升农民的科学文化素质应当包含两种含义：其一，创造物质财富和精神财富的能力；其二，物质财富和精神财富的成果。提升科学文化素质应当是面向大众的，在传播方式上，其意义不仅在于“普”，更在于“及”，即到达需要的人群中。在新时代背景下，提升农民科学素质的内涵，应当包括文化素养内容。农民文化素质的重要组成部分是科学素养。

（1）农民对现代化的生活方式的认知和需求。随着生活水平的日益提高，农民也应当分享现代化进程所带来的便利生活。例如，具有现代化配置的厨房和厕所、现代通信设备和网络的使用、现代交通工具的使用等。这些与农民日常生活息息相关的现代化产品和技术，需要以适当的方式普及给农民，并使其熟练掌握和应用，以提高农民的生活质量，共享现代化的成果。

（2）农民对非物质文化遗产的认知和保护需求。非物质文化遗产指被各群体、团体或有时为个人视为其文化遗产的各种实践、表演、表现形式、知识和技能，以及有关的工具、实物、工艺品和文化场所。在中国乡村，各种形式的非物质文化遗产十分丰富，包括戏剧、传统手工艺、民间节庆、传统生产方式等，农民对此喜闻乐见，但是对于它们存在的价值和重要意义认识不清。因此，在新时代背景下，要让农民与涉农干部对此有足够认知，并掌握加强保护非物质文化遗产的方法与路径。

（3）农民对传统习俗的扬弃需求。中国乡村积累的丰富习俗是传统文化的载体，具有整合乡村社会人际关系、连接乡村亲缘纽带等重要作用。然而，在现代社会中，一些风俗习惯过度异化，亟待在扬弃的基础上改良，如乡村被商品化了的高额彩礼、殡葬过程中的大操大办和薄养厚葬等，这些均需要对农民进行引导。在这个过程中，科学思维和科学技术手段是移风易俗的重要条件。

（四）乡村基层治理方面的新需求

在乡村振兴背景下，基层治理要构建“三治”（即自治、德治、法治）融合的治理体系，这涉及一系列的技术和理念问题。中国乡村主要依靠基层自治组织，长期以来，乡村主要由农村基层党组织和村委会对村级事务进行治理。此外，乡村德治是基层治理精神层面的力量，它承袭优良传统文化，并在乡村治理中发挥着思想统领的作用。在中国进入法治时代后，乡村法治也有了长足发展，并逐渐成为乡村治理的重要组成部分。在新时代下，乡村基层治理的进展也对农民素质的提升提出了新的要求。

（1）乡村基层自治对农民科学素质提升的新需求。自 20 世纪 80～90 年代以来，随着农村青壮年进城务工潮的到来，大量农村青壮年离开农村，乡村基层组织也遭遇到前所未有的困境。在对贵州、河南、湖北、河北等地的乡村调研中发现，农村基层党组织和村两委的人选严重不足，外出务工的青壮年村民对乡村的公共性事务关心不够。现代科技措施（如乡村社区微信群）可以帮助每一位普通农民养成关注乡村自治的习惯，了解乡村事务，参与乡村决策。利用现代技术手段，激发农民主动了解、学习党和国家政策的积极性，从而能够充分发挥在落实国家大政方针过程中的农民主体性。

（2）乡村德治对提高农民科学素质的新需求。决胜脱贫攻坚和推进乡村振兴，都需要良好的治理环境。实现乡村善治，推行德治建设必不可少。德治是强化乡村治理的基础。乡村是人情社会、熟人社会，而人情与道德、习俗相连，善加引导便可形成与法治相辅相成的德治。当前，乡村德治的要素主要包括乡村传统习俗、村规民约、家规家训等。随着乡村人口的流失，传统习俗正面临日益没落的境地，村规民约和家规家训也逐渐丧失原有的约束力。在振兴乡村的新时代背景下，这些中华民族的优良传统应当得到弘扬和发展，一方面，对于乡村年长一代，应当促使他们认知传统文化和优良美德的价值，激发他们自身的文化自信；另一方面，对于乡村年轻一代，应当鼓励和引导他们认识乡村传统文化的价值，逐渐内化乡村传统美德并自觉转化为美好行为。

（3）乡村法治对提高农民科学素质的新需求。2018 年中央一号文件《中共中央国务院关于实施乡村振兴战略的意见》提出“建设法治乡村”，强化法律在维护农民权益、化解农村社会矛盾等方面的权威地位。乡村振兴战略中国家的权力、政府的责任和社会的义务该如何配置和优化，需要科学民主的立法予以安排，需要严格透明的执法予以实现，需要公平正义的司法予以保障。当前，农村法治建设在某些方面还比较薄弱，也有一些不足。一方面，“三农”领域法律制度的供给不充分，诸多立法领域仍是空白，农村的纠纷解决、法治运行无法在法律规则之上进行；另一方面，农民的法治意识比较薄弱，用法意愿较低，面临“有法不用”难题。因此，在新时代背景下，应当以适合农民的方式宣传已有的法律制度，让农民不再对法律有“天然的排斥”，以身边的案例和切实的利益引导农民积极学法、懂法、使用法律解决纠纷和保护自己的权益。

需要指出的是，乡村振兴总目标的各个方面，都需要科技支撑，需要农民科学素质的普遍提升作为基础。因此，要研究科技在生产、生态、生活、文化、治理方面发挥作用的领域，研究农民在相关领域科技素质提升的途径和方法。

三、提升农民科学素质的战略规划（2021～2035 年）

当前，我国农民科学素质提升工作已经形成了国家、省、市、县级政府及农业、科技、教育、科协等部门协同推进的网络化发展结构。截至 2014 年，我国乡镇科协有个人会员 212 万人，各级科协组织建设的农技协 11 万余个，个人会员 1466 万人。但必须看到，农民科学素质提升工作尚存在诸多问题。首先，部分地区基层政府对农民科学素质提升工作重视程度不够，缺乏有效抓手。有些县级科协职能弱化，工作边缘化，乡镇一级农民科学素质教育和宣传组织及人员处于被政府职能部门“统筹使用”的状态，削弱了基层科学素质普及教育力量。[8]其次，习惯以管理城市社区的思维方式开展农村农民科学素质提升工作，“想当然”成分较高，缺乏乡村针对性和地方特色，效果差强人意。用于农民科学素质提升工作的经费投入严重不足，特别是西部农村地区，许多农村农民科学素质提升工作的经费投入基本为零。当前，由于缺乏对农民科学素质可操作性的整体规划设计，难以形成一个真正可以协调现有政府部门、整合现有力量，制定出让各方协同作战、共同有效承担农民科学素质提升工作任务的制度。

因此，要研究新时代的农民科学素质提升工作的新理念、新制度和新措施。

（一）战略规划的视角选择

1. 农民主体视角的科学素质提升

改革开放以来，农民科技需求的动力被极大地激发出来，重要原因是坚持了以农民为主体的原则，让农民获得了种地的自由，使之对农业科学技术采用的积极性达到历史高峰。当时，增产就是增收，他们在生产过程中具有需求科学素质提升的强大的自主性动力。然而，20 世纪 90 年代以后，农民靠农业增收变得越来越困难，进城务工潮对农村青壮年劳动力的抽离效应，使得在农村的农民科学素质提升需求整体陷入低迷。[9]进入 21 世纪以后，虽然国家对农民科学素质提升工作非常重视，其间不仅有制度上的顶层设计，也有行动上的推动策略，但农民缺乏提升自身科学素质的内生动力，政府缺乏提升农民科学素质的有效抓手，导致各项政策和行动的实施并未取得预期的效果。

正因如此，农民科学素质的提升必须强化农民的主体地位，激发农民对科技的内在需求，变被动地给予为满足需求服务。当作为科学素质提升主体的农民需求薄弱时，“自上而下”的提升行动就会遭遇困境。因此，提升农民科学素质需要在如下两方面努力：在主观层面，深入探究当代农民提升科学素质的真实需求，并在此基础上制定政府的各项提升策略，只有当农民有自己的真实需求时，政府才能实现有效供给；在客观层面，农民科学素质的提升需要从农民的视角出发，以贴近农民的生产和生活为原则，研究农民对科学素质的综合需求，不能脱离农民的生产和生活实际，科学素质的提升不能凭供给者的“想当然”，而是要发现和开发农民的新需求。就像改革开放初期一样，依靠农民本身具有对科技的高度自觉性和强烈的内生动力，政府和社会组织应当在此基础上制定“自下而上”式的农民科学素质提升战略。

2. 社会环境视角的农民科学素质提升

科学素质一般指了解必要的科学技术知识，掌握基本的科学方法，树立科学思想，崇尚科学精神，并具有一定的应用科学处理实际问题、参与公共事务的能力。科学素质是当代人在社会生活中参与科学活动的基本条件，包括掌握科学知识的多少、理解科学思想的深浅、运用科学方法的生熟、拥有科学精神的浓淡、解决科学问题能力的大小，综合表现为学习科学的欲望、尊重科学的态度、探索科学的行为和创新科学的成效。[10]因此，农民科学素质的提升不能只重视实用技术的掌握情况，不能以“唯技术”的角度进行，而应该从综合的视角，关注农民综合素质的提升。这就需要营造一个有利于激发农民对自身科学素质需求的社会与政策环境。农民对科技需求的热情下降，并不是对所有科技需求的热情都在下降，而是指对农业实用技术、农业增产技术等采纳的积极性不如以前高涨，究其原因在于小农户限制了科技的需求。中央号召探讨小农户与现代农业的衔接问题，需要克服的主要问题之一，就是重新激发农民学科学、用科学的积极性。[11]这可以通过社会化服务来实现，也可以通过培育新型农民主体来实现，特别是家庭农场与合作组织的形成，是激励农民提升科学素质的有效措施。农民科学素质的提升受限于体制机制[12]，因此，要破除一切束缚农民手脚的不合理的歧视和限制，尊重农民的首创精神，科学素质提升就可以产生事半功倍的效果。这就需要科普工作者跳出单纯地在科学普及手段上兜圈子的思维，把着眼点放在优化农民生产和生活环境方面，通过给农民“松绑”，激发农民的科技需求，继而实现提升农民科学素质的目的。

（二）提升农民科学素质工程的建议

基于农民科学素质的提升需要从农民视角和社会政策环境视角两方面着眼[13]，因此，提升农民科学素质的工程建设也应当基于上述两个方面开展，即围绕两个主题进行：其一，如何调动农民的主体性，使农民具有科技需求的积极性、主动性和自觉性；其二，如何从整体环境的视角为农民提升综合科学素质需求提供制度和政策支持。我们提出新时代的农民科学素质培育应着眼于以下五方面。

1. 农民“互动式”自培育工程

2016 年 2 月 25 日，国务院办公厅印发《全民科学素质行动计划纲要实施方案（2016—2020 年）》，并提出提高农民科学素质是该实施方案的重要任务之一。为落实该任务，包括中国科协在内的多部门广泛开展了形式多样的农村科普活动，如开展文化科技卫生“三下乡”、科普日、科技周、世界粮食日、健康中国行、千乡万村环保科普行动、农村安居宣传、科普之春（冬）等各类科普活动，并取得了卓越的成效。[14]但是，由于乡村人口结构的变化和乡村生产生活新问题的层出不穷，这些提升科学素质的科普活动也陷入了困境，农民对于所接触的科普知识多表现为“知识上的接受”，并没有内化为“行动上的指导”。

2017 年，本课题组在对河北、贵州、河南、湖北等地村庄的深度调研中发现，在政府科普工作的基础上，农民之间有着一种更为有效的“互动式”自培育行为，即针对村庄的具体情况，以特定事件为契机，引导村民开展科普知识讨论，激发村民学习科普知识的内在热情，从而可以更有效地将科普活动渗透到村民的日常生活和生产中。在此过程中，可以建立科普机关定期筛查制度，筛选与农民生活息息相关的特定事件，并围绕特定事件激发村民内部“互助式”的培育机制，从而达到提升农民科学素质的长效结果。

2. 社会组织“陪伴式”培育和孵化工程

《全民科学素质行动计划纲要实施方案（2016—2020 年）》提出，加强农村科普公共服务建设，将科普设施纳入农村社区综合服务设施、基层综合性文化中心等建设中，提升农村社区科普服务能力。深入实施基层科普行动计划，发挥优秀基层农村专业技术协会、农村科普基地、农村科普带头人和少数民族科普工作队的示范带动作用；开展科普示范县（市、区）等创建活动，提升基层科普公共服务能力。

当今时代，农民对提升科学素质的实际需求开始有所增加，不仅需要产前技术支持，也需要对新兴的食品安全、污水处理、垃圾分类等生活问题有所了解。面对庞大的需求群体，单纯依靠政府的力量难以应对。在实践中，提升农民科学素质的科普活动出现了供不应需、知识滞后、方式单一等问题。因此，在提升农民科学素质的过程中，一方面，应当培育能够“陪伴式”对接农民科普需求的社会力量；另一方面，应当孵化除政府之外的多元主体，共同开展提高农民科学素质的行动。这些主体可以来自三个方面：其一，社会组织的力量，实现其“科学枢纽”的功能；其二，企业的力量，充分发掘企业所具有的市场能力，采取政府购买服务的方式发挥企业作用；其三，高校等科研机构的力量，建立校地合作示范点，不但可以使科普工作常态化，而且可以使农民迅速接收到最新的科研资讯。

3. “一懂两爱”科普产品生产及传播工程

《全民科学素质行动计划纲要实施方案（2016—2020 年）》提出，要加强农村科普信息化建设，推动“互联网+农业”的发展，促进农业服务现代化。加强农村科普信息化建设，需要积极开展信息技术培训，加大对循环农业、创意农业、精准农业和智慧农业的宣传推广力度，实施农村青年电商培育工程，鼓励和支持农村青年利用电子商务创新创业。建设“科普中国”乡村 e 站，大力开展农民科学素质网络知识竞赛、新农民微视频展播等线上线下相结合的科技教育和科普活动。发挥中国智慧农民云、“科普中国”服务云、中国环保科普资源网、中国兴农网、农业科技网络书屋等作用，帮助农民提高科学素质。

党的十九大报告明确指出，实施乡村振兴战略，要培养造就一支懂农业、爱农村、爱农民的“三农”工作队伍。[15]因此，在乡村振兴背景之下，农民科学素质提升工作应当把“一懂两爱”作为重要目标，开发和生产适应当代农民需求的科普产品，并寻找适应当今农村人口的科普传播方式。“一懂两爱”科普产品的内容应包括农业的本质、特性和规律，乡村的特点、价值和发展规律，农民的主要地位、特点和组织等内容。组织创作一批综合反映现代农业、乡村发展的科普作品，既培养农民的科学思维，也帮助农民掌握科学方法，提高其应对风险的能力，找到解决“三农”问题的有效途径。

4. 新型农业经营主体科技素质示范工程

《全民科学素质行动计划纲要实施方案（2016—2020 年）》提出，要着力培养 1000 万名具有科学文化素质、掌握现代农业科技、具备一定经营管理能力的新型职业农民，全面提升农民的生活水平。2016～2020 年，实施新型职业农民培育工程和现代青年农场主计划，全方位、多层次地培养各类新型职业农民和农村实用人才。充分发挥党员干部现代远程教育网络、农村社区综合服务设施、农业综合服务站（所）、基层综合性文化服务中心等在农业科技培训中的作用，面向农民开展科技教育培训。深入实施农村青年创业致富“领头雁”培养计划，通过开展技能培训、强化专家和导师辅导、举办农村青年涉农产业创业创富大赛等方式，促进农村青年创新创业。

在当今农村，新型农业经营主体作为乡村重要的生力军，在努力助力“精准扶贫”和“乡村振兴”事业，但多数人缺乏农村生产经验，科学素质也亟待提升。有效提高农民的科学素质，“眼见为实”，形象生动，能参与和体验的科技普及方式最为有效。因此，要依托科协联合社会力量，开展实施农民科技示范园建设工程，让农民真正参与其中，使之成为提升农民综合科学素质的教育基地。科技示范园不仅要展示现代科技，同时要灌输科学思维，传播科学方法，让农民在参与过程中获得解决问题的综合能力。诸如生态农业理念与循环技术，资源综合利用理念与产业融合方法；可持续理念与耕地保护；藏粮于地、藏粮于技，以及农业文化、农业制度等，都可以在科技示范园中得以体现。科技示范园可以将合作社、家庭农场的新型农业经营主体作为载体，并采取经营主体内部“自培训”的方式，实现新型农业经营主体科学素质在整体上的全面提高。

5. “馆所”设施创建及改造工程

《全民科学素质行动计划纲要实施方案（2016—2020 年）》提出，要进一步加大对革命老区、民族地区、边疆地区、集中连片贫困地区的科普工作的支持力度，大力提高农村妇女和农村留守人群的科学素质。实施科普精准扶贫，加强革命老区、民族地区、边疆地区、集中连片贫困地区的科普服务能力建设，加大对农村留守儿童、留守妇女和留守老人的科普服务力度。实施科普援藏援疆工作，加大对科普资源的倾斜力度，加强“双语”科普创作与传播。

乡村科普馆所的建设是科普工作的基础建设，也是提升农民综合科学素质的有效途径。当前，很多科学素质的教育方式、科技成果的传播方式存在一定缺陷，有些科普方式与现实需求不适应。例如，在湖北某村，村里的农家书屋几乎常年闲置，一方面，是因为村里人口锐减；另一方面，是农家书屋里的书要么理论性较强，要么比较偏重技术，无法满足在村长期居住人员的需求。因此，为适应广大农民的需求，应当对提升农民科学素质的现有设施进行排查，及时改良升级不适应乡村现状的设施。同时，开拓和创建符合乡村的馆所设施，使提升农民科学素质的馆所工程能够真正发挥效用。具体措施如下。

第一，利用现代科技手段，并将之渗透到乡村文化活动中。在提升农民科学素质的过程中，既要注重互联网等现代科技手段的使用，又要注重采取农民喜闻乐见的方式，将科学内容“变成剧，唱成戏”，使其内容真正融入乡村生活中。

第二，创新完善现代科技馆体系，建设乡村记忆博物馆。在城市中，科技馆对提升公民科学素质的作用十分显著，但是，在乡村教育机构中，科技场馆的建设处于缺失状态，因此，应当加快建设科技馆、乡村学校少年宫等农村青少年科技活动场所。此外，可借鉴浙江乡村文化礼堂的形式，在乡村中建设多种形式的乡村记忆馆、农耕馆、博物馆，其作用不容忽视。

第三，依托现有的乡村资源，建设各类增强科普功能的公共设施。特别是依托新型经营主体，将科普馆、体验馆、乡村大课堂、中小学生实践基地等办在家庭农场、合作社、农业企业等生产经营单位，对科普设施的投入、管理、运营和发挥多方面作用具有十分重要的意义。

可以依托现有的农地、环境和自然资源，建设农业、国土资源、环境保护、安全生产、食品药品、质量监督、检验检疫、林业、地震、气象等行业类科研类科普教育基地，引导海洋馆、主题公园、自然保护区、森林公园、湿地公园、地质公园、动植物园、旅游景区、地震台站、地震遗址遗迹等公共设施增强科普功能。

（三）提升农民科技素质战略规划的进程

《全民科学素质行动计划纲要实施方案（2016－2020 年）》提出，到 2020 年，我国全民科学素质工作的目标是：科技教育、传播与普及长足发展，建成适应创新型国家建设需求的现代公民科学素质组织实施、基础设施、条件保障、监测评估等体系，公民科学素质建设的公共服务能力显著增强，公民具备科学素质的比例由 2015 年的 6.20%提升到 10%以上。在中国乡村，农民科学素质提升工作相对落后，不仅体现在科技教育和普及方面的基础设施比较落后，也体现在科普宣传的手段和方式比较落后。因此，在 2020～2035 年的农民科学素质提升阶段，将面临更为艰巨的任务，也将经历更为严峻的考验。在此期间，农民科学素质提升的阶段性任务可以划分如下。

1. 提升农民科学素质行动的有效性论证阶段（2019～2021 年）

《全民科学素质行动计划纲要实施方案（2016—2020 年）》得到基层各级各类部门的积极落实，并取得卓越的成效。在提升农民科学素质方面，既有针对大多数农民的科技和信息等方面的素质提升，也有针对弱势群体的科技素质的精准提升；既有科技场馆、农家书屋等基础设施类的建设，也有技术培训、职业教育等提升农民心智方面的努力。但是，在过往的科普工作中，也遇到了一些问题，例如，现有的科学素质情况调查本身存在一定缺陷，有些指标脱离农民实际，不能准确且全面地反映农民的科学素质状况，导致农民科学素质的排查结果过低。提升农民科学素质的方式方法针对性和有效性差，需要根据变化的情况探讨更有效地提升农民科学素质的途径。因此，在未来，应当用 2～3 年的时间，对提升农民科学素质行动的有效性进行分析，论证其教育内容、手段、途径与评价指标等的科学性和可行性，使其更加精确和完善，符合农民实际。

2. 提升农民科学素质的多元力量整合阶段（2022～2027 年）

过去，农民科学素质的提升主要由政府来组织进行，相对我国几亿人口的农民数量而言，政府的行动难以实现全面覆盖，既无法做到全时进行，也难以满足地方特色或个性化需要。随着时代的变迁和社会结构的变化，农民的科技需求呈现多层次、多样化特点，提升农民科学素质的工作变得更加庞杂，其中不仅包括对传统农民生产和生活方式的科学教化与引导，还必须面对新型职业农民日益增长的科技需求。在此情况下，政府更加难以亲力亲为地全面开展科普行动。与此同时，企业、社会组织和高校等科研机构开始越来越多地尝试对接原本由政府来做的公益行动，并取得了良好的效果。因此，需要尽快出台整合社会力量服务农村科技的体制机制，政府及其相关机构可以采取政府购买服务，引导校地结合等，积极推进农民科学素质的提升工作，形成全社会多元发力、共同奋进的科普大系统，充分发挥社会各界力量，争取用五年的时间建成多元有序的农民科学素质提升网络。

3. 提升农民科学素质的多重方案提升阶段（2028～2032年）

提升农民科学素质的传统方案主要包括科技培训、技术咨询、产业指导等，主要是“自上而下”式地推行。这种方式在提升农民科技水平、提高种养殖产量等方面取得了一定的效果，也受到了农民的好评。在新时代背景下，社会的变迁使得农民科学素质的提升需求发生了一定的变化，科技的发展也为农民科学素质提升方式的改良提供了可贵的契机。因此，新时代的农民科学素质提升内容要综合，途径和手段要多样，特别是要采用现代化、信息化、网络化的方式提升农民科学素质。将农民科学素质的提升与现代文化建设相融合，丰富农民科学素质的内容，将乡村优秀传统文化、传统美德引入农民科学素质提升中来。此外，在制订提升农民科学素质的多重方案中，应当特别注重激发农民的内生动力，发挥农民的主体性地位，使农民对各项提升科学素质的方案保持长久的积极性，采取“自下而上”的提升方式，使提升农民科学素质的行动具有可持续性。

4. 提升农民科学素质的全面振兴阶段（2033～2035年）

与党的十九大提出乡村振兴战略同步，乡村振兴战略的目标任务明确指出，到2035年，乡村振兴取得决定性进展，农业农村现代化基本实现。乡村振兴最重要的因素是人，体现在产业兴旺、生态宜居、乡风文明、治理有效、生活富裕五个方面，都与农民科学素质的提升息息相关。从某种程度上说，农民科学素质的提升与否，直接决定着乡村振兴的目标任务能否实现。因此，在新时代，农民科学素质的提升要紧紧围绕乡村振兴的大政方针，从五个环节全面落实农民科学素质提升工作，为实现乡村振兴做出应有的贡献。

四、提升农民科学素质的保障措施

（一）组织保障措施

农民科学素质行动涉及范围广、工作量大、任务艰巨，其顺利开展需要各个主体明确分工，各负其责；同时，各个主体之间要密切联系，相互配合，资源共享，统筹推进，形成合力。此外，要动员社会方方面面的力量，助力农民科学素质提升。在此过程中，科学素质提升行动要下沉到村，实现政策、经费和人力直接贯彻落实到村，让农民有获得感，这样才能调动农民的积极性，激发广大农民的参与意识，自觉参与到科学素质提升行动中，最终形成政府全盘统筹，各部门、各单位和社会力量分工协作、齐抓共管的提高农民科学素质的工作机制。

1. 发挥党的领导作用

制定适应当前发展形势、符合当前中国农村实际情况的农民科学素质工作制度，统筹协调各方面关系，形成部门支持乡镇、城市支援农村、全社会动员支持农村科普的局面。

2. 充分发挥科协在农民科学素质提升工作中的主导作用

据统计，我国有乡镇科协 3.1 万多个、农村专业技术协会 9.4 万多个，农民技术培训学校 8.2 万所。因此，可以将农民科学素质提升工作任务分解到乡镇科普组织、农村学校、农业技术推广机构、农村专业技术协会，将农民科学素质提升工作项目分担到农林、科技、教育、卫生、计生、妇联、共青团、高校、科研院所等企事业单位和各类农村经济组织、社会组织，用制度协调好现有力量，挖掘利用好现有资源，激发他们在农民科学素质提升工作中的作用。

3. 引导和鼓励多种社会力量投身到提升农民科学素质的行动中

社会力量和社会组织是农民科学素质提高工作的重要补充，应当对其主动引导和积极鼓励，让社会组织做政府做不了的事，让社会力量做政府做不到的事，真正使农民科学素质提升工作以农民为对象，以农民需要为导向，以促进农村经济社会发展和农民综合科学文化素质提高为目的，对农民科学素质提升工作形成全覆盖，只有这样，才能整体提升农民科学素质的水平和质量。

4. 加强农民科学素质提升工作队伍建设，实施科普人才建设工程

农村科普队伍建设是农民科学素质提升工作中的重要内容之一，它的整体素质直接影响到农民科学素质提升工作的成效。各级政府要稳定农村科普人才队伍的编制，构建科学合理的农民科学素质提升工作队伍体系，鼓励更

多的农业科技工作者投身农民科学素质提升工作。同时，农村科普队伍建设应以农为本，要通过教育和培训培养更多的乡土科技人才，激发农村科普工作者的工作热情。建议在村级组织中设立科普员，可以由村委会成员兼任，也可以由村内科普积极分子兼任，使乡村科普队伍延伸到基层，为完善科普组织提供基础。此外，还要通过制定激励措施，引导和用好农民科学素质提升工作志愿服务队、科普志愿者和高校、科研院所、企业，以及社会组织体系中的专家学者，有效整合科普资源，提升科普队伍的整体素质和服务能力。

（二）完善科普工作的激励机制

近年来，与农民科学素质提升工作有关的相关法律和政策包括《中华人民共和国农业技术推广法》《中共中央国务院关于加强科学技术普及工作的若干意见》《中华人民共和国科学技术普及法》《全民科学素质行动计划纲要（2006—2010—2020 年）》《关于进一步加强农村科普工作的意见》《农民科学素质行动实施工作方案（2011—2015 年）》《中国科协科普发展规划（2016—2020 年）》等，初步形成了我国的科普制度体系，进一步规范和推进了农民科学素质的提升和发展。

根据全民科学素质领导小组的安排，农业部、中国科协为农民科学素质行动的牵头部门；中央组织部、中央宣传部、教育部、科技部、人事部、劳动保障部、广电总局、全国总工会、共青团中央、全国妇联、中国工程院等部门为责任单位，具体落实农民科学素质提升工作。

本课题组在贵州、浙江、云南、四川、河北等地的农村调研结果显示，大部分村庄没有明显感觉到这些组织和制度的存在，村民普遍感受不到这些部门带来的实在好处和变化。针对以上问题，我们认为需要明确和强化科普工作激励机制，制定科普人才向乡村流动的鼓励措施，提高他们的待遇，表彰和奖励农民科普贡献者，树立科技应用典型。实行更加积极、开放、有效的乡村科普人才政策，推动乡村人才振兴，让各类人才在乡村大施所能、大展才华、大显身手。要鼓励社会人才投身乡村提升农民科技素质建设工程。以乡情乡愁为纽带，引导和支持企业家、党政干部、专家学者、医生教师、规划师、建筑师、律师、技能人才等，通过下乡担任志愿者、投资兴办乡村科技服务事业，并积极落实和完善融资贷款、配套设施建设补助、税费减免等扶持政策，以此带动乡村文化与科技的发展，使从事乡村科普工作者成为令人羡慕的职业。

（三）经费保障措施

经费投入是开展各项农民科学素质提升活动的必要保证。《中华人民共和国科学技术普及法》明确规定，各级人民政府要逐步提高科普投入水平，保障科普工作顺利开展。

农村科普资源匮乏，科普基础设施建设滞后，人才队伍亟须大力建设，但各地区社会和经济发展的不均衡，经费投入的地区差异显著，特别是在中西部仍然有些地区达不到人均科普专项经费的水平。为防止科普事业中的“马太效应”，应增加与国家经济收入相匹配的经费预算和投入，经费向中西部地区倾斜，特别是向财政比较紧张的西部地区倾斜，以保障农民科学素质提升工作继续稳步有效推进。具体措施如下。

（1）增加政府财政预算，保障农村教育、农民培训经费。各级政府应保障用于农村教育和农民培训的经费，并实现逐年增长，地方财政中应当匹配相当比例的财政资金，共同保障农村教育和农民培训发展。

（2）鼓励社会力量参与，多方筹集资金，用于农民科学素质提高中的农民教育和农民培训。充分发挥社会教育资源的积极性，鼓励返乡创业和投资的农民共同助力科学素质提升。

（3）农民科学素质提升教育的培训支出，应瞄准关键提升对象，分清楚类别，有针对性地投入。特别要重视党员、村干部、新型农业经营主体的科技素质提升，重视乡贤文化的培育，通过他们带动更多的人，形成学科学、爱科学、用科学的社会氛围。

（课题组成员：朱启臻　高瑞琴）

参 考 文 献

[1] 林美卿，代金平. 农民素质及其科学评价体系[J]. 沈阳农业大学学报（社会科学版），

2003，5（3）：265-267.

［2］刘仲勋. 加强农民素质培训培育新型职业农民[J]. 科协论坛，2018，1：56-57.

［3］杨强. 提高农民科学素质的思考[J]. 当代农村财经，2017，5：28-30.

［4］徐道丰. 提高农民科学素质推进社会主义新农村建设[J]. 中国科技信息，2007（16）：287-288.

［5］滕明雨，奉公，张磊. 我国农民科学素质测评指标体系的构建[J]. 华中农业大学学报（社会科学版），2012，2：48-52.

［6］Miller J D. Toward a scientific understanding of public understanding of science and technology［J］. Public Understanding of Science，1992，1（1）：23-26.

［7］Miller J D. Scientific literacy：a conceptual and empirical review［J］. Daedalus，1983，2：29-48.

［8］王德贵，王重一. 农民科学素质的内涵、构成及评价指标体系［C］. 自主创新与持续增长中国科协年会，2009.

［9］简小鹰. 中国现代农业的组织结构[M]. 北京：中国农业科学技术出版社，2010：18

［10］陈玉光. 必须重视农民科学文化素质的提高[J]. 华中农业大学学报（社会科学版），2003，2：6-9.

［11］杨红. 关于我国农民科学素质建设的几点思考[J]. 成人教育，2008，2：10-12.

［12］刘柏春. 提高农民科学文化素质的途径[J]. 福建农林大学学报（哲学社会科学版），2006，9（4）：20-23.

［13］何瑾. 提升农民科学素质　助力农村脱贫攻坚[J]. 科协论坛，2018，5：55-56.

［14］华永. 加大农业科普力度　提升农民科学素质[J]. 农业科技通讯，2018，5：54-55.

［15］郭玉梅. 三措并举　提升农民科学素质[J]. 科协论坛，2018，4：30-31.

城镇劳动者和社区居民科学素质建设战略规划研究（2021～2035年）

中国人事科学研究院课题组

城镇劳动者和社区居民的整体科学素质水平，是衡量一个国家和地区科技创新能力高低的重要因素。[1] 截至2017年年底，我国有城镇就业人员42 642万人，占全国就业人口的54.92%。[2] 习近平总书记在2016年5月30日召开的全国科技创新大会、中国科学院第十八次院士大会和中国工程院第十三次院士大会、中国科协第九次全国代表大会上的讲话中指出：党中央今年颁布的《国家创新驱动发展战略纲要》明确，我国科技事业发展的目标是，到2020年时使我国进入创新型国家行列，到2030年时使我国进入创新型国家前列，到新中国成立100年时使我国成为世界科技强国。面对新形势、新任务和新要求，研究制定城镇劳动者和社区居民科学素质建设战略规划（2021～2035年），全面提升城镇劳动者和社区居民科学素养，对加快建设创新型国家、促进人的全面发展，以及更好地实施高质量就业和充分就业政策都具有重要的现实意义。

一、基本状况

（一）城镇劳动人口规模

截至2017年年底，全国（不含港澳台地区）总人口为139 008万人，其中城镇常住人口为81 347万人，占总人口比重的58.52%。全国就业人员77 640

万人，其中城镇就业人员 42 642 万人，占全国就业人口的 54.92%。全年城镇新增就业人数 1351 万人，城镇失业人员再就业人数 558 万人；全国农民工总量达到 28 652 万人，其中外出农民工 17 185 万人。[2]城镇劳动人口规模不断扩大。

（二）主要劳动人口的受教育水平

从主要劳动人口的受教育水平看，近年来呈现明显提高的态势。据统计，2016 年全国就业人口中研究生及以上学历者占 0.8%，大学本科者占 7.7%，大学专科者占 9.6%，接受过高等职业教育者占 1.3%（表 1）。教育事业的发展显著提高了就业人员的受教育水平，为经济社会的发展提供了有力的人才保障和智力支持。截至 2016 年年底，主要劳动年龄人口受过高等教育的比例达到 19.4%，比 2010 年的 12.5%提高了 6.9 个百分点。

表 1　2016 年分地区全国就业人员受教育程度构成　　（单位：%）

省（自治区、直辖市）	未上过学	小学	初中	高中	中等职业教育	高等职业教育	大学专科	大学本科	研究生及以上
全国	2.6	17.5	43.3	12.3	4.9	1.3	9.6	7.7	0.8
北京	0.2	2.4	22.0	12.1	7.5	1.7	19.7	27.6	6.8
天津	0.5	8.5	33.7	11.3	9.9	1.8	14.5	17.6	2.2
河北	1.1	12.9	50.4	12.8	5.3	1.1	9.5	6.2	0.5
山西	1.3	11.6	46.2	13.2	5.5	0.9	11.4	9.2	0.7
内蒙古	2.1	16.0	45.7	11.8	3.6	0.7	11.5	8.0	0.5
辽宁	0.5	12.6	49.7	9.6	5.4	1.5	10.4	9.5	0.8
吉林	0.9	17.7	46.6	14.0	3.9	1.1	7.7	7.5	0.5
黑龙江	0.7	15.2	50.1	12.1	3.1	1.1	8.8	8.2	0.7
上海	0.6	4.7	29.4	12.4	6.4	1.8	16.5	23.4	4.7
江苏	2.1	13.1	38.4	13.5	6.0	2.2	13.3	10.3	1.0
浙江	2.1	16.0	38.2	13.4	3.7	1.4	12.4	11.8	1.0
安徽	7.1	20.3	45.8	8.7	3.4	0.9	7.7	5.6	0.5
福建	2.7	21.6	38.8	11.3	5.7	1.1	9.4	8.7	0.6
江西	2.3	20.5	46.3	13.7	4.1	1.2	7.1	4.5	0.3
山东	2.5	14.3	48.1	12.2	6.4	1.3	8.4	6.2	0.6
河南	2.5	15.3	50.1	13.9	3.7	1.3	8.1	4.7	0.4
湖北	2.9	17.8	42.3	13.4	5.7	1.5	9.0	6.5	1.0
湖南	1.6	16.9	44.2	16.3	4.1	1.3	8.6	6.4	0.6

续表

省（自治区、直辖市）	未上过学	小学	初中	高中	中等职业教育	高等职业教育	大学专科	大学本科	研究生及以上
广东	0.7	11.1	42.9	17.7	6.8	2.2	11.0	7.1	0.5
广西	1.5	19.8	49.9	9.5	5.0	1.2	7.8	4.9	0.5
海南	2.2	13.0	51.4	12.4	5.6	1.0	8.0	6.2	0.2
重庆	2.4	27.4	33.5	11.8	4.1	1.4	10.9	7.8	0.8
四川	3.9	29.4	39.1	9.6	3.7	1.1	7.8	5.1	0.4
贵州	9.7	32.5	37.8	6.2	3.0	0.5	5.2	4.8	0.2
云南	5.5	34.0	41.3	5.7	3.4	0.7	4.7	4.3	0.4
西藏	23.1	46.5	12.8	3.2	2.0	0.3	6.3	5.6	0.2
陕西	2.5	13.4	45.1	14.7	3.9	1.5	10.6	7.6	0.7
甘肃	5.3	26.7	38.1	11.4	3.5	0.9	7.3	6.4	0.4
青海	6.9	26.0	35.0	9.1	3.0	0.8	10.5	8.4	0.2
宁夏	6.4	17.0	40.4	10.3	3.9	0.8	11.0	9.7	0.6
新疆	2.1	17.5	41.5	10.0	5.0	1.0	11.8	10.4	0.9

数据来源：国家统计局人口和就业统计司：《中国人口和就业统计年鉴（2017）》. 北京：中国统计出版社，2017。

（三）就业人员在三次产业中的布局

随着我国的经济发展和产业结构调整，第一产业就业人员比例大幅下降，第三产业就业人员比例有较大提高，就业人员在三次产业中的布局日趋优化。第一、第二、第三产业就业人员的比例由 2010 年的 36.7∶28.7∶34.6 变为 2017 年的 27.0∶28.1∶44.9[2]（图 1）。2017 年全国农民工总量 28 652 万人，比上年增加 481 万人，其中外出农民工 17 185 万人。[2]农民工在东部地区以从事制造

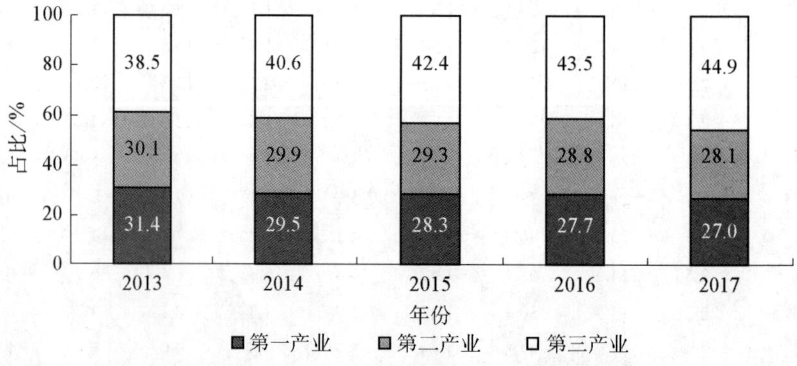

图 1　2013～2017 年全国就业人员产业构成情况

业为主，在中部地区从事建筑业与制造业并重，在西部地区以从事建筑业为主。

（四）专业技术人才总量

从总体上看，近年来专业技术人才总量稳步增加。截至 2015 年年底，我国人才资源总量达 17 490.6 万人，每万人劳动力中研发人员达 48.5 人年/万人，比 2010 年的 33.6 人年/万人提高了 14.9 人年/万人；人力资本投资占国内生产总值的比例达到 15.8%，比 2010 年的 12.0%提高了 3.8 个百分点；人才贡献率达到 33.5%，比 2010 年的 26.6%提高了 6.9 个百分点。其中，专业技术人员总量 7328.1 万人，专业技术人员的高级、中级、初级比例为 10.3∶30.1∶42.9，大专以上学历占专业技术人员的比例为 75.9%。[3]截至 2017 年年底，累计招收培养博士后 18 万多人；我国留学回国人员总数达 313.2 万人，其中 2017 年回国 48.09 万人。全国累计有 2620 万人取得各类专业技术人员资格证书，其中 2017 年全国 1100 多万人报名参加专业技术人员资格考试，257.8 万人取得资格证书。[2]

（五）技能人才总量和质量

截至 2016 年年底，我国有高技能人才 4791 万人，技师 251.2 万人，高级技师 84.5 万人，职业技能鉴定机构 8224 个，职业技能鉴定考评人员 28.28 万人，12 577 万人参加了职业技能鉴定，10 500 万人取得不同等级的职业资格证书。在 2017 年第 44 届世界技能大赛中获得 15 枚金牌，7 枚银牌，8 枚铜牌，12 个优胜奖[4]（表 2）。由此可见，我国的技能人才总量和质量不断提升。

表 2　2011～2017 年世界技能大赛获奖情况

奖项	2011 年	2013 年	2015 年	2017 年
金牌/枚	0	0	5	15
银牌/枚	1	1	6	7
铜牌/枚	0	3	4	8
优胜奖/个	5	13	11	12

（六）妇女平等就业和创业权利

（1）妇女就业规模继续扩大。据测算，2016 年全国女性就业人员占全社会就业人员的比重为 43.1%。其中，城镇单位女性就业人员 6518 万人，比 2010 年增加 1656 万人。

（2）女性专业技术人员持续增加。2016 年，公有制企事业单位中有女性专业技术人员 1480 万人，比 2010 年增加 211 万人，所占比重达 47.8%，提高 2.8 个百分点；其中，高级专业技术人员 161 万人，增加 59.3 万人，所占比重为 38.3%，提高 3 个百分点。

（3）女性参与企业经营管理的比重提高。2016 年，企业董事会中女职工董事占职工董事的比重为 39.9%，企业监事会中女职工监事占职工监事的比重为 40.1%，比 2010 年分别提高 7.2 和 4.9 个百分点；企业职工代表大会中女性代表比重为 28.7%，略低于 2010 年 0.3 个百分点。[5]

（七）城镇劳动者和社区居民科学素质水平

根据第九次中国公民科学素质调查，2015 年我国城镇居民具备科学素质的比例达到 9.72%，是 2010 年的 4.86%的 2 倍，是 2005 年 3.06%的 3 倍多，城镇劳动者的科学素质水平从 2010 年的 4.79%提升到 8.24%。[6]截至 2015 年年底，全国城市社区已经达到 10 万个[7]，社区已经成为为居民提供基础公共服务尤其是科普服务的重要载体和阵地。社区居民科学素质水平增长显著，已进入科学素质提升的快速增长轨道。据统计，截至 2016 年，全国共有面向城镇开展科普工作的科普人员 130.42 万人。[8]2012 年，全国共建设社区科普画廊 4.1 万个、社区科普活动室 4.8 万个、科普图书室 4.6 万个，社区科普画廊总长度 258 万延米。[9]

二、《全民科学素质行动计划纲要（2006—2010—2020 年）》相关工程实施总结评估

（一）主要成效

自《全民科学素质行动计划纲要实施方案（2016—2020 年）》（以下简称

《实施方案》）颁布以来，由人力资源和社会保障部、全国总工会、应急管理部等部门牵头城镇劳动者科学素质提升行动，由文化部、民政部、全国妇联、中国科协等牵头社区科普益民工程，加强工作组织领导，完善工作机制，强化保障条件，加大工作经费投入，落实各项目标任务，城镇劳动者科学素质行动和社区科普益民工程进展顺利，有力提升了城镇劳动者的职业技能和创新能力，全面提升了居民科学素质，为创新型国家建设奠定了基础。对照《实施方案》中提出的措施要求，近三年（2016～2018 年）来的城镇劳动者科学素质行动和社区科普益民工程的主要成效总结如下（评估框架如图 2 所示）。

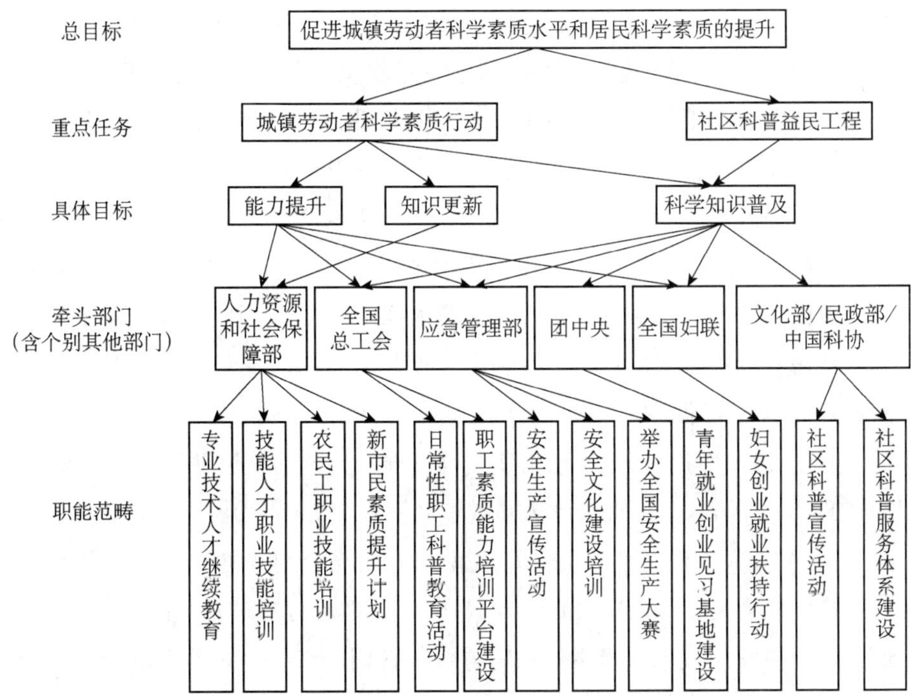

图 2 城镇劳动者科学素质行动和社区科普益民工程主要成效总结评估框架

1. 城镇劳动者科学素质行动的主要成效

（1）深入开展专业技术人员继续教育工作

一是持续推进专业技术人才知识更新工程。近年来，人力资源和社会保障部加强了与财政部、科技部、教育部、中国科学院等部门的协商，成立了由 22 个部门组成的国家专业技术人才知识更新工程指导协调小组，确定了 12

个经济社会发展重点领域和 9 个现代服务业领域的牵头部门。专业技术人才知识更新工程继续推进，以实施专业技术人才知识更新工程为龙头，专业技术人才队伍的整体素质和创新能力全面提升，2016～2018 年共举办 900 期高级研修班，培训高层次专业技术人才 6.3 万人次，开展急需紧缺人才培养培训和岗位培训 359.75 万人次，新建国家级专业技术人员继续教育基地 60 家，总数已达 160 家。[2][10][11]

二是不断加强继续教育基地建设。印发《国家级专业技术人员继续教育基地建设管理办法》《专业技术人才知识更新工程国家级继续教育基地补助经费管理办法》《人力资源社会保障部办公厅关于国家级专业技术人员继续教育基地建设有关问题的通知》，举办国家级专业技术人员继续教育基地管理工作培训班，促进基地交流和资源共享，对基地的建设管理提出要求，建设基地信息发布和工作平台，严格基地管理和经费使用，促进基地交流合作。

三是深入实施少数民族科技骨干特殊培养（以下简称特培）工作。持续开展新疆和西藏特培工作，2016～2018 年共计选拔了 1200 名新疆、360 名西藏少数民族特培学员到新疆、东部地区相关高校、科研院所和企事业单位进行特殊培养和实践锻炼。组织实施了 8 期赴新疆、西藏专家服务团，赴新疆、西藏开展学术交流、技术指导及项目合作等活动。[2][10][11]

四是继续教育立法工作取得实质性进展。为全面推进继续教育制度建设，2015 年 8 月 3 日，《专业技术人员继续教育规定》（人力资源和社会保障部令第 25 号）经人力资源和社会保障部第 70 次部务会讨论通过，2015 年 8 月 13 日正式向社会发布，已于 2015 年 10 月 1 日起施行。这是我国第一部以部令形式颁布的专业技术人员继续教育方面的部门规章，也是当前和今后一个时期做好专业技术人员继续教育工作的基本法规和重要遵循。完善各专业继续教育制度，2018 年 5 月 19 日印发《会计专业技术人员继续教育规定》，制定医学、档案等专业人员继续教育规定。

五是不断加强继续教育基础工作。加强理论研究，优化知识更新工程公共服务平台功能，完善工程综合服务管理网络体系，积极推动专业技术人员“互联网+”继续教育。会同中国继续工程教育协会，积极开展国际交流工作，扩大中国继续教育工作在国际上的影响力。编辑出版知识更新工程公需科目教材。

（2）持续推进技能人才科学素质提升

一是稳步推进高技能人才队伍建设。持续实施国家高技能人才振兴计划，开展国家高技能人才培训基地、国家级技能大师工作室和技师培训项目建设。截至 2018 年 10 月，国家层面已建设 591 个高技能人才培训基地、743 个技能大师工作室[12]，进一步提升了高技能人才培养能力。

二是健全面向全体城乡劳动者的职业培训制度和体系。基本构建了面向城乡全体劳动者的终身职业培训体系，健全了普惠性培训补贴政策。大力开展高校毕业生技能就业行动、农民工职业技能提升计划“春潮行动”、化解过剩产能企业职工特别职业培训计划、返乡农民工创业培训计划、残疾人职业技能提升计划等。开展企业新型学徒制试点，开发国家基本职业培训包，创新“互联网+”培训模式。全国每年开展政府补贴职业培训近 2000 万人次（表 3）。[2][10]2018 年，制定出台推行终身职业技能培训制度，全面推行企业新型学徒制，加强创业培训等政策措施。

表 3　2016 和 2017 年组织完成政府补贴性职业培训情况

培训类型	2016 年	2017 年
政府补贴性培训/万人次	1775	1690
就业技能培训/万人次	959	897
岗位技能提升培训/万人次	551	542
创业培训/万人次	230	219
其他培训/万人次	35	32
各类农民工培训/万人次	913	898
城镇登记失业人员培训/万人次	287	243
城乡未继续升学的应届初高中毕业生培训/万人次	75	64

三是不断增强技工教育实力。出台《关于推进技工院校改革创新的若干意见》《技工教育“十三五”规划》等文件。紧密结合就业和市场需求，构建国家技能人才培养标准化体系，全面进行工学一体化教学改革。深入推进校

企合作，加强专业和师资队伍建设，全面提高技能人才培养质量。全国技工院校每年向社会输送约 100 万名毕业生，就业率一直保持在 97%以上。每年对社会开展各类培训 500 余万人次。截至 2017 年年底，全国共有技工院校 2490 所，在校生 338 万人，当年招生 131 万人[2]，实现招生人数“两连增”。

四是职业技能竞赛工作实现历史性突破。2017 年，组织开展中国上海申办 2021 年第 46 届世界技能大赛工作并成功获得举办权。在第 44 届世界技能大赛上，我国以 15 枚金牌、7 枚银牌、8 枚铜牌、12 个优胜奖的成绩居金牌榜、奖牌榜和团体总分首位，荣获参赛选手最高奖项——阿尔伯特·维达大奖，实现了申办、参赛双丰收。[4]同时，每年组织 60 余项国家级各类竞赛，全国每年有 1000 多万名企业职工和院校学生参加竞赛，技能竞赛的蓬勃开展为加强技能人才培养、选拔和促进优秀人才脱颖而出发挥了重要作用。

五是创新宣传形式，弘扬工匠精神，营造良好的社会环境。将培育和弘扬工匠精神贯穿人才工作全过程，作为人才培养评价的重要内容。推进工匠精神进学校、进课堂、进企业、进车间。加大技能人才宣传力度，举办以“新时代、新技能、新梦想”为主题的世界技能大赛先进事迹巡回报告会，组织开展技能中国行、“走基层、技校行”、世界青年技能日等宣传活动，与央视开办“中国大能手”栏目，举办“匠心筑梦”大型技能综艺晚会，开设“技能中国”“世赛中国”微信公众号，营造尊重技能、崇尚技能的良好社会氛围。

六是技能扶贫助推三大攻坚战。开展深度贫困地区技能扶贫行动和技能脱贫千校行动，全面推动技能扶贫工作。2018 年 1～8 月，已开展贫困劳动力培训 115 万人次，在全国技工院校共招收建档立卡贫困家庭子女 2.26 万人。加大定点帮扶安徽金寨、江西宁都工作力度，协调 11 家院校和多家企业结对帮扶。在中央人民广播电台推出“技能脱贫”“技能成才”等主题的公益报时。

（3）大力开展农民工职业技能培训

一是加强农民工职业技能培训统筹管理。落实《国务院办公厅关于进一步做好农民工培训工作的指导意见》《国务院关于进一步做好为农民工服务工作的意见》等文件精神，国务院农民工办会同人社、科技、教育、住建、农业、扶贫、工青妇等部门（单位）编制年度农民工职业技能培训综合计划，不断加大农民工职业技能培训力度。

二是以“春潮行动”为抓手全面提升农民工职业技能。2014年以来，人力资源和社会保障部在全国组织开展农民工职业技能提升计划——“春潮行动”，专门面向农村转移就业劳动者开展就业技能、岗位技能提升和创业等职业培训，提升农民工就业创业能力，促进农民工就业。全国每年开展各类农民工培训约900万人次。2016年，人力资源和社会保障部等部门实施农民工等人员返乡创业培训五年行动计划（2016—2020年），针对农民工等人员返乡创业培训需求，大力开展创业培训，促进以创业带动就业。2017年，人力资源和社会保障部门开展农民工就业技能培训589万人次、岗位技能提升培训236万人次、创业培训76万人次。[2]

三是引导企业开展职业技能培训。人力资源和社会保障部、财政部印发的《关于开展企业新型学徒制试点工作的通知》和国务院印发的《关于推行终身职业技能培训制度的意见》等文件，进一步完善了职业培训补贴政策，引导企业参与农民工职业技能培训。各地充分发挥企业主体作用，落实支持企业开展职工培训的各项政策，全面推行“招工即招生、入企即入校、企校双师联合培养”的企业新型学徒制度，对企业新招用和转岗的技能岗位人员进行系统培训。

四是积极开展新市民素质提升培训。围绕城镇化进程的要求，人力资源和社会保障部不断提高进城务工人员的职业技能水平和适应城市生活的能力。针对已在城镇落户或稳定就业的农业转移劳动力组织开展新市民培训，提升农民工融入城市生活所必需的综合素质，增强他们对城市发展的认同感、归属感和责任感，使农民工稳定融入城市，促进社会融合与和谐稳定，以适应城镇化和户籍制度改革进程中农民工市民化的发展趋势。

五是加强家庭服务从业人员培训。落实《国务院办公厅关于发展家庭服务业的指导意见》，多渠道开展家庭服务从业人员职业培训。组织专家编写家庭服务员职业资格标准培训教程，开发了基础知识、初级、中级、高级、技师5本教材。自2015年起，人力资源和社会保障部会同民政部、全国妇联实施巾帼家政、养老护理员专项培训工程，努力提高家庭服务从业人员的技能水平。

六是加强农民工职业安全卫生知识培训。各级安监部门加强农民工安全生产教育培训，坚持先培训后上岗、持证上岗，农民工安全知识培训人次不断增加。各级卫生部门以“关爱农民工职业健康”为主题，开展系列活动，普及职业卫生知识。

（4）有力实施职工队伍素质建设工程

一是发挥工会“大学校”作用，落实职工素质建设工程五年规划。截至 2018 年，职工书屋建设已有十周年，围绕把职工书屋建设成为广大职工“岗位学习、岗位成才”的重要园地、企业职工文化建设的重要载体、新时代工会工作的重要阵地的目标定位，全国总工会不断创新建设举措，大力推动实体书屋、电子书屋同步并行发展，不断扩大职工书屋的覆盖面。目前，全国已建成职工书屋 11 万余家，覆盖、服务一线职工、农民工人数超过 6000 万。

二是深化劳动和技能竞赛。全国总工会以“当好主人翁、建功新时代”为主题，结合国家重大战略、重大工程、重大项目、重点产业，突出时代特征、区域特色、行业特性、单位特点，广泛深入持久开展多种形式的劳动和技能竞赛，拓展技术革新、技术协作、发明创造、合理化建议、网上练兵等群众性经济技术创新活动，为推动经济高质量发展、建设现代化经济体系做出更大贡献。

三是扎实推进产业工人素质建设。认真贯彻党中央关于产业工人队伍建设改革的决策部署，全国总工会切实履行牵头抓总、统筹协调职责，积极主动与相关部门搞好沟通协商、分类指导、督促检查，压紧压实改革责任，推进政策衔接和落地，大规模开展职业技能培训，加快建设一支宏大的知识型、技能型、创新型产业工人大军。围绕职工素质建设，从顶层设计层面出台了《全国职工素质建设工程五年规划（2015—2019 年）》《中华全国总工会关于充分发挥工会在建设知识型、技术型、创新型技术工人队伍中作用的意见》，为各级工会提供了操作性极强的“提素”路径的同时，也明确了一个个量化指标。

四是弘扬劳模精神、劳动精神、工匠精神。在我国革命、建设、改革的伟大历史进程中，工人阶级锻造了爱岗敬业、争创一流，艰苦奋斗、勇于创新，淡泊名利、甘于奉献的劳模精神，积淀了刻苦钻研、精益求精、追求卓越、创造一流的职业素养，诠释了伟大民族精神，是我国极为宝贵的精神财富。全国总工会大力宣传劳动模范、大国工匠的先进事迹，发挥劳动模范、大国工匠的示范带动作用，积极营造劳动光荣的社会风尚和精益求精的敬业风气，让诚实劳动、勤勉工作蔚然成风，引导广大职工以劳动创造托起中国梦。

五是坚持以社会主义核心价值观引领职工。深化“中国梦·劳动美”主题宣传教育，运用生活化的场景、日常化的活动、具体化的载体，加强以职业道德为重点的“四德”（社会公德、职业道德、家庭美德、个人品德）建设，培育担当民族复兴大任的时代新人，引导广大职工坚定不移地听党话、跟党走，成为党执政的坚实依靠力量、强大支持力量和深厚社会基础。

六是加强职工文化建设。充分发挥工会院校、报刊、文化宫、职工书屋等文化阵地作用，运用职工喜欢和熟悉的话语，多提供思想精深、制作精良的文化产品，打造健康文明、昂扬向上、全员参与的职工文化，大力弘扬伟大民族精神和中华优秀传统文化，深化群众性精神文明创建活动。

七是强化网上工会工作。当前，互联网越来越成为人们学习、工作、生活的新空间和获取公共服务的新平台，工会的工作也要做到网上去。强化互联网思维，走好网上群众路线，加强网上工作力量，推动工会系统互联网内容和舆论阵地建设，增强传播力、引导力、影响力，坚守舆论阵地、敢于发声亮剑，弘扬主旋律、凝聚正能量，牢牢掌握意识形态工作主动权。

（5）努力营造安全生产的文化氛围

一是健全安全宣传教育体系。将安全生产监督管理纳入各级党政领导干部培训内容。把安全知识普及纳入国民教育，建立完善中小学安全教育和高危行业职业安全教育体系。把安全生产纳入农民工技能培训内容。严格落实企业安全教育培训制度，切实做到先培训、后上岗。推进安全文化建设，加强警示教育，强化全民安全意识和法治意识。

二是深入开展《中华人民共和国安全生产法》（以下简称《安全生产法》）宣传周活动，扎实推进安全生产法制建设。2014 年 12 月 1 日新修订的《安全生产法》颁布实施，以习近平新时代中国特色社会主义思想为指导，充分体现了以人为本、生命至上、安全第一的思想，体现了全面依法治国的要求，其颁布实施是安全生产战线的一个重要里程碑。为了进一步推动《安全生产法》的贯彻落实，进一步加大依法治安的力度，国务院安全生产委员会决定将每年 12 月的第一周，也就是 1～7 日定为《安全生产法》宣传周，通过大力宣传安全生产法律法规，营造遵法、学法、懂法、用法的安全生产法治氛围，为推进安全生产创造良好的法治环境，推动安全生产再上新台阶，维护人民群众的生命财产安全。

三是在全国开展“安全生产月”和“安全生产万里行”活动。以增强全民应急意识、提升公众安全素质、提高防灾减灾救灾能力、遏制重特大安全事故为目标，以强化安全红线意识、落实安全责任、推进依法治理、深化专项整治、深化改革创新等为重点内容，切实推动安全文化进企业、进学校、进机关、进社区、进农村、进家庭、进公共场所，在全社会营造参与安全发展的良好舆论氛围。

（6）推动新时代中国青年发展迈上新台阶

一是以贯彻落实《中长期青年发展规划（2016—2025 年）》为主线。聚焦青年发展中的突出矛盾与紧迫需求，不断优化完善政策环境、制度环境、社会环境，推动形成全社会关心、支持青年发展的良好社会氛围。

二是将服务青年创新创业作为共青团工作重点。共青团推出了“创青春”中国青年创新创业大赛、青年创业园区、青年创业小额贷款、农村青年致富带头人培养计划、大学生创业引领计划等一系列服务青年创新创业的工作项目，着力培养与强化青年的创业精神和创业观念，加大项目推介力度，完善创业导师制度，强化金融扶持，壮大创业基金，帮助大学生、城市失业青年、农村青年、进城务工青年等群体提升创新创业能力，投身“大众创业、万众创新”。

三是多措并举提高青年创业就业能力。第一，开发青年创业课程。根据青年的信息获取和阅读习惯，贴近市场规律、创业实务、青年特点，研发青年创业慕课（MOOC）、教材、网络教程。第二，在 1200 所高校开展大学生 KAB 创业教育，建设创业教育师资队伍，完善创业模块培训、创业案例教学和创业实务训练等培训方式。[13]第三，举办青年创业讲坛。邀请党政领导、专家学者、企业家举办创业公开课，解读创业政策，传授创业知识，分享创业经历，为青年创业释疑解惑。第四，实施青年创业就业见习基地项目。抓住青年职业技能实训这一关键环节，与企业合作开发创业见习岗位，为青年提供一线实践机会，选树青年创业典型。第五，开展中国青年创业奖、农村青年致富带头人等评选活动，宣传青年身边的创业典型，帮助青年增强创业意识，激发创业热情。据统计，在信息技术服务业、文体娱乐业、科技服务业等以创新创意为核心竞争力的行业中，青年均占从业者的一半以上。[14]

（7）积极推动妇女创业就业扶持行动

一是深入开展妇女创新创业培训。广泛开展巾帼脱贫行动、乡村振兴巾帼行动、创业创新巾帼行动、巾帼文明岗创建等活动，帮助妇女提升综合素质和竞争力，注重在各行各业培育一批女性能手、骨干和带头人，努力为城乡妇女参与发展、干事创业搭建平台，最大限度地调动妇女的积极性、主动性和创造性。自 2015 年起，全国妇联和各级妇联组织在广大妇女中广泛开展创业创新巾帼行动，着力提升妇女的创业创新能力。2016～2017 年，各级妇联累计开展妇女创业创新培训 552 万人次，竞赛 2800 多场[15]，为女性创业创新提供有力支持，通过这些活动，着力提升妇女创业创新意识和能力。针对部分女性创业创新意识不强、能力不足问题，全国各级妇联深入开展宣传培训和竞赛活动，激励妇女树立“四自”（自尊、自信、自立、自强）精神，提升意识和能力。全国妇联协调阿里巴巴、海尔集团、义乌工商学院等企业院校，开展巾帼电商骨干培训，开阔女性视野，增强实战经验。

二是大力建设妇女创业创新服务平台。据统计，在经济领域，2016 年全国女性就业人员占全社会就业人员的比重为 43.1%，其中女企业家约占企业家总数的 25%，互联网领域创业者中女性约占 55%。[16]2016～2017 年，全国妇联通过直接和间接支持妇女以独立创建、合作共建、牵头领办等方式，创建女性众创空间、双创孵化器等女性服务平台 3000 多个，引导女性紧跟时代步伐，抱团发展。全国妇联投入 1700 万元，创建全国巾帼脱贫示范基地 336 个，引导妇女创办、领办家庭农场、农家乐 30 多万个，培养巾帼电商带头人 10 万多名。[16]通过这些举措，示范带动 400 多万名农村妇女、91 万贫困妇女通过发展电商、农家乐、手工编织等产业，实现创业增收、脱贫致富。

2. 社区科普益民工程的主要成效

社区科普益民工程作为一项基础性的社会工程，得到了党和政府的高度重视，以及有关部门的大力支持和配合，大联合大协作的局面已经初步形成。

（1）与社区服务和治理体系同步推进

2017 年出台的《中共中央 国务院关于加强和完善城乡社区治理的意见》《城乡社区服务体系建设规划（2016—2020 年）》，将社区科普工作纳入城乡社区服务体系建设内容和城乡社区治理现代化总体部署，同步推进实施。截至 2017 年年底，全国共有各类社区服务机构和设施 40.7 万个，其中城镇社区服务指导中心 613 个，城镇社区服务中心 1.5 万个，城镇社区服务站 6.8 万个，其他社区服务设施 11.3 万个，城市社区服务中心（站）覆盖率 78.6%，社区志愿服务组织 9.6 万个。[17]

（2）深入实施文化共享工程

文化共享工程是文化部、财政部于 2002 年共同组织实施的一项国家重大文化惠民工程，经过十几年的建设和发展，积累了丰富的公共数字文化服务经验和技术应用基础，对于实现社区科普益民工程设施资源共享潜力巨大。截至 2016 年年底，文化共享工程已建成 1 个国家中心，33 个省级分中心，333 个地市级支中心，2843 个市县支中心，31 377 个乡镇基层服务点，与中央组织部全国党员干部现代远程教育网联建 70 余万个村（社区）基层服务点，全国已建成公共电子阅览室 55 918 个，其中乡镇 31 377 个，街道 4146 个，社区 17 176 个。截至 2017 年年底，文化共享工程数字资源总库的资源量达到 730TB，其中发展中心本级达到 90.27TB，内容包括舞台演出、知识讲座、影视作品、惠农资源、生活服务资源、少儿资源等，少数民族语言资源涉及藏语、蒙古语、维吾尔语、哈萨克语、朝鲜语 5 种语言。[18]

（3）扎实推进科学技术普及活动

深入实施《中华人民共和国科学技术普及法》，各级科协和两级学会扎实推进形式多样的科学技术普及活动，组织专家进行通俗化讲解，促进公众理解科学、支持创新、参与创业实践。2017 年，各级科协和两级学会举办科普宣讲活动①76.6 万场次，其中院士科普报告会 1978 场次，专题展览 13 790 场

① 科普宣讲活动是指各级科协和两级学会单独或牵头组织的单次或系列化，以报告会、广播、电视、报刊、网络或其他形式举办的科普讲座和报告，以陈列实物、展示图片等形式举办的各类科普展览，以及相关专业专家组成智力团体，向社会和公众提供的智力服务等。

次，流动科技馆巡展 6410 场次，科技咨询 31 869 场次。科普宣讲活动受众 17.1 亿人次，其中流动科技馆巡展受众人数 6411.3 万人次。举办实用技术培训 3.7 万次，接受培训人数 2093.3 万人次。推广新技术新品种 12 810 项。参加各类科普活动的科技人员 470.9 万人次，其中专家人数 44.4 万人次。参加各类科普活动的学会、协会、研究会 13.1 万个次。各类科普活动覆盖社区 10.8 万个次。[19]

（4）针对重点群体开展针对性强的公益活动

针对重点社区群体开展丰富多彩的科普活动，不断创新活动形式，充实活动内容，面向未成年人、老年人开展针对性强、趣味性高的公益活动。据统计，2017 年，科技馆接待参观人数 6097.1 万人次，其中少年儿童参观人数 3523.5 万人次。[19]截至 2017 年年底，全国 60 周岁及以上老年人口 24 090 万人，占总人口的 17.3%，其中 65 周岁及以上老年人口 15 831 万人，占总人口的 11.4%。全国共有老年学校 4.9 万个、在校学习人员 704.0 万人，各类老年活动室 35.0 万个。[17]

（5）鼓励社会各界发挥自身特色优势

全面贯彻落实创新驱动发展战略，针对社区居民多样化的科技需求，广泛开展大众创新创业活动和常态化群众性科技活动，提高社区居民的科学意识和科学素养，激发全社会的创新创业活力。

一是宣传科技创新成果。通过展示与人民生活相关的科技创新成就，大众创业、万众创新成果，优秀创新人才团队和创业企业，振奋人心的国防科技成就，彰显我国科技创新和科普事业发展水平。

二是倡导科学生活方式。宣传《中国公民科学素质基准》，倡导科学生活方式，提升公众科学素养、生活质量和健康水平，使用准确严谨、通俗易懂的科学语言，开展形式多样、活泼有趣的科普活动。

三是开放优质科技资源。推进国家大科学装置、重大科学工程、国家（重点）实验室等国家高端科技资源向社会开放；各类科研机构、大学向社会开放成为常态；高新技术企业和科技园区向社会开放，促进高新技术产品的普及应用；各类科普场馆、科普基地向社会开放，满足广大社区居民对科技的迫切需求。

(6) 不断完善社区科普机构和设施建设

近年来，国家不断加大科普机构和设施的建设投入，截至 2017 年年底，各级科协拥有所有权或使用权的科技馆 867 个。总建筑面积 498.9 万平方米，展厅面积 194.0 万平方米。其中，建筑面积 8000 平方米以上的科技馆 129 个，已实行免费开放的科技馆 776 个。科普活动站（中心、室）5.6 万个，全年参加活动（培训）人数 4038.8 万人次。科普画廊建筑面积（宣传栏、宣传橱窗）251.4 万平方米，全年展示面积 450.3 万平方米。中国科协命名的全国科普教育基地 1193 个，全年参观人数 2.6 亿人次。省级科协命名的省级科普教育基地 4366 个，全年参观人数 3.3 亿人次。各级科协命名的科普示范县（市、区）1241 个，省级及以下科协命名的科普示范街道（乡镇）7846 个，科普示范社区（村）31 551 个[19]（图 3）。

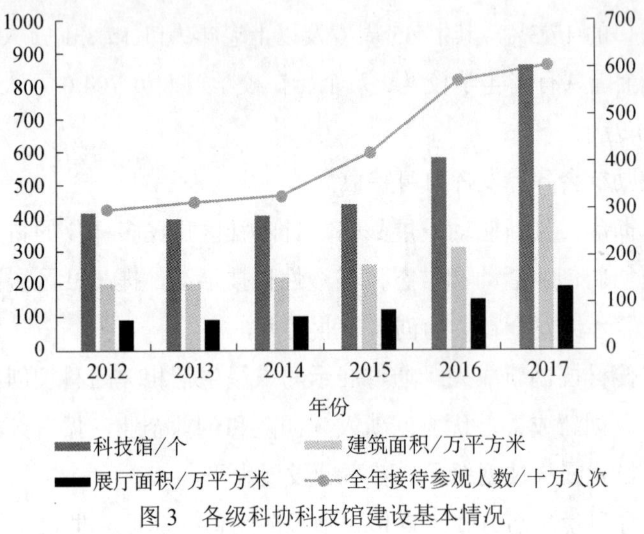

图 3 各级科协科技馆建设基本情况

（二）基本经验

1. 城镇劳动者科学素质行动经验总结

(1) 必须坚持以高质量就业和充分就业为中心

城镇劳动者最大的特点就是具有职业属性。科学素质主要体现在他们掌握的职业知识、职业技能、职业能力、职业价值观等方面。党的十九大报告提出："就业是最大的民生。要坚持就业优先战略和积极就业政策，实现更高质量和更充分就业。”城镇劳动者科学素质提升行动基本都是以充分就业和高质量就业为中心开展的各类职业培训，如化解过剩产能企业职工特别职业培训计划、农民工职业技能提升计划“春潮行动”、返乡创业培训行动计划、残疾人职业技能提升计划等。

（2）必须坚持以职业发展为导向

城镇劳动者科学素质提升活动通常都是立足岗位，紧紧围绕岗位能力素质的需求和提升，通过职业培训、继续教育、技能竞赛、导师带徒、宣传引导等多种方式进行。例如，开展农民工职业技能培训、实施专业技术人才知识更新工程、参加世界技能大赛、实行企业新型学徒制、开发《工匠精神读本》、面向在校生和未升学毕业生提供多种形式的职业发展辅导等。所有这些以职业发展为导向的培训形式，对城镇劳动者素质提升发挥了重要作用。

（3）必须坚持各职能部门的共同参与

城镇劳动者科学素质的提升活动涉及人力资源和社会保障部、全国总工会、国家安全生产监督管理总局、共青团中央、全国妇联等多个部门，在城镇劳动者素质提升行动中，各部门必须紧紧围绕各自的职能任务积极开展城镇劳动者科学素质提升活动。比如，人力资源和社会保障部开展的各类职业技能培训计划、全国总工会开展的全国职工素质建设工程、国家安全生产监督管理总局建立的企业安全教育培训制度、共青团中央开展的大学生 KAB 创业教育、全国妇联开展的创业创新巾帼行动等，从而形成了城镇劳动者科学素质提升的合力。

（4）必须坚持制度化和平台化建设

经过十多年的努力，城镇劳动者科学素质行动计划已经初现制度化和平台化效应，在相关立法、职业培训项目、实训基地建设、网络教育平台建设等方面均有突破性进展。以专业技术人员为例，人力资源和社会保障部 2015 年以部令形式颁布了第一部专业技术人员继续教育方面的部门规章《专业技术人员继续教育规定》，围绕专业技术人员知识更新工程制定了一系列政策措施，国家级专业技术人员继续教育基地的建设已经初具规模，知识更新工程公共服务平台逐步完善。

2. 社区科普益民工程经验总结

（1）必须坚持依托各方力量

社区具有系统性、社会性、地缘性、趋同性、群众性等，社区科普需要整合和配置社区资源的优势和作用，依托各方面力量，通过共建共享，才能开展行之有效的社区科普活动，并满足社区居民的各种科普需求。在各级政府部门推动下，经过多年探索，积极推动驻区学校、科研院所、企业、科技社团、科普场馆、科普教育基地等相关社会单位开发开放科普资源，支持和参与社区科普工作。同时充分发挥党员先锋岗、工人先锋岗、青年文明岗、巾帼文明岗，以及在社区有影响和号召力人士的带动作用，在全社会初步形成政府推动、社会支持、居民参与的社区科普格局。

（2）必须坚持与公共文化服务有效融合

2014 年，国家公共文化服务体系建设协调组成立，文化部承担国家公共文化服务体系建设协调组办公室日常工作，中国科协承担推动科学知识普及与公共文化服务的有机融合工作，共同提升居民科学素质，促进科技和文化有效融合。社区科普在现实实践中无法与社区教育、社区文化、社区治理等剥离开。现代公共文化服务体系由图书馆体系、文化馆体系、博物馆体系、美术馆体系、数字文化体系五大支柱体系构成，在这五大体系中，科普资源开发空间十分广阔。越是沉到基层，这些公共文化服务机构和社区科普益民工程的实施机构的重合程度越高，存在人员、资源混用的事实和可能性。

（3）必须坚持社区科普组织建设

社区科普组织是持续有效开展社区科普工作的组织者和承担者。各地把社区科普组织建设作为社区科普工作的重要内容，采取资源共享、合作共赢等多种方式，依托社区内外科技工作者、老教师、老专家等人员，健全街道科协、科普协会和社区科普小组等网络组织，建立社区科普宣传员和科普志愿者队伍，不断增强社区科普力量。

（4）必须坚持科普内容和形式的创新

科普的内容和形式是能否实现科普目的的重要载体。不同层次的社区居民对科普的内容和形式要求是不同的，社区科普活动内容和形式要充分考虑广大居民的需要，面向未成年人、城镇劳动者、老年人提供符合其自身特点的科普信息。开展活动既要注意家庭因素，又要考虑社区特点；既要注意文化层次，又要考虑年龄结构；既要注意居民参与，又要考虑居民要求；既要组织节庆和时令活动，又要坚持日常性活动；既要注意现有基础，又要考虑如何不断提高品位档次。在开展科普工作的过程中，不但要让他们掌握科学技术知识，而且要让他们了解科学方法、科学精神、科学发展的历史，以及科学对社会的影响，吸收更多的居民参与进来，从单向传授向互动学习转变。

（三）突出问题

1. 城镇劳动者科学素质行动面临的突出问题

（1）对城镇劳动者科学素质的认识还不到位

整体上看，舆论宣传作用发挥不足，公众对提高城镇劳动者科学素质的重要意义认识不够，对城镇劳动者科学素质内涵没有清晰的理解和把握。这主要体现在科研、教育（培训）与产业之间没有很好地形成关联，科技研发人员、教育教学人员和产业技术（技能）人员之间尚未实现良性互动，从而使得科技创新的力量和科技实现的力量不能形成推动生产发展的更强劲的合力。

（2）城镇劳动者科学素质提升内容和形式单一

在城镇劳动者素质的实际提升活动中，从形式上看，相对单一[20]，主要以各种形式的培训为主；从内容上看，多重视文化知识而忽视能力素质，重视职业技能而忽视职业素养，重视就业技能而忽视创新发展能力；从离校后知识积累与在校知识积累的关联性看，在校的知识积累属于学历教育范畴，而离校后的知识积累属于继续教育范畴，从目前的情况看，二者并未纳入统一的标准框架内，导致学历教育管理与继续教育管理“双轨”并行，从而不利于劳动者持续的知识积累和能力提升。

（3）互联网与新媒体等信息技术手段的应用不足

随着现代信息技术的发展和互联网的普及，互联网等宣传媒介已成为城镇劳动者较为认可的获取科技信息的重要渠道。[21]但从目前的宣传效果看，这些新媒体的宣传优势没有有效发挥。同时，随着公众利用网络获取科技信息比例的提升，对数字化科学知识库和共享交流平台的开发力度明显滞后。

（4）评估体系及其结构调整机制尚不完善

目前的调查指标出自各部门相关业务，尚未建立专门的调查指标体系，对城镇劳动者的科学素质发展难以进行有针对性的量化追踪。由于行业主管部门和行业组织作用发挥不足，目前还不能结合产业结构调整状况、劳动者职业培训的实际需求、社会培训资源等多个因素，对城镇劳动者科学素质的结构进行适时调整，使得城镇劳动者的科学素质不能满足新时代提出的新要求。

（5）各部门协调统筹的机制尚未形成

城镇劳动者科学素质行动是一项复杂的系统工程，具有很强的专业性、社会性和广泛性，涉及部门多，人员杂，必须建立有效的机制，整合资源，形成合力。但目前丰富的科技、科普资源有待充分发掘利用，科普与科技、科普与人才、科普与教育、科普与培训等尚未实现有机结合与互动，城镇劳动者科学素质建设的各部门力量有待进一步整合，各部门之间的综合协调机制有待进一步建立，这就使得城镇劳动者科学素质行动实施的工作支撑明显不足。

（6）引导社会力量广泛参与的机制尚未建立

城镇劳动者科学素质的提升不仅需要政府的参与，更需要企业、事业单位、社会团体等社会力量的共同努力。而目前我国教育培训的主体仍以政府公共资源为主，企业、事业单位的主体作用发挥不够。从经费投入来源看，仍以国家财政为主，引导社会组织、企事业单位加大持续性投入力度明显不足。虽然我国从1981年开始就有一个政策规定职工工资的1.5%用于职工培训，但这个规定在国有大型企业执行得还比较好，而在大量的中小企业包括私营企业基本没有执行。

2. 社区科普益民工程面临的突出问题

（1）对社区科普益民工程的理解还不到位

社会各界对社区科普目标并没有统一认识。社区科普内容被片面理解，表现为过于狭隘和宽泛两方面。在城镇社区，有的对科普内容的理解大多显得过于宽泛，从唱歌、跳舞到书法、绘画，从健身的太极拳到编织的手工艺，几乎无所不包；有的社区科普工作仅把养生保健、食品安全等基本生活知识作为社区科普的主要内容，缺少对科学精神、科学思想、科学方法的弘扬和传播，需要在知识维度、技术维度和价值维度对社区科普益民工程有整体性认识。现阶段，社区科普仍停留在向社区居民灌输和普及医疗保健、营养膳食等科学知识层面，目的是使其更好地掌握生活技能和生活方法。但是随着社会经济的发展和科学技术的不断进步，科普的内涵发生了很大变化，在普及科学技术知识的同时，科普更重要的作用是使居民能够适应社会发展，形成科学精神、科学态度和价值观。

（2）社区科普益民工程的工作机制有待改进

一是社区科普工作缺乏顶层设计。科普活动缺乏顶层设计和规划，分散、临时性特点比较突出，各级组织在开展社区科普工作中往往只满足于上级安排，如科技活动周、全国科普日、科教进社区、文明城市创建等工作，平时主动思考、主动谋划的意识不强，过多地依靠基层社区自主工作，重大活动往往“时间过，任务完”。二是居民委员会等基层实施单位的组织地位不突出。在现行体制下，社区科普更多的是政府及其他科普组织自上而下、自外而内地进行，社区居委会在科普工作中处于弱势地位，并没有成为社区科普的组织者，更多的是扮演配合者角色。三是管理体制、制度和利益因素，导致各单位科普资源分隔、共享程度低，科普资源共享的扩大、推广存在一定难度。

（3）社区科普服务能力仍然薄弱

随着社会进步和人们生活水平的提高，公众对科学文化的需求越来越多，要求也越来越高，而社区科普在工作理念、设施条件、活动形式、资金投入等方面还不能适应现代科普发展的需要。调研发现，多数社区科普工作理念缺乏创新，多年延续老办法；科普设施仍以传统的科普宣传栏、科普画廊、阅览室为主，更新不及时，现代信息技术在社区科普中的应用还不充分；科普活动形式单一，很多社区科普活动以灌输式的科普讲座、生活技能培训、科普展览等为主，枯燥乏味，缺乏良性互动，不能充分调动社区居民参与科普的积极性，也使得居民在参与过程中大多是浅尝辄止，没有对其中蕴含的科学文化、科学知识进行探索、研究；科普资源缺少互联互通和高效配置，“碎片化”“孤岛”现象普遍存在，难以有效提供更多、更好的科普公共服务。

（4）社区科普益民工程的共享程度不足

共建共享涉及的单位众多，科普工作在各单位的地位不尽一致，因此各单位的利益诉求不一致，导致一些单位的共享意愿不强烈。当前，即使在科普资源比较集中丰富的某些部门，由于科普工作并不是其主要任务，其对科普资源共建共享需求的重视不够，很多人对科普资源共建共享的认识就显得相当模糊，如将“共建共享”这个特定术语中的“共享”与面向公众的“共享”混为一谈，或者把日常的科普活动当作共建共享。认识上的误区，直接干扰了科普资源共建共享的工作思路。

（5）社区科普与公共文化服务体系未能有效融合

就顶层设计而言，按照十八届三中全会关于构建现代公共文化服务体系决定的要求，应该依托国家公共文化服务体系建设协调组，统筹推进，将文化共享工程基层服务网络建成综合文化服务中心必然要求有效融合社区科普益民工程的建设职能。但是，目前文化部会同中国科协尚未出台有关发展规划，明确拓展文化共享工程基层服务网络的社区科普益民工程的交叉职能，科协系统也未能提供必要的经费支持与项目扶持，建立业务职能融合发展机制，实现融合发展。未能依据科技部、财政部印发的《科技惠民计划管理办法（试行）》要求，有效依托文化共享工程遍布全国的基层服务网络优势，采取基层文化部门与科技部门联合申报方式，在文化共享工程基层服务网络落地一批科技惠民项目，突出民生科技成果转化应用，广泛动员基层群众参与、体验科技惠民项目。

（6）社区科普益民工程的民众参与度不高

社区科普的原始推动力应该是社区居民的科学需求，居委会和科普机构提供科普服务，而现在社区科普中普遍存在居民完全被动接受的“居民客体化”现象。科普机构无视居民需求，想当然地开展一些自认为有必要的信息、知识传播普及活动。这种现象更像是社区居委会与科普机构之间的双向互动，和居民没有什么关系。这种带有主观性、强制性的科普活动，往往在开始时轰轰烈烈，过程中零零星星，结束时冷冷清清，造成资源浪费且收效甚微。

三、形势任务

党的十九大高举中国特色社会主义伟大旗帜，做出中国特色社会主义进入了新时代等一系列重大政治论断，明确把习近平新时代中国特色社会主义思想确立为我们党必须长期坚持的指导思想，描绘了决胜全面建成小康社会、夺取新时代中国特色社会主义伟大胜利的宏伟蓝图，为新时代城镇劳动者和社区居民科学素质建设指明了方向。

（一）决胜全面建成小康社会的客观要求

党的十九大提出，中国特色社会主义进入新时代，这是决胜全面建成小康社会、进而全面建设社会主义现代化强国的时代。我国社会主要矛盾已经转化为人民日益增长的美好生活需要和不平衡不充分的发展之间的矛盾。实现全面建成小康社会的战略目标，关键要依靠科技进步和提高劳动者素质，建设知识型、技能型、创新型劳动者大军，弘扬劳模精神和工匠精神，营造劳动光荣的社会风尚和精益求精的敬业风气。因此，提高城镇劳动人口科学素质，面对更多劳动者普及科学技术知识，推广科学方法，弘扬科学思想，充分激发全社会的创新热情和创造活力，是深化供给侧结构性改革的重要环节，是全面建成小康社会的迫切需要。

（二）推动经济高质量发展的客观要求

党的十九大报告提出，要推动经济发展质量变革、效率变革、动力变革，提高全要素生产率。2017 年中央经济工作会议指出，我国经济已由高速增长阶段转向高质量发展阶段的新时代。推动高质量发展，是当前和今后一个时期确定发展思路、制定经济政策、实施宏观调控的根本要求，必须创建和完善制度环境，推进我国经济在实现高质量发展上不断取得新进展。因此，必须统筹推进经济建设、政治建设、文化建设、社会建设、生态文明建设“五位一体”总体布局和协调推进全面建成小康社会、全面深化改革、全面依法治国、全面从严治党“四个全面”战略布局，坚持以供给侧结构性改革为主线，统筹推进稳增长、促改革、调结构、惠民生、防风险各项工作，这其中要更多地依靠人力资本质量提升和科技进步。

（三）建设世界科技强国的客观要求

习近平总书记在 2016 年 5 月 30 日召开的全国科技创新大会、中国科学院第十八次院士大会和中国工程院第十三次院士大会、中国科协第九次全国代表大会上指出：党中央今年颁布的《国家创新驱动发展战略纲要》明确，我国科技事业发展的目标是，到2020年时使我国进入创新型国家行列，到2030年时使我国进入创新型国家前列，到新中国成立 100 年时使我国成为世界科技强国。在创新驱动的诸多要素中，人才特别是科学家、科技人才、企业家和技能人才等创新型人才是建设科技强国的主力军。据统计，2015 年，我国科技人力资源总量达到 7915 万人，其中大学本科及以上学历的科技人力资源总量为 3421 万人[22]，相当于美国的科学家工程师数量[23]，工程师队伍规模不断扩大。但从工程师质量看，我国能适应全球化要求的合格工程师数量仍不足工程师总量的 10%，与印度相比有很大差距（合格工程师占 70%）[24]；我国工程师的产值仅为美国工程师的 1/16、德国工程师的 1/13。[25]这也从深层次揭示出我国科技人才队伍在创新能力、成果转化能力和全球化能力等方面仍存在一定滞后。而解决这些问题的关键在于进一步树立终身学习的理念，提高各类人才的科学素质和创新创业能力。

（四）深化供给侧结构性改革

建设现代化经济体系，必须把发展经济的着力点放在实体经济上，把提高供给体系质量作为主攻方向。在建设制造强国过程中，必须引导技术、人才（尤其是高技能人才）、劳动力、资本等生产要素发挥叠加效应，协同投向实体经济特别是先进制造业。从总体上看，当前技能劳动者占从业人员的比例不足 13%，仅为城镇从业人员的 1/3，技师、高级技师占技能劳动者总量的比例仅为 4.8%。从近年来我国劳动力市场需求来看，技能劳动者的求人倍率

（岗位数与求职人数之比）一直在 1.5∶1 以上，高级技工的求人倍率甚至达到 2∶1 以上[26]。调查显示，我国制造业发展急需的技能人才普遍缺乏，全国技工的供需缺口在 2200 万～3300 万。从劳动力市场供给来看，技能劳动力短缺、职业素质偏低现象明显，城镇劳动者的技能水平还不能跟上经济发展的需求。

（五）发展新型城镇化的客观要求

近年来，我国城镇化进程的推进，以及以城市群为主体的大中小城市和小城镇协调发展的城镇格局的构建，在一定程度上加快了农业转移人口市民化，城镇人口占全国总人口的比重越来越大。据统计，2016 年我国常住人口城镇化率为 57.35%，每年增长约 1.2 个百分点，8000 多万农业转移人口成为城镇居民，城镇新增就业年均 1300 万人以上，这标志着我国已进入了以城市社会为主的新成长阶段。这种新型城镇化，不再片面追求城市规模扩大、空间扩张，而是人的城镇化，它意味着人们的生产方式、职业结构、消费行为、生活方式、价值观念都将发生极其深刻的变化，并通过提高城镇人口素质和居民生活质量，推进农业转移人口市民化，其中提高人的科学素质是当前和今后一个时期在人的城镇化过程中必须面对和解决的问题。

（六）应对第四次工业革命挑战的客观要求

以人工智能为代表的新技术革命正引领全球新一轮创新热潮，第四次工业革命正以更快的速度、更广的范围整合和重构全球价值链条，工业化、信息化高度融合，数据成为最重要的生产要素，社会发展向智能形态迈进；多学科、多领域竞相并进，竞争的实质是跨越领域的体系竞争。新的技术和工业革命不仅极大地推动了人类社会政治、经济、文化领域的变革，而且影响了人类生活方式和思维方式，对城镇劳动者和社区居民能力素质提出了更高的要求：要对各种新技术的科学基础有扎实的理解，对新业态和新模式的人文元素有清楚的认识，能够适应新技术和新产业的快速发展和社会需求的快速变化；具有更强烈的危机意识和未来意识、更积极的批判性思维、更敏锐的创新意识和发展眼光、更宽阔的全球视野和战略视角、更有效的创新思维和协同创新能力，以及更强的市场能力和领导力等。

四、需求目标

（一）城镇劳动者科学素质

1. 测算依据

（1）基础指标

1）劳动年龄人口增长

据预测，到 2050 年，全球人口将由现在的 70 亿人增加到 93 亿人。2010 年，全球人口规模排名前三位的国家依次是：中国（13.41 亿）、印度（12.25 亿）、美国（3.10 亿）。到 2050 年，全球人口规模排名前三位的国家依次是印度（16.92 亿）、中国（12.96 亿）、美国（4.03 亿）。从总量来看，印度和美国等国家的人口处于增长阶段，而我国人口总体呈现稳步下降的趋势[27]。

从劳动年龄人口增长情况看，一些国家（如德国、意大利等欧美发达国家，以及中国、韩国等亚洲国家）的人口呈现下降和人口老龄化趋势。据有关预测，2015～2050 年，我国将面临较为明显的劳动年龄人口下降问题。到 2050 年，劳动年龄人口将维持在 7 亿的水平。据有关学者推断，到 2050 年，我国劳动力中起承前启后作用最突出的群体是 2015 年 18～24 岁的青年群体，这部分人目前多数处于高中和大学阶段，还有一部分已经成为现实的人力资源。[28]与此同时，中国等国家教育规模和水平的攀升，将整体提升全球人口的质量。

2）经济增长速度

从全球经济整体增长看，全球国内生产总值（GDP）将以年均增长 3%的速度发展。到 2050 年，全球 GDP 将达到 315.429 万亿美元（按 2014 年的美元价值计算），约为 2014 年的 3 倍。从经济发展的角度看，根据国际货币基金组织的分析，2014 年 GDP（按购买力平价）全球排名前三位的国家依次是中国、美国和印度。到 2050 年，GDP（按购买力平价）全球排名前三位的国家将依次是中国、印度和美国。从经济增长速度来看，我国经济将逐步走向成熟，提高劳动生产率将是经济增长的主要动力。据预测，2014～2050 年我国 GDP 的年增长率在 3.5%左右，其中，2014～2020 年、2020～2030 年、2030～2040 年、2040～2050 年的增长率分别为 6.3%、3.6%、2.7%、2.7%。据经济合作与发展组织（OECD）分析，到 2050 年，中国经济将经历 7 倍的增长，但生活水平仍将处于发达国家 25%～60%的水平（表 4）。

表 4　全球 GDP 年均增长率预测　（单位：%）

国家/地区	2014～2020 年	2020～2030 年	2030～2040 年	2040～2050 年	2014～2050 年
中国	6.3	3.6	2.7	2.7	3.5
印度	6.4	5.0	4.8	4.4	5.0
美国	2.8	2.2	2.5	2.5	2.4
七国集团（G7）	2.2	2.0	2.1	2.2	2.1
七大新兴市场国家（E7）	5.3	3.9	3.4	3.3	3.8
欧盟	2.2	1.8	2.0	2.0	2.0
二十国集团（G20）	3.8	3.0	2.9	2.8	3.0
世界	3.8	3.0	2.9	2.8	3.0

数据来源：IMF World Economic Outlook database（October 2014）for 2014 estimates，PwC main scientific projections for later years. http: //www. imf. org/external/pubs/ft/weo/2014/02/weodata/index.aspx，2018-06-20.

3）城市化水平

从全球范围看，越来越多的人口将居住在城市。据统计，2007 年全球城市人口首次超过了农村人口，人类用了近 60 年的时间实现了快速城市化的进程。20 世纪 50 年代，全球 2/3 的人口居住在农村，而 2014 年，54%的人口是城市人口，并且这一比例还在增长。据预测，到 2050 年，城市人口将达到总人口的 2/3，城市化水平将达到 66.7%。未来 30 年，亚洲和非洲将是城市化发展最快的地区，分别从 2014 年的 40%、48%提升至 2050 年的 56%、64%，年均增长 1.1%和 1.5%，同期全球年均城市化增长率水平为 0.4%。[28]

4）核心能力指标

处于新时代的历史潮头，新一轮科技革命和产业变革正处于重要的交汇期，以数字化、网络化、智能化为标志的信息技术革命正深刻影响着人类的生产生活方式乃至思维方式。应对新形势，城镇劳动者必须以自我革命的勇气，主动融入新技术、新产业变革的历史洪流中，善于识变、应变、求变，实现工作流程和服务方式的再造和重构，只有这样，才能紧跟时代并引领时代。面对新技术、新产业变革，未来社会的劳动者必须具备四项核心能力，即统筹协调能力、综合决策能力、分析判断能力和创新思考能力。

（2）专项指标

本研究基于《国家中长期人才发展规划纲要（2010—2020 年）》《国家中长期教育改革和发展规划纲要（2010—2020 年）》《专业技术人才队伍建设中长期规划（2010—2020 年）》《高技能人才队伍建设中长期规划（2010—2020 年）》等，提出城镇劳动者科学素质行动的一些专项目标（表 5）。

表 5　城镇劳动者科学素质行动的参照目标

	2008 年	2015 年	2020 年	数据来源
主要劳动年龄人口受过高等教育的比例 / %	9.2	15	20	《国家中长期人才发展规划纲要（2010—2020 年）》
每万劳动力中研发人员（人年 / 万人）	24.8	33	43	
高技能人才占技能劳动者比例 / %	24.4	27	28	
专业技术人才总量 / 万人	4 686	6 800	7 500	《专业技术人才队伍建设中长期规划（2010—2020 年）》
其中：从事研究开发的科学家和工程师 / 万人年	—	200	250	
高级、中级、初级专业技术人才比例	—	10：38：52	10：40：50	
	2009 年	2015 年	2020 年	数据来源
从业人员继续教育/万人次	16 600	29 000	35 000	《国家中长期教育改革和发展规划纲要（2010—2020 年）》
主要劳动年龄人口平均受教育年限/年	9.5	10.5	11.2	
其中：受过高等教育的比例/%	9.9	15.0	20.0	
新增劳动力平均受教育年限/年	12.4	13.3	13.5	
其中：受过高中阶段及以上教育的比例%	67.0	87.0	90.0	
技能劳动者/万人	2 631	3 400	3 900	《高技能人才队伍建设中长期规划（2010—2020 年）》
其中：高技能人才占技能劳动者总量的比例/%	24.7	27	28	
高技能人才每两年参加技能研修和知识更新天数/天	—	不少于 15 天	不少于 30 天	

资料来源：根据相关资料整理。

2. 目标测算

基于上述测算依据，本研究采用经验估计法分析城镇劳动者科学素质发展目标，具体包括 2030 年中期目标和 2035 年远期目标。

（1）2030 年中期目标

据测算，2020 年我国要进入创新型国家行列，公民科学素质水平必须从当前的 6.2%提升到 10%以上，城镇劳动者科学素质水平也需达到 14%。到 2030 年，要实现我国进入创新型国家前列的目标，城镇劳动者具备基本科学素质的比例至少要达到 25%。确定的基本依据如下。

一是从总体上看，城镇劳动者具备基本科学素质的比例逐年提升。据第八次中国公民科学素质调查结果，城镇劳动者具备基本科学素质的比例从 2005 年的 2.37%提高到 2010 年的 4.79%；据测算，2020 年将达到 14%。城镇劳动者科学素质水平年增长率不断提升，2005～2020 年均增长率为 20%，如果按此推算，据保守估计，2030 年城镇劳动者科学素质水平将达到 25%，比 2020 年翻近一番（表 6）。

表 6　2005～2030 年城镇劳动者科学素质水平测算

年份	城镇劳动者科学素质水平/%	数据来源
2005	2.37	第八次中国公民科学素质调查
2010	4.79	第八次中国公民科学素质调查
2020	14.00	“十三五”城镇劳动者科学素质测算
	复合增长率/%	
2005～2010	19.3	
2005～2020	17.7	
	城镇劳动者科学素质水平测算/%	
2030	25	保守估计，按 2020～2030 年复合增长率 2%左右测算*

*按复合增长率计算公式计算

二是从国际经验看，30 多个发达国家在进入创新型国家行列时，具备基本科学素质公民的比例都超过了 10%。到 2020 年，我国要实现这一目标，也只是跨过了创新型国家的最低门槛，与世界主要发达国家 20%甚至 30%的水平还存在很大差距。那么，到 2030 年我国要实现进入创新型国家前列的目标，必须大幅度地提升公民科学素质。目前，我国创新指数全球排名位列 18，但科学素质排名位列 30。如果公民科学素质水平得不到大幅提高，肯定会拖我国进入创新型国家前列的后腿。因此，本课题组初步估计：到 2030 年，我国城镇劳动者科学素质将达到目前世界主要发达国家 25%的水平，比公民科学素质的水平要高一些。

（2）2035 年远期目标

从 2020 年到 2035 年，在全面建成小康社会的基础上，再奋斗十五年，基本实现社会主义现代化。到那时，我国的经济实力、科技实力将大幅跃升，跻身创新型国家前列。因此，在 2030 年的基础上，进一步提升城镇劳动者科学素质水平，按照 2030～2035 年复合增长率 2%左右测算，2035 年城镇劳动者科学素质水平有望达到 30%。

（二）社区科普益民工程

1. 2030 年中期工作目标

在现有工作基础上，到 2030 年实现社区居民科学素质水平迈上新台阶，社区居民科学素质工作融入文化、教育、公共服务等相关工作，社区科普设施更加完善，社区科普组织和人才队伍建设更加完善，社区科普信息化水平迈上新阶段，社区科普活动定期开展，社区科普产业初见雏形。

2. 2035 年工作目标

党的十九大报告提出，从二〇二〇年到二〇三五年，在全面建成小康社会的基础上，再奋斗十五年，基本实现社会主义现代化。到那时，我国经济实力、科技实力将大幅跃升，跻身创新型国家前列，基本公共服务均等化基本实现。与此相适应，社区居民科学素质工作也将跨入新阶段。社区居民科学素质水平与创新型国家相适应，理论研究取得新突破；社区居民科学素质行动越来越受重视，社区科普纳入文明城市创建、社区教育、文化、公共服务等相关工作内容考核体系；现代化社区科普设施基本实现城乡社区全覆盖；社区科普组织和人才队伍建设形成体系；社区科普信息化水平与创新型国家相适应；定期开展社区科普活动形成长效机制。

（1）社区居民科学素质水平迈上新台阶

到 2035 年，我国社区居民科学素质水平达到世界主要发达国家水平，形成与创新型国家建设相适应的社区居民科学素养、人才质量、创新文化等。

（2）社区科普服务能力显著提升

社区科普基础设施建设形成体系。“科普中国”社区 e 站建设持续推进，依托社区综合服务设施，社区科普益民服务站、科普学校、科普网络建设深入推进，科普功能得到显著拓展，社区科普基础设施体系逐步完善。社区科普组织和人才队伍建设形成体系。高水平社区科普人才形成队伍。到 2035 年实现社区专兼职科普服务团队全覆盖。各级各类社区科普志愿者队伍大力发展壮大。科技工作者和有技术特长的各类劳动者投身科普事业的积极性和途径显著提高，由科技工作者、技术人员、科学课程教师、新闻记者和编辑等组成的科普人才队伍不断壮大。

（3）社区居民科学素质工作信息化水平迈上新台阶

借助社区管理信息化水平提升，利用互联网和大数据资源，将虚拟现实（VR）、增强现实（AR）等技术应用于社区科普领域，形成社区科普与新时期信息技术接轨的机制，经过不断探索实践，社区科普信息化水平实现跨越式发展，迈上新台阶。

（4）定期开展社区科普活动形成长效机制

通过充分发挥科普基础设施的作用，将各级相关部门面向基层群众开展的党员教育、体育健身、文化宣传、卫生健康、食品药品、防灾减灾等各类科普活动进行互联互通，分类整合优化，将成效显著的活动持续广泛推广，形成长效机制。

五、运行保障

（一）构建城镇劳动者科学素质提升保障体系

1. 强化以职业活动为导向的内容体系建设

（1）构建分层分类的城镇劳动者科学素质建设体系

针对城镇劳动者中高层次人才、专业技术人员、技能人才、农民工、高校毕业生、失业人员等群体科学素质或技能水平及其发展要求的不同状况，构建差异化的科学素质和技能水平提升内容体系与方式方法体系。例如，面向企业新进毕业生，重心应放在实现其由知识向技能的转化、由技能向创新力的转化、由提高学习能力向提升创造素质的转化；面向农民工，应重点提高其职业技能水平和适应城市生活的能力；面向失业人员等弱势群体，应重点提高其技能水平、就业能力、创业能力和适应职业变化的能力。

（2）强化职业发展教育与就业指导

贯彻落实《“十三五”促进就业规划》，强化职业发展和就业指导教育，提升城镇劳动者就业创业能力。鼓励职业院校和普通高校开展以职业道德、职业发展、就业准备、创业指导等为主要内容的就业教育和服务。建立专业化、全程化的高校毕业生就业指导体系，增强毕业生的自我评估能力、职业开发能力及择业能力，切实转变其就业观念。推进职业发展教育列入科普工作内容，并提高重视程度。

（3）建设城镇劳动者终身职业教育体系

贯彻落实《现代职业教育体系建设规划（2014—2020 年）》，将职业发展教育纳入城镇劳动者培训体系。统筹管理全日制和非全日制职业教育、学历和非学历职业教育，促进劳动者实现可持续的职业发展。强化非专业性职业素质（职业道德、人格和通用能力等）培养，提升可持续发展的职业能力。以构建国家资历框架为契机，推动教育资历与职业资历的衔接贯通。增强职业教育体系开放性，促使劳动者灵活接受职业教育。

2. 推动以高质量就业和充分就业为中心的平台载体建设

（1）统筹规划职业教育和技工教育

努力实现技工教育与职业教育的统筹管理和同步规划，协调各部门在规划重点领域的重大工程、专项计划时同步规划职业教育，保证劳动者技能水平提升与产业发展契合。落实技工教育和职业教育服务地方与产业的基本方针，发挥地方政府的主动性，突出省级政府统筹，赋予地方政府在学校布局规划、招生考试等方面更多的权限，鼓励因地制宜发展和特色发展。

（2）搭建开放的科学知识学习平台

利用现代信息技术，建立科学知识学习公共服务平台，提供知识普及、知识查询、知识测试等各类公共服务产品，提供讲科学、爱科学、学科学、用科学的精准服务。构建基于社交网络平台的“自主学习+在线讨论+知识搜索”的互动模式，开展不受时间和地点约束的互动学习。及时在线解答各种疑问，开展在线知识自主测试，提高学习效率。

（3）完善分行业、分专业、分职业的劳动者求职和企业用工需求对接平台

创新人力资源市场信息服务模式，形成并不断完善分行业、分专业、分

职业的多层级人才供需对接平台。加强人力资源市场监测与预警，研究建立分行业、分专业、分职业的劳动者供给与需求指数。充分发挥新媒体作用，拓展劳动者获取用工需求信息渠道。开发运用求职者线上登记、注册等动态人力资源市场供给信息系统和线上培训交流系统。

（4）做实互联互通的研教产合作机制

推动建立科研、教育（培训）与产业之间的互联互通机制，鼓励研发人员、教育人员（培训人员）和产业技术（技能）人员加强合作交流，真正实现理论创新、技术创新与技术实现融合发展。重视行业组织在研教产合作中的推动作用，发挥其在形成行业发展战略、进行技术和产品研发、培育竞争优势、创新管理模式、开展国际合作等方面的积极作用。

3. 加快以有效整合各方资源为目标的机制政策创新

（1）加强政策支持和经费保障

优化工作布局，把城镇劳动者科学素质和技能提升工作摆在各相关部门的突出位置。加大政府资金投入，创新科技投入方式，逐步提高教育、科普经费的增长速度，夯实城镇劳动者科学素质和技能水平提升的基础。出台优惠政策吸引各种社会力量出资，形成多渠道的投入机制。加快发展创业投资，引导社会资金加大科技创新和技能创造投入。

（2）形成各部门共同参与机制

协调科技、教育、人力资源和社会保障等各部门的关系，合理分工、加强合作，建立健全城镇劳动者科学素质和技能提升参与机制，区分重点对象和人群有序开展工作。发挥科研机构、大学和高新技术企业的实验室、研发机构、企业技能创新工作室、技能大师工作室等机构的作用，促进科技成果的推广与尊重知识、尊重创造社会风气的营造。

（二）构建城镇社区居民科学素质提升保障体系

1. 继续实施社区科普益民工程

（1）完善共建共享的社区居民科学素质工作机制

按照共建共享共促的思路推动社区居民科学素质工作，逐步推动完善政府主导、社会推动、居民参与的社区科普工作机制，实现部门间任务共担、资源共享。在全民科学素质工作体系中，组织开展社区科普规划编制试点，研究社区居民科学素质行动与农民、领导干部、青少年等其他科普行动之间的衔接联动、资源整合；发挥社区专业人才作用，广泛吸纳居民群众参与，科学确定社区科普发展项目、建设任务和资源需求。尝试构建社区居民科普素质提升试验区模式。探索建立基层政府面向城乡社区科普的治理资源统筹机制，推动人财物和责权利对称下沉到社区，增强城乡社区统筹使用人财物等科普资源的自主权。建立机关企事业单位履行社区治理责任评价体系，推动机关企事业单位积极参与城乡社区科普服务工作，面向社区开放文化、教育、体育等活动设施。

（2）加快社区科普基础设施建设

充分依托社区现有公共文化服务设施，建设“科普中国”社区 e 站，探索建立社区公共空间综合利用机制，合理规划建设科普、文化、体育、商业、物流等自助服务设施。推动各地将城乡社区科普服务设施建设纳入当地国民经济和社会发展规划、城乡规划、土地利用规划等。创新城乡社区科普服务设施运营机制，通过居民群众协商管理、委托社会组织运营等方式，提高社区科普服务设施利用率。

（3）提升社区科普组织队伍能力

实施社区科普组织赋能计划。整合现有科普组织，建立社区科普组织体系，加强对现有科普人才的培训，发展壮大社区科普志愿者队伍，鼓励和引导各类市场主体参与社区科普服务业，逐步形成全社会共同参与科普、社区科普组织遍地开花的良好局面。同时，不断提升社区科普组织队伍的科普服务能力，最大限度地满足居民群众的基本科普需求。

（4）增强社区科普信息化应用能力

提高社区科普信息基础设施和技术装备水平，加强一体化社区科普信息服务站、社区信息亭、社区信息服务自助终端等公益性科普信息服务设施建设。依托“互联网+科普服务”相关重点工程，加快社区科普服务综合信息平台建设。实施“互联网+科普”行动计划，加快互联网与社区科普服务体系的深度融合，运用社区论坛、微博、微信、移动客户端等新媒体，引导社区居民密切日常交往、参与公共事务、开展协商活动、组织邻里互助，探索网络化社区科普服务新模式。结合新型智慧城市、智慧社区建设，加载全方位的科普内容。

（5）持续推动开展社区科普活动

借助科普文化进万家、百城千校万村行动、基层科普行动计划、科教进社区活动、全国科普日等相关品牌活动渠道，持续开展社区居民科学素质行动，不断总结经验，提炼典型做法，面向全国社区推广，形成社区科普品牌活动。广泛动员地方通过基层科普行动计划探索地方特色社区科普活动，将传统品牌与地方特色相结合，持续推动，形成长效机制。

2. 持续强化社区居民科学素质提升的支撑和保障条件

（1）营造良好的政策环境

社区居民科学素质相关政策是调节科普资源的有力杠杆，是促进社区居民科学素质发展的重要推力。要积极营造推进社区居民科学素质行动的良好政策环境；要积极推动在各部门社区相关政策文件中，强化社区居民科学素质相关任务，形成各部门齐抓共管、共同推进社区居民科学素质工作的合力；要指导各省（自治区、直辖市）结合本省（自治区、直辖市）实际情况制定加强社区居民科学素质工作的意见等相关政策，明晰本省（自治区、直辖市）社区居民科学素质工作目标、任务、重点年工作等；要推动建立社区居民科学素质工作激励机制。

（2）建立长效工作机制

各部门要提高对社区居民科学素质工作重要性和紧迫性的认识，将社区居民科学素质工作纳入社区及科学素质相关工作重要议事日程。研究制定社区居民科学素质行动长远发展规划，完善各部门密切配合、上下联动的社区居民科学素质工作协调机制，抓好统筹指导、组织协调、资源整合，确保各项目标和任务顺利完成。加强社区科普的国际交流与合作，用好国际、国内两种资源，提高我国社区居民科学素质建设的国际影响力。

（3）加强人才队伍建设

将社区科普工作者队伍建设纳入国家和地方科普人才发展规划，各地要结合实际制定社区科普工作者队伍发展专项规划和社区工作者管理办法，把城乡社区党组织、基层群众性自治组织成员，以及其他社区专职工作人员纳入社区科普工作者队伍统筹管理，建设一支素质优良的专业化社区科普工作者队伍。加强对社区科普工作者的教育培训，提高其为居民科普的服务能力。加强社区工作者作风建设，建立群众满意度占主要权重的社区科普工作者评价机制，探索建立容错纠错机制和奖惩机制，调动社区科普工作者实干创业、改革创新热情。

（4）强化资金保障

要积极争取政府及相关部门对社区开展科普工作给予资金支持，逐步提高社区科普经费的投入水平。引导各省（自治区、直辖市）充分利用基层科普行动计划项目资金支持社区居民科学素质工作。通过众筹众包、项目共建、捐款捐赠、政府购买服务等方式，鼓励和吸引社会资本投入社区居民科学素质建设。

（5）强化理论研究和监督宣传

加强社区居民科学素质建设的理论研究，把握社区居民科学素质建设的基本规律和国际发展趋势，加强社区科普工作的政策研究，做好社区科普发展规划编制工作。要加强对社区居民科学素质工作的监督考核。及时总结推广社区科普先进经验，积极开展优秀科普社区建设示范创建活动，大力表彰先进社区科普组织和优秀社区科普工作者。充分发挥报刊、广播、电视等新闻媒体和网络新媒体的作用，广泛宣传社区科普创新做法和突出成效，营造全社会关心、支持、参与社区科普的良好氛围。

（课题组成员：黄　梅　蔡学军　谢　晶　孙一平）

参 考 文 献

[1] Miller J D. Scientific Literacy and Citizenship in the 21st Century［M］//Shiele B，Koster E H. Science Centers for This Century. Paris：Multimondes，2000：369-413.

[2] 中华人民共和国人力资源和社会保障部. 2017 年度人力资源和社会保障事业发展统计公报［EB/OL］［2018-05-25］. http：//www.mohrss.gov.cn/ghcws/BHCSWgongzuodongtai/201805/t20180521_294290.html.

[3] 中共中央组织部. 2015 中国人才资源统计报告［M］. 北京：党建读物出版社，2017.

[4] 百度百科. 第 44 届世界技能大赛[EB/OL][2018-06-25]. https://baike.baidu.com/item/%E7%AC%AC44%E5%B1%8A%E4%B8%96%E7%95%8C%E6%8A%80%E8%83%BD%E5%A4%A7%E8%B5%9B/20455245? fr=aladdin.

[5] 国家统计局. 2016 年《中国妇女发展纲要（2011—2020 年）》统计监测报告[EB/OL][2018-05-20]. http://www.sohu.com/a/201295098_99939338.

[6] 科学网. 第九次中国公民科学素质调查结果公布[EB/OL][2018-06-20]. http://news.sciencenet.cn/ htmlnews/2015/9/327326.shtm.

[7] 中国新闻网. 民政部：截至 2015 年底全国共有 10 万个城市社区[EB/OL][2018-05-28]. http://www.chinanews.com/gn/2016/11-14/8062075.shtml.

[8] 中华人民共和国科学技术部. 中国科普统计 2016 年版. 北京：科学技术文献出版社，2016.

[9] 中国新闻网. 社区科普示范体系初形成　建科普示范社区 13 959 个[EB/OL][2018-06-20]. http://www.chinanews.com/gn/2013/06-06/4901881.shtml.

[10] 中华人民共和国人力资源和社会保障部. 2016 年度人力资源和社会保障事业发展统计公报[EB/OL][2018-06-24]. http://www.mohrss.gov.cn/ghcws/BHCSWgongzuodongtai/201705/t20170531_271737.html.

[11] 中华人民共和国人力资源和社会保障部. 2018 年度人力资源和社会保障事业发展统计公[EB/OL][2019-06-20]. http://www.mohrss.gov.cn/SYrlzyhshbzb/zwgk/szrs/tjgb/201906/t20190611_320429.html.

[12] 中华人民共和国人力资源和社会保障部. 人社部就《技能人才队伍建设工作实施方案（2018—2020 年）》答问[EB/OL][2018-11-20]. http://www.gov.cn/xinwen/2018-10/29/content_5335465.htm.

[13] 中国青年报. 共青团为广大青年打开创业通道[EB/OL][2018-06-25]. http://cpc.people.com.cn/gqt/n/2015/1015/c363174-27702726.html.

[14] 贺军科. 在改革开放进程中阔步前进的中国青年发展事业[EB/OL][2018-11-29]. https://baijiahao.baidu.com/s?id=1618464185207227905&wfr=spider&for=pc.

[15] 中国女网. 全国妇联四举措促进妇女创业就业取得新成效[EB/OL][2018-06-25]. http://www.clady.cn/wf/2017-12/06/content_187692.htm.

[16] 北京市习近平新时代中国特色社会主义思想研究中心. 组织动员妇女走在时代前列建功立业[N].光明日报，2018-12-21：06.

[17] 民政部. 2017 年民政事业发展统计报告[EB/OL][2018-08-08]. http://www.mca.gov.cn/article/sj/tjgb/201808/20180800010446.shtml.

[18] 朱洪启，赵立新，高宏斌，等. 促进社区科普和公共文化服务的有效融合[EB/OL]

[2018-11-28]. http://www.crsp.org.cn/xueshuzhuanti/yanjiudongtai/101H33R018.html.

[19] 中国科学技术协会. 中国科协 2017 年度事业发展统计公报[EB/OL][2018-08-28]. http://www.cast.org.cn/art/2018/7/1/art_97_317.html.

[20] 李群，刘涛. 城镇劳动人口科学素质及影响因素——以京津沪渝湘川为例[J]. 中国科技论坛. 2017，5：114-119.

[21] 秦素青，陈永亨，廖景平，等. 新型城镇劳动者的环境素养分析[J]. 中国经贸导刊，2016，11：17-20.

[22] 科技部. 2015 年我国科技人力资源发展状况分析[EB/OL][2018-11-28]. http://www.most.gov.cn/ kjtj/201706/P020170628506396562537.pdf.

[23] 刘延东. 实施创新驱动发展战略 为建设世界科技强国而努力奋斗[J]. 求是，2017，2：4-8.

[24] 文汇报. 大学工科教育不改革不行[EB/OL][2018-06-25]. http://news.sina.com.cn/o/2009-11-21/091516645005s.shtml.

[25] 吴江. 人才强国的标志是人才国际竞争力[EB/OL][2018-06-25]. http://theory.people.com.cn/n/2012/1115/c40531-19594010.html.

[26] 韩秉志. 高技能人才呼唤“终身培训”[EB/OL][2018-08-09]. http://www.ce.cn/xwzx/gnsz/gdyw/201805/09/t20180509_29067835.shtml.

[27] Global Japan Special Committee. Global Japan: 2050 simulation and strategies[R]. Keidanren，the 21st Century Public Policy Institute, 2012.

[28] 汪怿. 未来 30 年上海人才发展战略研究[M]. 上海：上海社会科学院出版社，2017.

科普基础设施发展战略研究（2021～2035年）

中国科协科学技术传播中心课题组

一、2021～2035年科普基础设施发展面临的新形势

（一）科普场馆智能化、虚拟化、泛在化

21 世纪是一个信息化的时代，随着数字技术的不断进步和应用需求的不断升级，网络技术在近年来取得了长足的发展，正在向智能化方向迈进。按照目前的发展态势，移动互联网、社交媒体、虚拟现实、互动体验、人工智能、大数据及数据可视化等将成为全球新媒体发展的主要动向和热点，并且将更加广泛和深入地对人们的社会生活产生影响。新技术的发展正在不断改变着科技馆的展示展览方式，以及科技馆与公众的沟通交流和互动关系，智能化正在改变和引领着科技博物馆的未来发展方向。

自 2010 年开始，新媒体联盟在其每年发布的《地平线报告》（*The Horizon Report*）中增加了博物馆版，预测博物馆未来发展的重要趋势和关键挑战，以及未来几年将会应用于博物馆的技术。近年来，诸如 IBEACON 微定位技术、二维码、裸眼 3D、视频与模式识别等新技术和手段也越来越多地被运用于科技博物馆的展示设计中，以求为观众营造更好的体验式学习情境；全息投影、增强现实、3D 虚拟现实、体感互动等新展示技术的出现，为公众带来了身临其境的全新感受和学习体验，进一步提升了科技博物馆的展览展示效果。此

外，移动应用、社交媒体、增强现实技术、物联网、自然用户界面等新媒体正在改变着世界科技博物馆及其参观者和全球社区之间的互动方式。

随着网络和手机终端设备的快速发展，网络科普逐渐成为科技博物馆的另一个重要发展方向。信息技术的快速发展、网络的普及，使得科技博物馆数字化、虚拟化、泛在化成为可能。专业科普网站体现了搭载信息多元化、表现形式立体化、传播方式互动化的互联网平台优势。网络科技博物馆的构成包括展品数字化（digital archiving）、多媒体展示（multimedia presentation）和虚拟科技博物馆（virtual science museum）。大多数国际知名科技博物馆都已经实现了数字化，把科技博物馆的服务延伸到每天 24 小时，实现了无围墙的科技博物馆。网络科技博物馆还可以更加快捷地开展远程教学和服务，扩展了教育功能。网络科技博物馆不受时间和空间的限制，由于数字展出的特性，甚至可以设计出同一主题，满足不同层次观众的展览的需求。由于没有空间上的限制，因此展览几乎可以无限延伸。

此外，虚拟现实、智能语音、可穿戴设备、体感交互、室内定位、语音识别、物联网、云计算、大数据、远程观测、实时计算等信息技术在科普展览展示中得到应用，构建了以全面透彻的感知、宽带泛在的互联、智能融合的应用为特征的新型科技馆形态，不断提高着科技博物馆的服务能力。通过相关智慧技术的应用，最大限度地减少馆内闭环的管理的人工参与，提高管理的智能化。

（二）场馆科学教育融入学校科学课程

利用科技博物馆开展非正规科学教育越来越得到国际科学教育领域管理者、教育者和研究者的认可。科技博物馆科学教育和学校科学教育在环境、方法和范围方面各有不同，可有效形成互补关系。在强调科技博物馆科学教育功能的今天，要使科技博物馆成为重要的教育机构及有效的学习场所，学校与科技博物馆形成一种相互合作的关系，是非常重要的。1984 年，美国博物馆协会出版的《新世纪的博物馆》（*Museums for a New Century*），曾针对博物馆与学校之间的合作关系指出，博物馆与学校的合作在未来将有重大的发展潜能，并有鉴于社会大众对艺术、科技与人文学科的需求，进一步提出博物馆专业人员应该加强与学校主管及其他教育人员的联系，发展博物馆与学校的合作关系。

在美国，一般科技博物馆（或设有自然科学部的综合博物馆）都设有教育部门，有的称之为公众教育部，有的称之为教育服务部。美国芝加哥市进行的“博物馆与公立小学合作方案”（Museums and Public Schools，MAPS）就是博物馆落实教育功能的尝试。MAPS 是博物馆体系与国民教育体系建立真实伙伴关系的具体行动。自 1999 年开始，芝加哥市区内艺术类、历史类、科学类共计 9 所博物馆联合动员，通过芝加哥市教育局，以公立小学师生为服务对象推出 MAPS 方案，主动寻求公立小学校长及该校四名教师的配合，他们将在两年的时间内将 MAPS 课程融于一般课程中，并依据课程需要带领学生实地参观博物馆，校长及相关教师必须参与专业发展活动及相关活动。博物馆提供平时可联系的 MAPS 辅导教师名单，以促进教学。这些 MAPS 教师包括博物馆及学校教师、辅导教师，专业领域包括艺术、自然、社会与数学等。MAPS 教师每年两次主动到校拜访校长及该校四位参与 MAPS 方案的教师，除进一步加强双方的沟通关系外，也观察学校的实际教学如何进行。

其他科技博物馆，如法国发现宫率先设立了开展小实验、小制作的教室和活动室；德意志博物馆、美国旧金山探索馆等在 20 世纪 60 年代将常态化的科学小实验、科技小制作作为科技博物馆的重要教育手段；此后，各国科技博物馆纷纷效仿，并举办科学表演、博物馆之夜、夏/冬令营、科学中心/博物馆之友、科学俱乐部、科普讲座/报告会等活动。例如，加拿大安大略科学中心在 2011 年暑期共举办青少年夏令营 9 批，每批平均 15 个班，营期一周，参观、体验、实验、制作等教育活动项目共有数百个。

科技博物馆参与国家科学教育改革。在国际科学传播、科学教育理念大变革的背景下，美国旧金山探索馆于 20 世纪 90 年代组建成立了科学探究研究所，参与了美国“2061 计划”和《科学课程标准》的制定，参与并引领了美国以探究为核心的科学教育改革。该探索馆还将其先进的教育理念和科学教育的研究成果通过教案、教学用书、教师培训、网络传播等方式，推广到美国的中小学。例如，该馆科学探究研究所主编的《探究——小学科学教学的思想、观点与策略》一书，就成为美国推广《科学课程标准》和探究式学习的重要参考用书。由此，旧金山探索馆将科技博物馆教育的触角辐射到了美国的中小学。

（三）科学教育上升为科学文化传播

随着科技进步和文化发展，积极推进科学文化传播是科技博物馆发展的新趋势。国际上，科技博物馆的发展开始注重科学文化特质、文化精神和文化价值的传播功能。科技博物馆逐步由以往的以展品为中心的“知识与技能”层面，上升至以人为中心的“过程与方法”乃至“情感、态度、价值观”层面，进而帮助观众具备最高层次的科学素质——科学的世界观。通过引入“主题展览”的概念与设计方式，在展览以外的科学实验、科技制作等教育活动中采用探究式学习的方法，揭示展览展品和实验制作的知识背后的科技与社会、人与自然、科学与人文的关系，揭示科学探索过程及在这一过程中所体现的科学思想、科学精神、科学方法，实现过程与方法乃至情感、态度、价值观层面的教育效果，深化展教活动的科学文化内涵。

利用工业遗产建设科技博物馆，进行科学文化传播是国外科技博物馆的一个重要功能。自 20 世纪七八十年代开始，西方国家出现了在工业遗产区建设工业遗产博物馆，以及利用工业遗存建筑改造成为行业科技博物馆，以反映城市工业文明为主题的内容特色工业遗产作为工业文明的见证物，携带着工业文明的价值观、工业技术、工业组织、工业文化等多方面的信息，是城市工业与科技发展的历史载体。以收藏、展示工业遗存、互动体验等为主要内容的行业科技博物馆，必然反映与近现代科学技术发展，以及近现代工业城市面貌相关的历史特征。这类博物馆在欧洲备受推崇，并呈现快速增长的趋势，成为当代国际博物馆发展的一个新潮流。例如，英国布莱纳文的大坑国家煤矿博物馆，以博物馆、展览馆的形式，展示一些工艺生产过程，从中活化工业区的历史感和真实感。德国埃森市的“关税同盟”煤矿工业区曾经是一家煤炭焦化厂，改造成为鲁尔博物馆和世界知名的红点设计博物馆，矿区内废弃的铁路和火车车皮，被当地儿童艺术学校作为表演场地。如今，鲁尔区已被开发成一条成熟的旅游路线，总长 400 千米，连接区域内十余座城市，2013 年共接待游客 360 万人次，其中不少游客专门奔着工业旅游而来。

行业科技博物馆通过互动体验、探究学习，使参观者在动手和实验探索的过程中认识和学习科学，对于创造力、发明力和创新力的推动作用日益明显，积极为全民学习、终身学习构建平台。通过传播科学文化，使受众认可科学的普适性、科学的多元文化起源和地方性知识体系的价值，促进了更加多元的可持续生活方式，同时也鼓励公众积极参与社区事务，为地方经济社会发展服务，以科学文化发展的视角参与全球科技决策，为解决全球跨世代的科学和技术问题制定发展项目，使普通公众可以为解决这些问题做出积极贡献。

二、2021～2035 年科普基础设施建设的新使命

（一）2020 年科普基础设施发展预测

自 2008 年国家发展和改革委员会、科技部、财政部、中国科协联合发布《科普基础设施发展规划（2008—2010—2015）》（以下简称《科普基础设施规划》）以来，经过全社会的共同努力，我国科普基础设施建设获得了长足发展，整体服务能力大幅度增强，公众提高自身科学素质的机会与途径明显增多。科普资源配置得到优化，科普基础设施总量明显增加，全国整体布局得到改善；科普展教资源的研发能力和产业化水平明显提高，形成公益性和经营性相结合的展教资源研发体系，展教资源产业初具规模；科普基础设施长效发展的保障机制不断创新。

1. 整体布局得到改善

（1）科技馆和科学技术博物馆数量快速增长，参观人数大幅度提升。《中国科普统计（2017 年版）》显示，2016 年年底，我国科技馆已达到 473 个，比 2015 年增加 29 个，增长 6.53%；建筑面积合计 320.61 万平方米，展厅面积合计 157.22 万平方米，分别比 2015 增长 2.16%和 1.95%；2016 年参观人数达到 5646 万人次，比 2015 年增长 20.26%；科学技术博物馆的数量已达到 920 个，比 2015 年增加 106 个，增长 13.02%；建筑面积合计 609.08 万平方米，展厅面积合计 282.49 万平方米，分别比 2015 增长 6.00%和 4.73%；2016 年参观人数达到 11 016 万人次，比 2015 年增长 4.80%。[1]

2018 年 12 月，科技部发布的 2017 年度全国科普统计数据显示，科技馆和科学技术博物馆快速增长，参观人数持续增加。2017 年全国共有科技馆 488 个，科学技术类博物馆 951 个，分别比 2016 年增加 15 个和 31 个。全国平均约每百万人拥有一个科普场馆。科技馆共有 6301.75 万参观人次，比 2016 年增长 11.61%，科学技术类博物馆共有 1.42 亿参观人次，比 2016 年增长 28.85%。[2]

数据表明，我国科技类博物馆建设仍处于规模发展阶段，全国各地都有一批科技类博物馆正在建设中。按照此种趋势，预计到 2020 年，全国科技馆的数量约为 550 个，科学技术类博物馆约有 1050 个，全国平均约每 90 万人拥有一个科普场馆。我国城区常住人口 100 万人以上的大城市中，超过 80% 已至少拥有 1 座科技类博物馆。

（2）基层科普设施建设完善，基本实现全覆盖。我国青少年科技馆站、城市社区科普（技）专用活动室、农村科普（技）活动场地、科普画廊的数量均呈增长态势，“十二五”已经基本上实现了全覆盖，“十三五”期间的资源得到了进一步改善。《中国科普统计（2016 年版）》显示，“十二五”末，城市社区共有科普活动站 8.20 万个，农村科普活动站 38.68 万个，科普宣传栏/科普画廊 22.27 万个，均比 2014 年有所下降。[3]根据《中国科普统计》历年数据，基层“站栏”的数据在 2012 年达到顶峰，然后开始逐年下降（2016 年年底的数据比 2015 年年底的数据也下降了），这也与基层行政单位合并、农村乡镇变为城市社区等变化吻合。与此同时，根据科普惠农兴村计划，全国建设了大量的科普惠农服务站。据统计，全国共建设科普惠农服务站约 10 万个，其中，科普惠农兴村计划奖补科普惠农服务站约 3 万个。

农家书屋工程于 2005 年开始在甘肃、贵州等西部地区试点后，2007 年在全国农村全面推开。数据显示，截至 2012 年，农家书屋工程全国累计投入资金 120 多亿元，其中中央财政下拨资金 58.56 亿元，共建成农家书屋 60 多万家（其中达标书屋占 99.12%，配备 5000 册以上图书的书屋有 4608 家），共计配送图书 9.4 亿册、报刊 5.4 亿份、音像制品和电子出版物 1.2 亿张、影视放映设备和阅读设施 60 多万套，提前 3 年实现覆盖全国行政村的目标。农民人均图书拥有量达到 1.13 册，人均报刊拥有量达到 0.65 份，7 年间，我国农民人均图书拥有量增加了 10 倍。①2014 年，中国新闻出版研究院第十一次全国国民阅读调查结果显示，33.3%的村民使用过农家书屋，15.6%的村民每月至少使用过一次农家书屋，人均每年使用农家书屋 5.55 次，农民对农家书屋的满意率达到 63.6%，受益人数达 2.56 亿人次。②

《中国科普统计》（2016 年版）显示，2015 年年底我国共有青少年科技馆站 592 个，2016 年年底增加为 596 个，约 20%的县拥有科技馆，建筑面积共计 176.81 万平方米，展厅面积 80.93 万平方米，参观人数 1175.92 万人次。[3]《中国科协 2017 年度事业发展统计公报》显示，截至 2017 年年底，全国共有“科普中国”e 站 37 537 个，其中乡村 e 站 13 647 个，社区 e 站 16 590 个，校园 e 站 7309 个。[4]

（3）流动科普设施形式进一步扩展，辐射能力显著提升。科普大篷车项目自 2000 年开始运行，目前已运行近 20 年，截至 2017 年年底，中国科协配发给地方科协用于科普活动的大篷车共计 1199 辆，累计行驶里程达 2.3 亿千米，开展活动 20 多万次，观众人数达 2.4 亿人次。[4]科普大篷车每年的数量、行驶里程、开展活动频次、观众人数都呈现逐年上升的趋势。目前全国（不含港澳台地区）均配有科普大篷车，并以中西部地区为扶持重点。中国流动科技馆项目于 2010 年 6 月正式启动，2011 年 6 月起在全国巡展。截至 2017 年年底，中国流动科技馆共配发运行 1035 套，在各县（市）巡展 3000 多站，观众 1.09 亿人次，覆盖达 31 个省、自治区、直辖市（不含港澳台地区）。据《中国科普统计（2017 年版）》数据，2016 年年底，我国共有科普宣传专用车 1898 辆，较 2015 年有所增加。[1]

（4）传媒科普设施迅速发展，科普网站规模不断扩大。各级政府、教育科研机构建设的科普网站发展较快，新闻和商业门户网站的科技频道明显增加，企业建设的科普网站稳步增长，科协系统建设的科普网站平稳发展，科普网站技术应用水平不断提高，并提供多样化的网络科普信息服务。目前，

---

① 中国农家书屋网：农家工程书屋简介，http：//www.zgnjsw.gov.cn/booksnetworks/contents/403/250517.html。

② 中国农家书屋网：农家书屋初见成效，http：//www.zgnjsw.gov.cn/booksnetworks/contents/406/257749.html。

在我国科普网站中，涌现出以科普中国网、中国数字科技馆、中国科普网、新华网科普、人民网科普、腾讯科普、百度科普、科学松鼠会等为代表的一批特色科普网站，在我国科普网站的发展中发挥了示范作用。《中国科普统计》数据显示，2016 年我国科普网站数量约为 3000 个。科技部发布的 2017 年度全国科普统计数据表明，2017 年全国共出版科普图书 1.41 万种，总印数 1.12 亿册，占 2017 年全国出版图书总印册数的 1.21%。全年累计发行科技类报纸 4.91 亿份，电视台播放科普（技）节目累计 8.97 万小时，电台播出科普（技）节目累计 7.37 万小时。2570 个科普网站共发布各类文章 136.71 万篇，发布科普视频 4.97 万个，网站累计访问量达到 9.21 亿人次。2065 个科普类微博发布各类文章 66.45 万篇，阅读量达到 44.09 亿次。5488 个科普类微信公众号发布各类文章 87.49 万篇，阅读量达到 6.94 亿次。[2]根据《中国科普统计》，科普网站的数量在逐年下降，但是网站质量在逐年提高，对观众的吸引力在逐年增加。2018 年"中国数字科技馆"日访问量 336.6 万人次，微博"粉丝"802 万人。2015 年上线运行的"科普中国"2018 年的微博"粉丝"283 万人、微信公众号"粉丝"147 万人，微信排名全国第 87 名（全国 2400 万个）、微博排名第 4 名，微博、微信（"两微"）浏览量 48.6 亿人次。

（5）科普基地数量持续增长，社会影响进一步增强。《中国科协 2017 年度事业发展统计公报》数据显示，截至 2017 年年末，由中国科协命名的全国科普教育基地共有 1193 个，全年参观人数 2.6 亿人次；由省级科协命名的省级科普教育基地有 4366 个，全年参观人数 3.3 亿人次。各级科协命名的农村科普示范基地 15 821 个。各级科协命名的科普示范县（市、区）1241 个，省级及以下科协命名的科普示范街道（乡镇）7846 个，科普示范社区（村）31 551 个，科普示范户 26.4 万个。科技部、中宣部、教育部等其他部委依托部门优势，建设和命名的行业科普基地 2000 多个，涉及林业、消防、气象、环保、防震减灾、国土资源、野生动物保护等多个领域，并利用这些科普基地开展了形式多样、内容丰富的科普宣传教育活动。[4]

（6）高校和科研院所向社会开放，搭建科研人员与公众交流的平台。科技部发布的 2017 年度全国科普统计数据显示，2017 年全国共有 8461 个单位向公众开放，约有 900 万人次参加。[2]据统计，全国有 200 家高校结合 2018

年全国科技周、全国科普日主题及公众关注的科学热点，面向社会公众开展科普活动，开放重点实验室、实践基地等科研设施，组织开展高校名师科普讲座和交流、大学学生社团科普宣传、科研成果专题科普影视展映等活动近千项。据初步统计，2018 年全国科普日期间，各地各部门共举办 1.8 万余项重点科普活动，估计线上线下参与人数达 3 亿人次。

2. 服务能力大幅提高

（1）展览规模增大，展览展品数量增加，质量提升，影响力增强。各地在建和改扩建的科技馆都加大了常设展览和展品的投入，常设展览规模扩大，展品数量增加。越来越多的科技馆遵循科技馆展览更新惯例，有计划地对现有常设展览进行更新改造，全国的达标科技馆对常设展览进行了更新改造，展品平均年更新率为 5%。常设展览内容和形式不断拓展，增加了关于新能源、航空航天、信息技术、生物工程等高新技术等方面的展示内容；一些科技馆充分发掘有中国特色、地方特色、专业特色的展示资源，涌现出以广东科学中心、辽宁省科技馆、山西省科技馆、中国杭州低碳科技馆、青海省科技馆、东莞市科学技术博物馆、宁波科学探索中心为代表的特色主题展馆或特色主题展区。越来越多的科技馆开发和引进了采用新型技术手段、有许多创新意义的展品，重视新型展示技术在展览展品中的应用，如增强现实技术和体感技术等，增加了展览和展品的互动性和体验性，提升了展教效果。各地科技馆积极开发和引进临时展览，展览质量和辐射能力大幅增强。根据中国科技馆的统计数据，2018 年我国达标科技馆达到 230 个，2018 年免费开放的科技馆增加了 174 个，免费开放的科技馆累计达到了 950 个。达标科技馆和免费开放科技馆的数量增加，表明这些科技馆的展览展品质量和辐射影响能力得到增强，达到了相关标准。

（2）教育活动资源日益丰富，教育活动数量与质量显著提升。科技馆的教育活动资源形成了以传统教育资源为主、新媒体教育资源共存的教育活动资源体系。传统教育资源以学习单、资源包为主，包括教材教案、教具等资源形式，新媒体教育资源是包括智能手机应用程序（APP）等利用新媒体的教育资源形式。教育活动种类及数量快速增长，活动形式日益丰富。教育活动类型实现传统与创新相结合，教育活动范围坚持馆内和馆外结合，在馆内教育活动中，实验室/活动室教育活动、科普报告、展厅内科学表演等科技馆传统教育项目得以继续巩固和发展，冬/夏令营、科普竞赛等活动的数量和规模也有所提升。调查显示，近 70%的科技馆举办了馆外教育活动。一些科技馆尝试对教育项目的形式、内容、手段、资源等进行创新，更加强调互动性、针对性、系列性，并尝试引入互联网技术等作为辅助手段。

（3）积极开拓数字化传播新途径，网络科普资源大幅增加。全国数字科技馆大规模发展，全国有 30 多座科技馆建有数字科技馆，其中有 29 座科技馆属于中国数字科技馆二级子站，初步形成了以中国数字科技馆为核心，突出专业型数字科技馆的地方特色，共建共享各级科技馆高效的科普传播平台系统。省级科技馆官网覆盖率接近 100%，地市级科技馆官网覆盖率约为 50%，县级科技馆官网覆盖率为 33.3%。全国近 2/3 的专业科技博物馆有自己的官方网站，50%的专业科技博物馆建立了微博、微信。科技馆官网更加重视科普功能，推出科普内容，如科技资讯、展品原理介绍等科普资源，有的还结合现代信息技术开发出虚拟参观、科普视频、科普游戏等形式。移动科普应用发展迅速，一些科技馆开设了官方微博、微信、手机 WAP 网站、移动客户端等。

（4）科普博览会影响力不断增强，科普产业规模不断扩大。自 2004 年举办了第一届中国（芜湖）科普产品博览交易会以来，科普博览会就表现出茁壮的成长态势，如科技场馆展品与技术设施国际展览会、中国（芜湖）科普产品博览交易会、博物馆及相关产品与技术博览会、上海国际科普产品博览会，其中中国（芜湖）科普产品博览交易会已连续举办了 8 届。2014 年 12 月，由上海市科协等主办的为期 4 天的首届上海国际科普产品博览会汇集了来自中国、美国、日本、韩国、法国、丹麦的等 150 余家机构的 3100 余件科普展品，吸引了近 8 万人次现场参观，展会现场及意向交易额超过 2 亿元。科普博览会的办会水平越来越高，办展规模越来越大，并积极探索公益与市场互补的科普工作新模式，促进科普事业培育科普产业、科普产业反哺科普事业，实现公益性科普事业与经营性科普产业协同发展，推进科普产品信息化、专业化、国际化的发展。

3. 服务体系逐步完善

（1）现代公共科普服务体系逐步建立和完善。2012 年年底，中国科协围绕十八大提出的完善公共文化服务体系、提高服务效能、促进公共服务均衡化的要求，提出了中国现代科技馆体系的概念，并对其建设展开研究和实践。科技馆体系统筹我国当前多种科技馆业态，如实体科技馆、网络科技馆、流动科技馆、学校科技馆等，根据我国的现实需求与国情，借鉴国际科技馆发展经验，以跨越式发展为思路构建公共科普服务体系，旨在促进资源共享、布局合理、优势互补，迅速提升我国的公共科普服务能力，实现公众对科普服务的公益性、基本性、均等性、便利性等要求。

（2）科技馆免费开放稳步推进，促进科技馆事业健康发展。为落实《国务院关于印发国家基本公共服务体系“十二五”规划的通知》提出的“向全民免费开放基层公共文化体育设施，逐步扩大公共图书馆、文化馆（站）、博物馆、美术馆、纪念馆、科技馆、工人文化宫、青少年宫等免费开放范围”的要求，充分发挥科技馆在保障公民基本文化权益、提高公民科学素质中的重要作用，深入实施全民科学素质行动，中宣部、财政部、中国科协决定于 2014 年开始开展全国科技馆免费开放工作。免费开放要求将科技馆免费开放所需经费纳入财政预算，切实予以保障。中央财政安排专项资金，重点补助地方科技馆免费开放所需资金。同时，为鼓励先行免费的科技馆，将其中符合免费开放实施范围的科技馆从 2013 年开始列为中央财政补助对象。科技馆免费开放门票收入减少部分、展品折旧补助部分、绩效考核奖励经费全部由中央财政负担；运行保障经费增量部分由中央财政分别按照东部 20%、中部 60%和西部 80%的比例进行补助，其余部分由地方财政负责安排。同时，建立健全绩效考评机制，促进科技馆科普公共服务能力的提升。2018 年全国免费开放的科技馆达到 950 个（含青少年科技馆），预计 2020 年可以实现除少数几个科技馆外其余所有科技馆都免费开放。

（3）探索科学管理新模式，提升保障能力和水平。科技馆积极探索科技馆理事会制度、人力资源培训与管理制度、展览展品标准规范制度，规范展教内容，明确管理要求，整合业务流程，合理调配资源，转变运行方式，提高服务效能，全面增强科普辐射力，提供更加人性化的科普公共服务设施和项目。其他科普基础设施积极探索项目制，通过项目方式的运作与管理，实现其科普职能。中国科学技术馆“主题科普展览开发与巡展”通过项目制度，建立了有效的设计、开发、巡展工作机制，调动了社会力量参与科普展览开发，建立了社会化的科普资源联动格局，进一步发挥了对基层科技馆的引领带动作用，有效解决了部分科技馆展览资源更新慢、更新难的问题，有力促进了展览资源的交流共享，提高了展览资源的使用效率，加大了科技知识在全社会的传播速度和覆盖广度，提升了全国科技馆服务社会的能力和水平。科技馆越来越多地参与到企业的展览展品多策划、设计、制作过程中，已经形成了一定的联合协作工作模式的组织基础。同时，科技场馆的区域联盟开始出现，有力地促进了科技场馆的科普能力提升和健康发展。

（4）社会参与科普的积极性得到增强。自 2011 年起，国务院决定以中央专项彩票公益金支持乡村学校少年宫建设。乡村学校少年宫在培养农村中小学生的学习兴趣和基本技能、提升孩子们的动手和实践能力等方面，发挥了重要作用，有利于推动农村素质教育和城乡教育公平均衡发展。“十二五”期间，全国共建设乡村学校少年宫 3.2 万余所，其中，中央支持建设乡村学校少年宫 1.2 万所，带动各地自建 2 万余所。“十三五”时期，中央专项彩票公益金将支持在全国新建 8000 所乡村学校少年宫，其中贫困地区将作为建设重点，到 2018 年国家贫困县 90%的乡镇都将有 1 所乡村学校少年宫。其中，中央支持建设的少年宫要覆盖 56%的乡镇，国家贫困县涉及的 22 个省（自治区、直辖市）的省级自建项目也要向贫困县倾斜。自 2007 年起，华硕集团积极履行企业公民的社会责任，以缩小城乡数字鸿沟为己任，华硕集团与中国科协联合建设“华硕科普图书室”，为每个科普图书室配备价值 6 万余元的 3000 册科普、科技、文艺、经济、卫生保健等类别的图书和两台电脑。10 年间，华硕集团累计投入价值近亿元的科普图书和电脑设备，在全国基层市、县级地区建设 1000 多个“华硕科普图书室”，并持续开展科学普及和信息化教育活动。2012 年，中国科技馆发展基金会发起“农村中学科技馆”公益项目，2017 年新建 241 所，累计保有量达到 539 所，预计 2020 年该项目在全国特别是中西部建设的农村中学科技馆将达到 1000 所。科研机构和科技团体的科普积极性也越来越高，科技周、科普日的活动中，科研院所开放实验室及其活动显著增长，高校积极开展青少年高校科学营试点、高校科普创作与传播试点等活动，促进科普与教育紧密结合。

（5）监测评估机制进一步健全并发挥积极效应。“十二五”期间，科普基础设施建设与发展的监测评估进一步加强，并发挥了积极作用。“十三五”期间，中国自然科学博物馆学会开展了《中国科普场馆年鉴》统计工作，记录中国自然科学类科普场馆年度发展运行、学术活动、展览教育等方面的重要资料。中国流动科技馆、科普大篷车、科普教育基地，以及基层科普工作（如社区），都进行了年度工作评估，通过以奖代补的形式进行经费资助，示范引领推进科普基础设施的科普能力和水平更好地发展。

（二）2020 年科普基础设施建设存在的主要问题

尽管我国的科普基础设施建设取得了长足发展，但仍不能较好地满足全民科学素质提高与创新型国家建设的需要。宏观层面，我国科普基础设施的建设与发展滞后于我国的经济社会发展，无法满足公众的科学文化（科普）需求。微观层面，规模上总量不足、空间分布上区域发展不平衡、内容涵盖上专业发展不均衡、整体覆盖率和使用率均不高、长效发展的保障体系仍未建立等问题仍然较为突出。

1. 总量仍然严重不足

无论是从人口均值还是从经济社会发展需求来说，我国科普基础设施的总量都严重不足，远远不能满足公众需求。《全民科学素质行动计划纲要（2006—2010—2020 年）》[5]（以下简称《科学素质纲要》）和《科普基础设施发展规划（2008—2010—2015）》[6]明确要求，到 2010 年各直辖市和省会城市、自治区首府至少拥有 1 座大中型科技馆，但到“十二五”期间，我国仍只有 27 个省（自治区、直辖市）完成了上述要求，4 个省（自治区、直辖市）的科技馆正在施工建设中。预计在“十三五”期间，可完成上述目标。《科学素质纲要》规定，我国城区常住人口 100 万人以上的大城市中，要至少拥有 1 座科技类博物馆，通过目前的数据预测，到 2020 年，我国仍然有近 20%城区常住人口 100 万人以上的大城市中没有科技类博物馆。

从表 1 可以看出，尽管近 20 年我国（不含港澳台地区）的科技博物馆总数由约 250 座增长至 1439 座，增长幅度非常快，超过了世界上其他国家的发展速度，但与我国人口总数相比，数量太少，速度太慢，单馆接待能力有待进一步提高。

表 1　科技博物馆的数量、观众量对比

国家/地区	总馆数/个	馆数与人口总数之比	年接待观众量/人次	观众量与人口总数之比	馆均观众量/万
美国	560	1∶41 万人	1.5 亿	1∶1.5	26.80
英国	80	1∶75 万人	1 300 万	1∶4.6	16.25
日本	550	1∶22 万人	6 500 万	1∶2	11.82
中国（不含港澳台地区）	1 439	1∶96 万人	2.05 亿	1∶6.7	14.24

注：中国（不含港澳台地区）的数据为科技部发布的 2017 年度全国科普统计数据，总馆数为科技馆数量与科技类博物馆数量之和。美国、英国、日本等的数据为 2009 年数据，因其科技博物馆建设已进入成熟期，数据变化不大，故仍引用，作为参考。

2. 区域发展仍不平衡

科普基础设施总量严重不足是一个无法短期内改变的客观现实，只能逐步改善。在逐步改善的过程中，优化布局是一种有效的方式。此前，科普大篷车、流动科技馆、主题巡展、基层科普设施建设等，采取的都是优先西部的政策。但是由于西部地区自身的经济社会发展特点和地广人稀的区域特色，虽然经过长期发展，我国科普基础设施的区域均衡发展情况有所改善，但是仍然处于不平衡发展状态。经济落后、科教文资源匮乏地区的科普基础设施较少、条件较差。以科技馆为例，根据《中国科普统计》历年数据，东部地区集中了全国将近半数的科技馆，地区分布不均衡的局面仍未得到根本改变。事实上，不仅是科技馆，专业科技博物馆、科普传媒（如网站）等，都主要集中在东部沿海经济发达地区，中、西部地区则分布较少。北京市作为全国的首都，是全国政治、文化和科技中心，全国学会和部门机构大都集中在此，科普网站数量较多。

3. 专业发展不均衡

现有科技馆几乎全为多学科综合性场馆，缺少专业性、专题性的行业科技馆。《全民科学素质行动计划纲要实施方案（2016—2020 年）》提出，“积极推动科技馆在全国的合理布局，重点在市（地）和有条件的县（市）发展主题、专题及其他具有特色的科技馆”。[7]经过“十二五”“十三五”近 10 年的发展，我国的主题、专题及其他具有特色的科技馆获得了蓬勃发展，数量和规模都取得了一定成绩，但总的来说还令人不甚满意。现有的专业科技博物馆中，科技人物、自然类（包括地质、国土资源、湿地、保护区）、医药类等科技博物馆较多，而天文馆、水族馆、综合性工业科技博物馆等较少。预计到 2020 年，全国建成投入开放运行的天文馆仍不到 10 个，2020 年仍然没有国家级综合性的科学工业博物馆和工业技术博物馆。

4. 整体覆盖率和使用率不高

以科技馆为例，中国科技馆曾做过专题研究分析，截至 2014 年 8 月，全国适宜建设科技馆的 233 个地级及地级以上城市中，仍有 158 个城市未建成科技馆，建有科技馆的城市比例不足三成（表 2）。

表 2　各地区建有科技馆的地级及地级以上城市情况

地区	适宜建馆的城市数量/个	截至 2010 年年底		截至 2014 年 8 月底	
		已建馆的城市数量/个	所占比例/%	已建馆的城市数量/个	所占比例/%
东部	90	32	35.6	36	40.0
中部	85	15	17.6	23	27.1
西部	58	11	19.0	16	27.6
合计	233	58	24.9	75	32.2

尽管“十三五”期间，一些地方加快了科技馆的建设，但是预计到 2020 年，地级以上城市科技馆覆盖率仍达不到 100%。

与此同时，现有科技馆却面临着使用效率不高的问题。根据《中国科普统计》和美国科技馆协会的数据，可以分析得出我国科技馆的馆均接待水平远远低于美国科技馆的水平（表 3）。与此同时，我国《科学技术馆建设标准》规定，科技馆的单位面积年接待观众应是 30～60 人。

表 3　中美科技馆的接待水平比较

年份		馆数	展厅面积/万平方米	年接待观众量/万人次	馆均观众量/万人次	平均单馆每天观众量/人次	单位面积年观众量（人次/平方米）
中国	2010	355	96.68	3 044	8.58	286	31.50
	2015	444	154.20	4 695	10.57	353	30.50
	2016	473	157.22	5 646	11.94	398	35.90
美国	1988	131	—	5 000	38.2	1 272	—
	2012	422	—	15 000	35.50	1 000	—

注：一年的开放时间按 300 天计算

从表 3 中可以看出，我国科技馆的这一指标数值处于较低水平。同样，用《中国科普统计》中的数据计算科技博物馆的单位面积年接待观众，发现其虽要略好于科技馆，但仍有较大提升空间（表 4）。

表 4　我国科技博物馆的接待水平

年份	馆数	展厅面积/万平方米	年接待观众量/万人次	馆均观众量/万人次	平均单馆每天观众量/人次	单位面积年观众量/（人次/平方米）
2010	555	177.06	6 392	11.51	384	36.1
2015	814	269.73	10 511	12.91	431	39.0
2016	920	282.49	11 016	11.97	400	39.0

注：一年的开放时间按 300 天计算

5. 长效发展的保障体系仍未建立

尽管我国科普基础设施的保障机制不断创新，但是总的来说，一个长效发展的保障体系仍未建立。理论基础研究支撑不够、管理体制和运行机制滞后、社会化参与度低、经费来源单一且严重不足等现象仍较为突出，这些严重影响了科普基础设施的可持续健康发展，没有能力向公众提供所需服务。展教资源总量不足、资源结构不合理、缺乏特色和创新；展教资源开发违背科学规律、协同性差、重复开发、效益低；教育活动数量少，创新不足；专业人才匮乏，科普服务能力与水平偏低。部分场馆重前期资金投入，轻后期管理运营；重形式设计，轻展陈内容的后期更新；重用新科技手段锦上添花，轻主体展览展品的本质；重展厅陈列，轻观众参与互动，导致业务职能无法充分发挥。相比于建设的一次性投入，科普基础设施日常运行维护的投入则是一项长期性工程，其金额远远超过建设费用。目前，科技类博物馆有财政或企业拨款的单位约占 60%，其余 40%靠自收自支或通过其他方式募集资金维持生存和发展。每年财政经费在满足基本运行后剩余款项远远不能满足设备更新、提供优质科普服务等要求。与此同时，我国科技类博物馆的社会资金利用程度普遍不高，利用途径少，利用状态不稳定。近 10 年间，民办博物馆被认为是我国博物馆格局和类型的重要补充，以及社会多元化办馆的体现而逐步受到重视。有一定比例的科技类博物馆的建设主要依靠行业资金和社会力量，但由于政府的政策不清晰，建成后管理体制不顺、隶属关系不明成为制约这些场馆发展的重要因素。另外，近年来为推动博物馆的发展，非公有资本陆续进入博物馆，允许博物馆开展一些经营活动与实行税收优惠政策，但目前相关政策还不完善。虽然政府也通过减免税收鼓励社会资金进入博物馆，但由于申请程序上的种种规定，导致程序烦琐，削减了社会资金介入的积极性。

（三）2021～2035 年科普基础设施建设的新使命

1. 服务跻身创新型国家前列的新需求

党的十九大报告明确提出，从二〇二〇年到二〇三五年，在全面建成小康社会的基础上，再奋斗十五年，基本实现社会主义现代化。从二〇三五年到本世纪中叶，在基本实现现代化的基础上，再奋斗十五年，把我国建成富强民主文明和谐美丽的社会主义现代化强国。结合习近平总书记在全国科技创新大会、中国科学院第十八次院士大会、中国工程院第十三次院士大会、中国科协第九次全国代表大会上提出的我国建设世界科技强国“三步走”路线图，可以明确：到 2020 年时使我国进入创新型国家行列，到 2035 年时使我国进入创新型国家前列，到新中国成立 100 年时使我国成为世界科技强国。因此，2021～2035 年是我国经济、科技实力大幅跃升，从创新型国家行列跻身创新型国家前列的关键期。

要从创新型国家行列跻身创新型国家前列，需要大量的创新型人才。党的十九大报告提出要倡导创新文化，培养造就一大批具有国际水平的战略科技人才、科技领军人才、青年科技人才和高水平创新团队。党的十八大明确提出要实施创新驱动发展战略，人才是基础和关键，创新驱动本质上是人才驱动。公民科学素质整体提升和高素质的劳动力是增强国家科技创新能力的关键因素。只有广大群众具备科学精神和科学思想，掌握科学方法，创新人才才能大量涌现，整个社会的创新创造活力才会不断迸发，自主创新能力的提升才拥有坚实依托和不竭源泉。

2035 年基本实现社会主义现代化的目标，提升公民科学素质也是加快经济方式转变的迫切要求。我国要从产业链低端向高端跃升，从“中国制造”向“中国创造”转变，构建现代化产业发展体系，实现经济发展创新驱动、内生增长，从根本上说必须依靠具备较高科学素质的劳动者、拥有与机器生产配套能力的技术工人和创新人才。提升公民科学素质是实施创新驱动发展战略的必要条件。为了有效支撑创新型科技人才的产出，提升人才的国际竞争力，必须大幅度提高公民科学素质。为此，2018 年年底中国科协发布的《面向建设世界科技强国的中国科协规划纲要》明确提出，到 2035 年我国公民具备科学素质的比例超过 20%，要达到发达国家先进水平，为我国建设创新型国家、建设世界科技提供坚实支撑。2021～2035 年，面对创新驱动发展战略的实施和创新型国家建设，作为为公众提供科普服务的重要平台，科普基础设施如何让公众了解科学技术知识，学习科学方法，树立科学观念，具备科学精神，为全民科学素质的提高和创新驱动发展战略的不断推进提供有力支撑和注入不竭动力，将成为科普基础设施建设的一个新需求。

目前，我国科普工作还有许多不尽如人意的地方，这与我们对于科普工作的现实意义缺乏深刻理解息息相关，大家还没有把科学普及放在与科技创新同等重要的位置来理解，科普的劳动价值绝不低于科研的劳动价值。科技创新和科学普及都是科学事业不可分割的一部分，科学的普及与科学的创新同等重要。公民科学素养提高了，创新土壤会更加扎实，创新驱动社会发展会更有力；在更多高精尖领域让科技创新取得突破，社会对创新价值的认知和理解就会更充分，人们对科技知识的向往就会更强烈。

一流的科普工作需要一流的科普基础设施，缺乏一流的科普基础设施，就不会形成一流的科普工作；缺乏一流的科普工作，也不会形成一流的科技软实力，也就谈不上持续领先的创新驱动力。特别是在我国，科技工作正面临从“跟踪模仿”到“原始创新”的嬗变阶段，其中一个突出问题就是对科学精神与科学方法的准确理解与重新诠释。传统上社会科学文明、文化的贫瘠，导致创新源泉的干涸，这是我们从“科学民工”到“科学大师”转变的必修课，也是从“技术模仿”到“技术独创”转变的重要关口。中国科普工作需要重生，科普基础设施建设需要全新思维。科普基础设施建设和科学普及工作关乎现在，更关乎未来，因此要从投入上为之增加能量，从健全机制上使之健康成长，从人才培养上为之注入血液。只有这样，才能让科普成为科技繁荣的鲜明底色，才能让创新驱动的双翅振动高飞。

2. 服务现代化公共文化服务体系的新理念

党的十九大报告指出，2035 年基本实现社会主义现代化，其目标还包括到 2035 年，人民平等参与、平等发展权利得到充分保障，法治国家、法治政府、法治社会基本建成，各方面制度更加完善，国家治理体系和治理能力现代化基本实现；社会文明程度达到新的高度，国家文化软实力显著增强，中华文化影响更加广泛深入；人民生活更为宽裕，中等收入群体比例明显提高，城乡区域发展差距和居民生活水平差距显著缩小，基本公共服务均等化基本实现，全体人民共同富裕迈出坚实步伐；现代社会治理格局基本形成，社会充满活力又和谐有序；生态环境根本好转，美丽中国目标基本实现。这些既要着眼于满足人们的物质生活需要，又要着眼于满足人们精神文化生活的需要。

在科学发展历程中逐步积淀、演进形成的科学文化，对一个国家和民族的现代化进程产生着越来越重要的影响。随着社会生产和生活活动的演变，科学文化逐渐成为社会文化的核心要素，成为推动社会文化发展的主要动力。从一定意义上来说，科学文化是塑造现代化社会和促进科技发展的重要力量，科技事业的发展又反过来推动着科学文化的兴起和发展进程。近现代以来，我国的科学文化得到了一定发展，但仍滞后于社会发展需要。公民科学理性弘扬滞后于科学事业发展，科学精神仍未成为社会主流价值观。

党的十九大报告提出：“文化是一个国家、一个民族的灵魂。文化兴国运兴，文化强民族强。没有高度的文化自信，没有文化的繁荣兴盛，就没有中华民族伟大复兴。要坚持中国特色社会主义文化发展道路，激发全民族文化创新创造活力，建设社会主义文化强国。”面对 2035 年基本实现社会主义现代化的目标，经济社会发展对科学文化提出了巨大的需求，应充分认识到科学文化建设的重要性和紧迫性，全面提高科学文化建设的主动意识。

公民迫切需要提升自身生活能力、身体素质、就业能力、心理素质、处理科技与社会问题等方面的能力，加强公民科学素质建设是促进人的全面发展的重要途径，需要一个高效、公平、普惠的现代化公共科普服务供给体系。2021～2035 年，如何通过为公众提供科普服务，帮助公众提升自身科学素质，提高应用科学技术处理实际问题和参与公共事务的能力，实现人的全面发展的基础不断夯实，是科普基础设施面临的又一个新的需求。

党的十八大提出了完善公共文化服务体系、提高服务效能、促进公共服务均衡化。党的十九大提出到 2035 年城乡区域发展差距和居民生活水平差距显著缩小，基本公共服务均等化基本实现。科普基础设施是国家公共文化服务体系的重要组成部分，承担着社会科学文化建设的基础性职责，如何建设一个普惠型、均等化的现代化公共科普服务体系对建设和完善基本公共服务均等化关系重大。

3. 服务数字化、泛在化和智能化科普的新形态

2018 年 1 月，国家信息中心发布《2017 全球、中国信息社会发展报告》，受益于移动互联网、智能制造、大数据、人工智能等新一代信息技术的不断前进，对产业结构调整、经济发展模式、社会生活方式等各方面产生全方位的影响，以及各国越来越重视信息技术的创新与应用，先后出台的一系列战略和政策，全球信息社会发展速度回升，2017 年全球信息社会指数（ISI）达到 0.5748，总体上即将从工业社会进入信息社会。2017 年我国信息社会指数达到 0.4749，在全球 126 个国家和地区中排名第 81 位，仍处于全球中下游水平，但近年来保持了较高增速。预计 2020 年，全国信息社会指数将达到 0.6，整体上进入信息社会初级阶段。

数字化正在全球掀起信息风暴，全球正在进行着一场前所未有的信息革命。数字中国是新时代我国信息化发展的新战略，是满足人民日益增长的美好生活需要的重要举措，是驱动引领经济高质量发展的新动力，涵盖经济、政治、文化、社会、生态等各领域信息化建设。建设数字中国，是抢抓信息革命机遇构筑国家竞争新优势的必然要求，是推动信息化发展更好地服务经济社会发展、加快建成社会主义现代化强国的迫切需要。信息社会的资源配置更活跃，手段更多样，频次、密度、强度呈指数级增加，人和生产要素流动范围更宽、速度更快、效用更好。资源配置通过信息网络进行，发挥网络化、扁平化优势。信息网络对资源配置的敏感度、指向度、精准度有质的提升。

信息的数字化对文化的形成、交流、传播、演变、发展，是一个巨大的变化和挑战。2005 年，联合国教科文组织发布的《从信息社会迈向知识社

会：建设知识共享的二十一世纪》认为，信息革命提出的两个挑战显得特别突出：人人享用信息和实现表达自由的前景。实际上，在接触信息源、信息内容和信息基础设施上存在着不平等，这种不平等被称为“数字鸿沟”，正在损害着信息社会真正的世界意义。“数字鸿沟”在我国也因各地经济社会发展的差异而广泛存在，如果不加重视，“数字鸿沟”将会出现加剧趋势。

信息化及其技术的进步与发展，带动了整个社会服务数字化、泛在化和智能化，并最终走向智慧服务。按此发展态势，移动互联网、社交媒体、虚拟现实、互动体验、人工智能、大数据及数据可视化等将成为全球媒体发展的主要动向和热点，并且将更加广泛和深入地对人们的社会生活产生影响。科普基础设施提供的科普服务作为社会公共服务体系的一个重要组成部分，也必将迎来其数字化、泛在化和智能化的新形态，同时要注意防范“数字鸿沟”。新技术的发展正在不断改变科普基础设施的科普资源展示展览方式，以及利用科普资源与公众的沟通交流与互动关系，数字化、泛在化和智能化正在改变和引领科学教育和普及的未来发展方向，信息网络的资源配置方式也将影响科普资源的配置。这些都关系到 2021～2035 年我国科普基础设施的建设与发展。

此外，当前社会发展带来的一些新的理念，创新文化、全民学习、网络思维、人性化服务、购买服务等，以及科普休闲化、个性化、精准化等新趋势，也将催生 2021～2035 年科普基础设施的科普服务新形态。

三、2021～2035 年科普基础设施的发展战略

（一）战略目标

我国科普基础设施战略目标是：到 2035 年，全覆盖的公共科普服务体系基本建立，公众科普服务均等化基本实现。有效助力 2035 年我国公民具备科学素质的比例超过 20%，达到发达国家先进水平，国家迈入创新型国家前列。

要实现全覆盖的发展目标，必须通过建立长效保障体系，积极服务于互联科普体系、现代科技馆体系、基层科普体系、国际合作体系，使之协同发展，实现科普基础设施的两个“全覆盖”，即区域全覆盖和服务全覆盖。

区域全覆盖是指到 2035 年，全国区域范围内的科普基础设施实现全覆盖，即任何一个地方都在科普基础设施的服务辐射范围之内。其中，利用互联科普体系覆盖全体互联网网民，利用现代科技馆体系覆盖所有县域居民，利用基层科普体系覆盖全国范围内的所有社区和村。

服务全覆盖是指到 2035 年，全国所有人口都能通过方便、快捷的方式接受科普基础设施提供的均等化科普服务。

（二）战略思路

2021～2035 年，我国科普基础设施建设的总体思路是：对标中央、对标国际、对标未来，加强战略研判和前瞻部署，确实将科学普及摆在与科技创新同等重要的位置，明确科普基础设施在科学普及中的基础性地位，坚持以人民为中心、国际视野、提质增效、均等服务原则，突出标准化、智能化、模块化、协同化，加强体系建设和能力建设，统筹规划、融合发展、监管协调，确保战略目标达成。

（1）以人民为中心。打破目前分散发展的格局，以互联科普体系、现代科技馆体系、基层科普体系为支撑，完善公共科普服务体系，拓展社会资源的科普功能，实现科普基础设施为民所建、为民所需、为民所用、为民所爱，将科普基础设施变成服务地方经济和社会发展的重要基础设施和公共服务平台。

（2）国际视野。以建设人类命运共同体为目标，借鉴国际先进经验，创新管理体制机制，探索科普基础设施资源共建共享模式和机制，搭建科普基础设施服务平台，营造社会科普资源开放共享环境，推进科普资源高效利用；推动科普基础设施建设走出去，积极向国际社会，特别是“一带一路”沿线国家输出中国经验。

（3）提质增效。以改进服务质量、扩大服务对象为抓手，强化需求导向、问题导向、目标导向，提升服务能力，创新服务方式，有效加强科普资源研发和展览活动策划与实施，增强展教内容和活动的参与性、形式的多样性和开放性、展教资源的时效性、展览和活动对地方经济社会发展的实效性，增强科普基础设施的吸引力和服务效果。

（4）均等服务。打造建设标准，统筹区域、城乡和不同类型科普设施的融合发展，适当向中西部地区和贫困地区倾斜，因地制宜，发挥区域优势，实现全社会科普资源优化配置，制定人才队伍专业素质基准，提供全覆盖和均等化服务，快速弥补我国科学素质建设的区域短板。

（三）战略部署

2021～2035 年，我国科普基础设施建设的战略重点将发生如下两大转变。

一是体系建设，从分散的设施建设向构建现代化公共科普服务体系转变。就是将科普基础设施建设与运行纳入构建现代化公共科普服务体系，将公共科普服务体系纳入公共文化服务体系中统筹规划，协同发展。通过互联科普体系、现代科技馆体系、基层科普体系及社会科普资源，正视“数字鸿沟”，构建全覆盖、均等化的现代化公共科普服务体系。打破科普基础设施现有责、权、利的格局，建立一整套立足于现代化公共科普服务体系建设的创新性机制和制度安排。

二是能力建设，从单一的知识普及向提供综合性科学技术普及服务转变。就是创造具有中国特色的开发、管理、运行、保障方式，最有效地将不同内容、不同形式、不同技术手段、不同载体、不同传播途径的科普资源整合起来，坚持内涵式发展道路，开发高水准、受欢迎、重实效的展教资源，不仅传播科技信息、普及科学知识，更重视传播科学方法和科学思想、弘扬科学精神，也注重生产生活技能培训，使科普基础设施的优质内容和活动满足不同地区、不同阶层更广大公众的美好生活需要。

（四）战略任务

2021～2035 年，我国科普基础设施建设的战略任务是建立健全五大体系：互联科普体系、现代科技馆体系、基层科普体系、国际合作体系、长效保障体系。通过纵横联合，优化资源建设和全国合理布局，打造一个立体式、全融合、快反应、更便捷的现代化公共科普服务体系，实现科普基础设施及其科普服务全覆盖、均等化，切实增强人们的获得感、幸福感、安全感，为构建人类命运共同体贡献中国经验。

1. 互联科普体系

2021 年世界将开始进入一个互联世界、智能世界。互联科普体系是指以科普信息化为抓手，通过大数据、云计算、物联网、人工智能、虚拟现实等技术，整合现有资源，打造一个立体式、全融合的互联科普体系。

云上网络：跨越地域限制，弥补“数字鸿沟”，为全体公众提供数字化、泛在化、智慧化科普服务。

2. 现代科技馆体系

进一步整合目前的科技馆体系资源，以及科技类博物馆、流动科普设施等，拓宽现代科技馆体系的内涵和外延，重新架构综合型场馆＋网上科技馆＋流动科技馆（大篷车）＋学校科技馆，构建一个层次衔接、虚实结合、立体便捷的现代科技馆体系。

主干网络：为青少年提供一个基于实物的体验学习、基于实践的探究学习的场所。

3. 基层科普体系

由遍布街道、社区、乡镇、村的科普设施构成基层科普体系，通过政府组织管理和社会化建设，达成设施建设标准、人员配备标准、科普服务标准等全国或区域范围内的一致性，促进基层科普设施建设与服务的全覆盖和均等化。

毛细网络：为基层民众提供全覆盖、均等化科普服务，助力他们获得更美好的生活和更强的幸福感。

4. 国际合作体系

以科普基础设施及其资源建设和活动开展为载体，以促进全球公众科学素质共同提升、推动人类命运共同体建设为目标，开展民间国际科技教育交流合作，融入全球科学传播与科技创新网络，深度参与全球科技治理，贡献中国智慧，推动形成深度融合、互利合作的对外民间科技教育交流格局，共同创造人类美好的未来。

外联网络：打造国际民间科技人文交流合作新平台，促进全球公众科学素质共同提升，推动人类命运共同体建设。

5. 长效保障体系

通过政策法规、经费投入、人才建设、创新管理等构建科普基础设施发展的长效保障体系。引导科普基础设施建设和服务提供机构采取市场运作方式，加强产品研发，拓展传播渠道，开展增值服务，带动产业发展；鼓励社会资源参与科普基础设施建设，整合科普资源，构建科普服务平台，建立区域合作机制，形成全国范围内科普基础设施资源互通格局，实现相互之间的资源共享与协同发展。

造血供血：为科普基础设施的云上网络、主干网络、毛细网络、外联网络提供充足养分，保障血液良好输送。

（五）重大工程

1. 国际化工程

服务国家战略，拓宽国际科技人文领域合作渠道，建立多边、双边合作机制，积极开展国际合作，特别是“一带一路”沿线主要国家的科普基础设施相关的国际合作和中国方案输出，加大对发展中国家特别是最不发达国家的援助力度，促进全球公众科学素质共同提升。坚持环境友好，保护好人类赖以生存的地球家园，以文明交流超越文明隔阂、文明互鉴超越文明冲突、文明共存超越文明优越，推动人类命运共同体建设，共同创造人类的美好未来。打造国际民间科技人文合作新平台，推动形成深度融合、互利合作的对外民间科技教育交流格局，增添共同发展新动力，促进我国的国际影响力、感召力、塑造力进一步提高，为世界和平与发展做出新的更大贡献。

一是开展科普基础设施建设国际合作。利用国际合作建设的科普基础设施，开展青少年科技教育国际拓展行动。打造青少年科技教育国际论坛，举办“一带一路”青少年创客营与教师研讨等活动。推动青少年科技创新大赛、机器人竞赛等重大竞赛活动的国际化，办成国际青少年科技爱好者和科技教育者的嘉年华，办好国际科学与工程大奖赛（ISEF）、樱花计划等重点国际青少年科技交流活动。

二是推动建立科学传播领域全球性、综合性、高层次的交流合作机制，推动搭建全球科学文化传播平台，建立全球传播数字网络，建立“一带一路”

青少年科技教育交流机制。举办国际科普作品大赛，组建“一带一路”沿线国家科普场馆联盟，开展高水平的科普展览等服务活动。

2. 社会化工程

科普基础设施是国家公共文化服务体系的一个重要组成部分，要推动形成全社会共建共治共享格局，打造有利于科普基础设施良性发展的社会生态环境。①探索兼具公益性与营利性、事业性与产业性的发展机制，逐步建立多元化兴办、多渠道投入科普基础设施建设的良性机制；②引导和扶持各类社会机构及个人参与兴办、建设、资助公益性科普基础设施建设和相关科普项目，利用社会资金优势、科普资源优势、人力资源优势，为公益性科普服务；③进一步贯彻落实并修订完善现行国家鼓励科普事业发展的税收优惠政策，激励企事业单位、社会团体和个人参与科普设施建设和运行管理，促进科普基础设施服务能力的大力提升；④制定激励社会投入科普基础设施的税收优惠、鼓励补贴政策法规，明确科普资源共建共享的责任主体和机制安排；激励公益类科普场馆、科普教育基地等科普基础设施的优惠开放和免费开放，提升科普基础设施公共服务能力；⑤充分发挥各有关学会、协会和研究会等社会团体的作用，加强对各类科普基础设施建设与运行的咨询和指导。

3. 互联科普体系工程

整合目前的科普网站、期刊、报纸等科普传媒，利用大数据、云计算、人工智能、虚拟现实、区块链等技术，打造一个立体式、全融合的互联科普体系，提供数字化、泛在化、智慧化科普服务。一是以内容为拓展、个性化服务为核心，构建科普服务云基础设施。二是搭建网上科普互动广场。采取开放空间、公众参与、用户生产内容等方式，搭建公众与公众、公众与网站、网站与网站、线上线下等的交流互动和信息互换平台，满足公众偏好细分和对科普信息的多元化、个性化需求。三是开展科普精准服务。借助成熟、有效的信息传播渠道，面向不同地区和科普受众群体，定向、精准地将科普信息和资源及时高效地送达目标人群，满足救灾避险、民族群众等的个性化科普需求。

4. 现代科技馆体系工程

现代科技馆体系建设是一个跨区域、跨系统、跨部门的系统工程，涉及部分职能、任务、资源、经费、节点、渠道、供求关系的重新布局和再分配，要勇于打破机构之间现有责、权、利的格局，建立以中央、省、地市综合性科技类博物馆为中心的“三级联动”协作机制，在现代科技馆体系的各组成节点之间构建起资源、信息、技术服务的科学有序、结构合理、经济高效、流转畅通的渠道。

合理布局，有机整合科技馆、自然科学类博物馆、行业科技博物馆，发挥其展教资源的教育功能和作用，探索其与学校科学教育有机结合的运行机制；根据受众需求分层设计流动科技馆和科普大篷车科普内容，探索建立企业和社会机构参与开发运行的激励机制；通过网络科普提供访客需要的科技信息、知识获取、网络虚拟体验，打造全媒体融合的科普服务网络平台；农村中小学科技馆少年宫等基层科普场馆着重体现公平普惠，与其他形式的科技馆有效衔接，满足乡村学生的科技探索需求；借鉴国外科技项目科学传播的经验，建立科研院所科技资源开放，特别是高校、科研院所的科普场馆向社会开放的体制机制，赋予科研院所科普社会责任；增加公共文化设施的科普内容，满足公众获取科技知识的需求，提高公共文化设施和服务体系的运行效率；利用城市经济转型遗留的工业遗产，结合城市发展规划，建设科技馆和行业科技博物馆；强化自然保护区、地质公园、动植物园的科普教育功能，充分利用现代工程技术手段，提升科普宣教自然的效果。

5. 工业博物馆建设工程

随着我国的经济发展和产业转型，工业遗产不断涌现。按照城市规划要求，将具有典型科学、技术与工程价值的工业遗产作为科普设施加以保护和合理开发利用，改建成为科技馆和行业科技博物馆，不仅起到了保护工业遗产的作用，而且拓宽了科普资源的开发渠道。①利用工业遗产建设科技文化传播为主的科技博物馆，展示工业文明的价值观、工业文化其他方面的信息，反映与近现代科学技术发展与近现代工业城市面貌相关的历史特征，侧重发挥科学文化传播功能。②以收藏、展示工业遗存、互动体验等为主要内容，建立工业遗产行业科技博物馆，展示特定行业特定时期的工业技术、工业组织、思维方式等，侧重发挥工业遗产博物馆的科学教育功能。③根据工业遗产的产业化演进、资源优化配置、创造与应用知识的能力和效率，发展工业遗产科普创意园区，侧重发挥科普产业的经济实用功能。④利用城市工业遗产建立科技博物馆，还需要结合数字化时代特征，进一步完善遗产管理，推进制度创新，合理配套资源，加强市场培育，推进项目融资等。

6. 基层科普体系工程

一是各相关部门加强基层科普设施共建共享，增强现有设施的科普展教功能，新建一批具备科普教育、培训、展示等功能的县级综合性基层科普活动场所和科普设施；疏通科普资源配送渠道，协调统一文化、信息、教育、农业等部门间的科普资源，使优质的科普资源得到共享，提高基层科普资源利用率；综合性基层科普设施要做到内容互通、资源互通、人员互通的有机整合。

二是与相关国家标准相统一，推进基层科普展品的开发与更新改造。为了发挥基层科普展品在基层科普设施中的作用，需要将基层科普展品研发纳入国家科技计划体系，并出台政策扶持一批不以营利为目的、专业化的展教资源设计和开发机构，开发具备较高科普展教功能的基础性、原创性、趣味性的科普产品。

三是基层科普服务要适应时代要求。基层科普设施的建设要与信息社会的科普服务相匹配，充分调研了解基层公众的科普需求、习惯和特点，提高科普服务的针对性，使基层科普服务方式和手段不断更新以满足群众需求；由中国科协牵头，各有关部门参与建立国家基层科普数据库（电子），建立公开的门户网站，包括健康、安全、少儿科普益智、网络视听、志愿者服务等，各省（自治区、直辖市）在国家科普数据库下载所需内容，再由本级科协牵头，各相关部门参与，根据本地特色加入相关内容，建立本级科普数据库（门户网站）等。

四是提高基层科普设施的规范化管理水平。转变落后的科普管理理念，规范运行管理机制，赋予基层科普设施使用者自主权。基层科普设施的对口部门要给予其在基层的设施使用者一定的自主权利，在完成既定任务、实现既定的功能的同时，适当开展周边公众喜闻乐见的科普活动。

7. 组织保障体系工程

加强组织保障体系建设，积极动员全社会力量，创新工作体制机制，为我国科普基础设施更加健康持续发展提供强有力的保障条件。

一是政策法规保障体系。第一，进一步推进相关政策法规的制定或完善，推进《中华人民共和国科学技术普及法》实施细则的制定实施，进一步明确科普基础设施的重要地位及发展策略；修订完善《科学技术馆建设标准》，将其扩充为《科技类博物馆建设标准》，明确指导思路和发展目标，科学、合理地规划科技博物馆的布局和发展，推进各项科普资源和科普设施的标准化建设规范；建立完善各类科普基础设施的管理体制和运行机制标准。第二，研究制定《全国科普基础设施建设规划指南》《全国科普基础设施实施方案》，对已有的科普基础设施和新兴的科普基础设施从功能定位、总体数量、区域布局、建设标准、改扩建方式选择、教育活动开发、运行管理机制（含开发、运行、维护、人员配备等）、效益评估、资源共享等出发，统筹全国科普基础设施建设和协调发展等方面做出具体规定。各级地方政府要将科普基础设施建设纳入国民经济和社会事业发展总体规划，制定有关制度并深入实施。第三，研究制定科普产业促进政策，推动将国家科技计划项目成果转化为科普资源，探索建立科技成果及时转化为展教资源的工作机制；研究制定科普产业发展政策，实现科普产业发展与科普基础设施建设相互促进共同发展；创造公共科普展教资源公平使用的政策环境，推动科普文化产业健康发展等。

二是经费投入保障体系。建立“政府主导，广泛参与，科学配置”的投入保障机制。第一，将科普基础设施建设资金纳入国民经济和社会事业发展总体规划，各级政府将科普经费纳入同级政府财政预算，列入各级财政经常性公共服务支出，专列展览运维与更新、教育活动开发与实施等专项经费，争取扩大财政投入。第二，依据各级科普基础设施在开展科普服务中承担的职责，建立中央财政和地方财政按比例分摊经费的资金投入机制，建立西部地区科普基础设施相关经费在中央财政的转移支付制度。第三，加强对科普基础设施建设经费使用的监督管理，提高资金的使用效益。要改变各部门重视布点建设，科普设施支出占科普资金支出比重较高的现状，适当提高科普活动的资金支出份额；充分利用政府购买服务制度，合理配置资金资源。

三是管理创新保障体系。第一，确立市场化管理机制研究、理事会制度研究等相关课题，对我国科技馆引入市场化运作方式、企业化管理机制、理事会制度等提供理论支持。第二，试行企业化项目运行，在不改变科普基础设施公益性质的前提下，在科普基础设施建设中试点企业化管理。第三，制定以功能与效益为核心的科普基础设施考核评估机制。借鉴国际通用的监测评估标准和程序，建立科普基础设施分级考评制度，建立上报机制、反馈机制、巡查机制、考核机制等系统地开展科普基础设施建设工作的检测和评估。第四，搭建互动平台，构建工作网络，及时了解和掌握地方、部门的最新进展和动态，采取各项奖励和激励措施，促进带动科普基础设施建设和服务提升，促进科普基础设施全面、协调、可持续发展。

8. 人才体系培养工程

完善科普基础设施人才体系建设和培养体系。第一，切实有效地建立高校科普人才的贯通式培养机制，以博物馆学科或科学传播学科为基础，建立多学科融合的科普人才培养教程，与高校合作培养本科生及专业研究生，从不同类型科普基础设施对科普人才的不同需求出发，重点突出对展览教育、展览研发与展品维护、数字信息化与新兴技术三个方向的人才队伍培养和建设工作。第二，组建多种形式的科普人才在职培训体系，启动全国科技类场馆展教人员专项培训项目，由中国科协、中国自然科学博物馆学会、中国科技馆与相关教育、研究机构联合举办展览设计、教育活动开发与实施、科技馆管理与营销等不同专业、不同层次的中、短期培训班、研修班，培养大批熟悉科普设施展教业务的专业人才，适当开展海外培训交流合作项目。第三，发展专兼职科普人员和科普志愿者队伍，建立有效机制和相应激励措施，加强实体科技馆、流动科普设施、网络科技馆等专兼职工作队伍建设。第四，推动科技馆从业人员的专业技术职务评聘办法、岗位职责与标准的制定和完善，推动科技馆从业人员绩效评估体系的建设工作，建立和完善兼职科普人员和科普志愿者的登记、使用、考核机制。

9. 服务能力提升工程

提升科普基础设施的服务能力，可以更高效、合理地建设和使用科普基础设施资源，为公众提供数量更多、质量更高的科普服务。科普基础设施科普服务能力提升包括加强基础理论研究、政策法规制订、科普资源开发开放等。

（1）科普基础设施理论研究专项。开展科普基础设施的基础理论研究，包括各类科普基础设施的功能定位、需求分析、有效服务范围，科普基础设施的公益性与经营性研究，科普基础设施品牌建设与营销研究，科普基础设施共建共享基本理论与机制研究，社会科普资源开发开放研究，科普基础设施监测评估理论与实践研究；组织引进国外优秀科普基础设施理论与建设的研究专著和案例集，翻译出版。

（2）科普基础设施政策法规及组织保障体系研究专项。研究制定相关政策法规和组织保障体系，完善国家公共科普基础设施管理体制和运行机制。一是研究制定促进科普展教资源建设的政策；二是研究制定加强科普基础设施公共服务的政策，特别是科普经费相关政策；三是研究制定加快人才队伍建设的相关政策；四是研究制定各类科普基础设施的管理办法、规范和评估体系。

（3）基层科普服务标准与规范专项。研究制定基层科普设施的建设标准、人员配备标准、服务标准等，使其达成全国或区域内的一致性，促进基层科普设施建设和服务的均等化，实现公平普惠。

（4）科普社会化专项。推动科技部、教育部、文化部、工业和信息化部、中国科学院等部门机构的科研院所、企事业开发开放科普资源，形成社会大科普格局。推动将国家科技计划项目成果转化为科普资源，探索建立科技成果及时转化为展教资源的工作机制；创造公共科普展教资源公平使用的政策环境，推动科普文化产业健康发展；推进科研机构和大学面向社会开展科普活动等。

（5）科普人才培养培训研究专项。通过多种形式，研究如何建立一支包括专业科普人才、科学家、大学生、志愿者等在内的专兼职科普队伍，提高我国科普人才的总体水平和业务素质，含专业科普人才培养项目、科普人才在职培训项目、兼职科普人才筛选和培养项目，以及专业技术职务评聘办法和评估体系建设项目。

（6）科普产业发展研究专项。开展科普产业发展理论、政策规划与配套的激励机制等方面的研究，有效促进我国科普产业的蓬勃有序发展。

（课题组成员：李朝晖　王　静　黎　莎　鲍妮娜）

参 考 文 献

[1] 中华人民共和国科学技术部. 中国科普统计（2017 年版）[M]. 北京：科学技术文献出版社，2017.

[2] 刘垠. 2017 年度全国科普统计数据出炉[N]. 科技日报，2018-12-19：4.

[3] 中华人民共和国科学技术部. 中国科普统计（2016 年版）[M]. 北京：科学技术文献出版社，2016.

[4] 中国科协计财部. 中国科协 2017 年度事业发展统计公报[EB/OL][2019-08-30]. http：//www.cast.org.cn/ art/2018/7/1/art_97_317.html.

[5] 国务院. 全民科学素质行动计划纲要（2006—2010—2020 年）（国发〔2006〕7 号）.

[6] 国家发展改革委，科技部，财政部，中国科协. 科普基础设施发展规划（2008—2010—2015）（发改高技〔2008〕3086 号）.

[7] 国务院办公厅. 全民科学素质行动计划纲要实施方案（2016—2020 年）（国办发〔2016〕10 号）.

科普产业发展战略研究

中国科学技术大学管理学院科普产业研究所、
科普产品国家地方联合工程研究中心课题组

一、科普产业现状研究

习近平总书记在2016年全国科技创新大会、中国科学院第十八次院士大会和中国工程院第十三次院士大会、中国科协第九次全国代表大会上强调，科技创新、科学普及是实现创新发展的两翼，要把科学普及放在与科技创新同等重要的位置。自此，科学普及工作被提到了前所未有的战略高度。2016年国务院颁发了《“十三五”国家科技创新规划》，2017年科技部、中央宣传部联合制定了《“十三五”国家科普与创新文化建设规划》，两个规划中都明确提出要“推动科普产业发展”。2016年3月18日，中国科协制定了《中国科协科普发展规划（2016—2020年）》，提出重点实施“互联网+科普”建设工程、科普创作繁荣工程等六大工程。2019年8月13日，科技部等六部门联合印发《关于促进文化和科技深度融合的指导意见》的通知，对促进文化和科技深度融合，提出了切实可行的指导性意见，科普产业与文化产业的聚合发展，面临新的机遇和挑战。

习近平同志在十九大报告中强调，中国特色社会主义进入新时代，我国社会主要矛盾已经转化为人民日益增长的美好生活需要和不平衡不充分的发展之间的矛盾。在创新型国家建设发展战略深入推进的新形势下，社会公众对科学技术的渴求日益增长，科普文化产业逐渐形成并发展起来。中国（芜湖）科普产品交易博览会、上海国际科普产品博览会、中国（绵阳）科技城国际科技博览会、中国北京国际科技产业博览会、中国科幻大会等科技科普博览类会议常态化持续举办，有力促进了科普产品市场的培育和影响力的扩大。芜湖科普产业园、上海市科普产业孵化基地、胶州经济技术开发区科普文化产业园等科普产业园区的建立促进了科普产业的集聚发展，科普企业的实力逐步增强，企业规模进一步扩大。在科普产业与文化产业深度聚力融合的社会环境背景下，科普产品业态不断丰富，形成了科普展教、科普出版、科普教育、科普旅游、科普网络与信息等业态。

（一）科普产业助力工程实施情况

2016 年 2 月，国务院办公厅印发《全民科学素质行动计划纲要实施方案（2016—2020 年）》，提出实施科普产业助力工程，并对科普产业助力工程的主要任务、措施和分工做出了明确要求。各省（自治区、直辖市）随后制定出台相关政策法规，提出要实施科普产业助力工程。据统计，全国 31 个省（自治区、直辖市）均在该实施方案的基础上，结合各地经济、社会、文化及科普产业发展的实际情况，相继出台地方政策，明确提出要实施科普产业助力工程、科普资源开发与服务工程、实施科普资源开发与共享工程等，并根据本地区实际提出了具体的工作任务、保障措施、工作分工等，集聚了各地的智慧和优势，在特色化发展的基础上切实保障了工程的落地。

《中国科协科普发展规划（2016—2020 年）》《“十三五”国家科普与创新文化建设规划》等规划性文件也在政策上为科普产业助力工程的继续推进提供了政策支持。

1. 加强科普产业市场培育

搭建各类、各层次科普产品和服务交易平台。中国（芜湖）科普产品博览交易会自 2018 年起由每两年举办一次改为每年举办一次，并同期举办科普产业论坛，更好地推进了科普产业助力工程的实施。第九届中国（芜湖）科普产品博览交易会于 2019 年 5 月召开，参展单位 440 家，其中境外参展商 32

家，展示产品 3500 多件，交易额达 7.8 亿元，观众达 16.9 万人次，取得了丰硕成果。上海国际科普产品博览会是由上海市科学技术协会、上海市文化广播影视管理局、上海市科学技术委员会、上海科技馆共同主办的大型科普产业展览活动。[1]截至 2018 年，上海国际科普产品博览会已举办五届，吸引了数十万参观人次与来自十多个国家和地区的数百家参展商，搭建起科普产品交易平台，促进了科普产业的发展。2018 年第五届上海国际科普产品博览会展览面积 22 000 多平方米，4 天展期共计 138 636 参观人次，8116 位来访专业观众，意向总交易额达 1.32 亿元，现场零售交易额达 1580 万，350 余家参展商来自 13 个国家和地区，共展出 3500 余件展品，举办 12 场专业论坛和 62 场表演活动。通过展会搭建平台，经过多年的探索发展，我国的科普企业逐步发展壮大，数量不断增长，规模不断扩大，在各业态均形成了一批龙头科普企业，起到了很好的示范带头作用。

2. 加强科普产品研发创新

开展科普产品研发，不断满足公民对于科普产品的多样化高质量需求。2008 年 8 月，国内首家“产、学、研、用”相结合的科普产品研发机构——安徽省科普产品工程研究中心成立。2013 年 10 月，该中心被国家发展和改革委员会批复命名为“科普产品国家地方联合工程研究中心”，成为国内唯一面向科普产品工程化研发的国家级研究中心，积极开展科普产品的创意设计和研发，综合运用智能语音、图像识别、数字仿真等高新技术，开发儿童益智、社区生活、家庭健康、青少年教育、科普云等科普产品。在科普展教品方面，科普展教衍生品与科普文创产品近年来的发展呈现增长态势，科普展教衍生品是指以科普展教资源为基础，通过复制、转化或创意等手段与其他实物相结合，设计开发出的科学文化商品。在科普信息化方面，中国科协为大力推动“互联网+科普”行动计划和科普信息化建设工程，于 2014 年提出要大力打造“科普中国”品牌，“科普中国”集聚了大量优质科普资源，着力科普内容建设和表达形式创新，向全社会提供科学、权威、准确的科普信息内容和相关资讯，推动科技知识在网上和生活中传播。[2]

（二）科普产业促进科普事业发展情况

2017 年全国科普事业持续健康发展。2017 年度科普经费实现较快增长，全国科普经费筹集额 160.05 亿元，比 2016 年增长 5.32%。全国科普专职人员结构持续优化，2017 年科普专职人员 22.7 万人，比 2016 年增长 1.55%。其中，中级职称及以上或大学本科以上学历人员 13.95 万人，比 2016 年增长 4.59%；专职从事科普创作人员 14 907 人，比 2016 年增长 5.36%；专职科普讲解人员 31 200 人，比 2016 年增长 8.14%。科普场馆数量保持增长，全国共有科技馆、科学技术类博物馆 1439 个，比 2016 年增长 3.30%。其中，科技馆 488 个，科学技术类博物馆 951 个，分别比 2016 年增长 3.17%和 3.37%。2017 年度全国各类科普活动参与总人数达到 7.71 亿人次，比 2016 年增长 6.3%。参观科技馆和科学技术类博物馆两类场馆的人数达到 2.05 亿人次，比 2016 年增长 23.00%。[3]

（三）科普产业实践探索及创新情况

第十次中国公民科学素质调查显示，2018 年我国公民具备科学素质的比例达到 8.47%，比 2015 年的 6.20%提高 2.27 个百分点，然而与发达国家相比，我国的公民科学素质水平仍有较大差距，迫切需要通过科普产业的进一步发展，提供更多更好的科普产品和服务，满足社会公众日益增长的科学文化需求，促进全民科学素质的进一步提升。随着我国经济的快速增长，恩格尔系数不断降低，2018 年中国城乡居民的恩格尔系数为 28.4%，已经达到发达国家水平。居民的消费需求随着恩格尔系数的降低，出现舒适化、便捷化、健康化、个性化、品质化消费升级，居民将有更多收入来满足自己对科普的需求。社会公众对科普产品和服务的巨大需求与科普产业供给不足的矛盾日益凸显，迫切需要科普产业增强供给能力，满足巨大的市场需求。与此同时，随着科学技术的发展与变革日新月异，技术创新成果不断涌现，人工智能、大数据、航空航天、量子科技、区块链、生命科学、材料科学等科学技术的迅猛发展，使得社会公众对科普产生了巨大需求。

在巨大需求的推动下，科普产业各业态发展迅速。在科普展教领域，全国已有 300～400 家企业初具规模，并产生了安达创展等规模上亿的企业；在科普出版方面，出版了大量科普作品，刘慈欣的《三体》、郝景芳的《北京折叠》获得了“雨果奖”，走向了国际；在科普信息化方面，科普云、“科普中国”已经上线运营；在科普教育方面，校园科技馆建设逐步推进，科普创客已在北京、上海、合肥、温州等地进入了科技馆、中小学校和社区；在科普影视方面，上海科技馆开发的 4D 科普电影《剑齿王朝》《鱼龙勇士》《细菌大作战》等吸引了众多观众，“中国珍稀物种”系列科普片获得 2018 年国家科学技术进步奖二等奖；在科普旅游方面，2016 年，国家旅游局与中国科学院建立了工作会商机制，并将培育高水平科技旅游产品作为此项工作的突破口和先行军，并于 2017 年共同发布了“首批中国十大科技旅游基地”。

除全国性的部署外，各个地区积极推动科普产业进行个性化的实践探索。安徽省成立了科普产品国家地方联合工程研究中心、科普产业研究所、科普装备研究所等研究机构；建立了芜湖科普产业园，目前产业园已吸引了包括 40 多家科普企业或关联企业入园发展，并培育了一批科普龙头企业，成为科普资源的研发、生产、展示、交易、集散和服务的平台，为带动区域乃至全国的科普产业发展做出了重要贡献。[2]

北京市成立了北京科普资源联盟、北京市科普信息化联盟、北京科普基地联盟等，开展科普产品研发和技术开发，开展科普嘉年华活动，展示科普新产品，同时涌现了一批科普企业，它们的主营业务是科普、活跃于政府招投标市场、工商注册经营范围明确有“科普”相关的企业有 1000 余家，并且有大约 160 家学会、协会等社会团体从事科普相关有偿服务。

上海市科学技术委员会和上海市科学技术协会把发展科普产业作为重点工作内容，自 2014 年起，上海市每年举办国际科普产品博览会，展示科普新理念、新技术、新产品。2018 年 5 月 20 日，上海市科普产业孵化基地正式揭牌，该基地培育孵化了一批科普龙头企业，为社会提供更多专业的、高质量的科普产品和服务，有力推进了上海市的科普产业发展。2018 年 5 月 22 日，上海科技馆、上海中国航海博物馆、江苏省科学技术馆等 8 家科普场馆发起的长三角科普场馆联盟，不断推进落实场馆间教育、展示、收藏和研究等各方面的深入交流，形成“产—学—研—用—展”紧密合作，共同落实长三角一体化发展的国家战略。2018 年上海科技节期间，举行了长三角科普场馆联盟暨科普资源共建共享馆长论坛。

（四）科普产业发展中存在的问题

1. 政策落实不到位

国家颁布的《中华人民共和国科学技术普及法》《全民科学素质行动计划纲要实施方案（2016—2020 年）》《中国科协科普人才发展规划纲要（2016—2020 年）》（“一法两纲要”）及相关政策为科普事业与产业的发展指明了方向，但目前我国对于科普产业政策主要侧重于宏观指导，还缺乏具体化的政策，亟须尽快制定具体的支持政策并贯彻落实到位。

2. 产品创新能力不强

源头科技创新不足，缺少产品设计能力，前沿科技成果不能及时转化为科普资源，紧跟科技时势热点的创作渠道尚未完全打通，面向社会公众的科普产品与服务缺少竞争力与热点占有率。

3. 市场发育不成熟

产业的发展离不开市场的培育，虽然目前国内已经形成了全国性的科普产品交易市场——中国（芜湖）科普产品博览交易会，以及一些地方性、专业性的科普产品交易市场，如上海国际科普产品博览交易会，但总体来看，我国的科普产品市场发育尚不成熟，科普产品交易市场（平台）的数量和规模远不能满足社会需求，而且缺乏常态性的交易市场，难以满足科普产品及服务交易需求。

4. 科普产业人才缺乏

科普产业是轻资产、高技术产业，人才资源是科普产业发展的决定性因素，是最主要的产业发展资源。科普人才队伍建设问题仍较突出，包括：人才总量不足；人才结构不合理；人才专业化程度不高；缺少复合型的专业人才；缺乏配套的从业人员职称评定体系；缺乏科普产业人才的培育、选拔、激励机制等。

近年来，科普产业得到党和国家的高度重视并取得了快速发展，但仍存在着亟须解决的问题。面对 2035 年我国基本实现现代化的目标，如何优化完善政策体系和产业发展环境，不断增强科普产品的研发和供给能力，加强产业创新能力建设，是非常关键和亟待解决的问题。通过对科普产业各业态未来发展趋势、科普产业助力工程重点支撑项目的研究，可以探索实施科普产业发展战略、实施科普产业助力工程的具体措施。

二、科普产业发展趋势研究

（一）科普产业总体发展趋势研究

随着国家对科普产业的政策支持力度不断加大，社会各界对科普产业的认同不断加强，市场需求不断增大，产业业态不断扩展，中国科普产业呈现“四化”发展趋势：即“文化”，科学文化与人文文化是先进文化的两大基石，科普产业的发展需要融合人文文化，结合人文文化，借助人文文化的表现形式和传播手段，加入科学文化的内涵，促进科普产业融入文化产业发展的大格局中；“转化”，加强科普产业与科技创新协同发展，力促科技创新资源转化为科普资源，继而转化为科普产品和服务；“大众化”，大众创业、万众创新，吸纳普通公众参与科普创作，共建共享支撑发展；“国际化”，通过服务“一带一路”倡议和国际合作，促进科普产业的国际化发展。

（二）科普产业主要业态发展趋势研究

目前，科普产业已经逐步成长为一个创新多发、业态融合、规模增长、边界日趋扩大的新兴产业。科普产业作为新的经济增长点，将成为战略性新兴产业。我国科普产业中发展较快且有一定规模的业态主要有科普旅游业、科普网络与信息业、科普教育业、科普展教业、科普影视业、科普出版业等。

1. 科普旅游业的发展趋势

科普旅游内容丰富，形式多样，既包括现代农业观摩活动、海洋探秘活动、天文观察活动、影视科技活动、工业基地游览活动等旅游活动，又包括领先科技游、文化科技游、海洋生物游、天文气象游、农业科技游、影视探秘游等特色科普旅游。虽然科普旅游目前处于发展初期，但是有着非常广阔的发展空间，可以充分与传统旅游相结合，在整合资源的同时有望在旅游市场获得良好的效益。

2016 年，国务院颁布的《“十三五”旅游业发展规划》提出“十三五”

旅游业发展的主要目标是：城乡居民出游人数年均增长 10%左右，旅游总收入年均增长 11%以上，旅游直接投资年均增长 14%以上。到 2020 年，旅游市场总规模达到 67 亿人次，旅游投资总额 2 万亿元，旅游业总收入达到 7 万亿元。假设科普旅游占其中 10%，2020 年科普旅游收入将达到 7000 亿元。

2017 年 3 月 5 日，国务院总理李克强在政府工作报告中提出大力发展全域旅游。科普旅游将成为自然景观和人文景观旅游之后新的旅游增长点。科普旅游业将在相关政策推动与措施保障下，实现各类科普旅游资源的集成、共享、统筹和规范，实现国内与国外的结合。

我国有大量的科普场馆、高新企业、高等院校和科研院所，这些都是潜在的优质科普资源。这些资源能否对外开放，能否有效转化为科普资源，是推动科普旅游的重要问题。

（1）科普场馆

2018 年 12 月 18 日，科技部在京发布了 2017 年度全国科普统计数据。2017 年全国科普经费筹集额 160.05 亿元，比 2016 年增加 5.32%，科普场馆快速增长，参观人数持续增加。2017 年全国共有科普场馆 1439 个，其中科技馆 488 个，科学技术类博物馆 951 个，全国平均每 96.6 万人拥有一个科普场馆。[3]

（2）高新技术企业

截至 2017 年 12 月，全国有高新技术企业 13.3 万家（图 1），国家高新技术产业开发区 168 个。

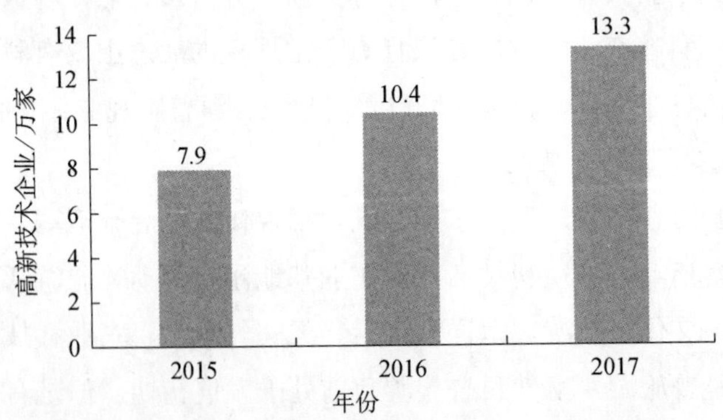

图 1　2015～2017 年国家高新技术企业数量分析图

（3）高校和科研院所

《“十三五”国家科普与创新文化建设规划》的通知明确提出：依托大科

学工程、大科学装置、国家（重点）实验室、重大科研试验场所等现有国家高端科技资源，以及部门、地方和企业带动性、示范性强的科普场所，选择条件成熟的建立国家科普示范基地和特色科普基地，面向公众或特定群体开展科普活动，提升其科技教育与科普服务的示范、带动作用。新建国家重大科研设施要充分考虑科普功能，同步规划、同步设计、同步建设。

全国共有“211 工程”大学 112 所，“985 工程”大学 39 所。截至 2016 年年底，正在运行的国家重点实验室共 254 个，试点国家实验室 7 个。截至 2018 年，国家发展和改革委员会批复国家地方联合工程研究中心（工程实验室）共 991 家。

普通民众对于高校和科研院所的研究工作和成果具有浓厚兴趣。随着各地科技活动周的开展，部分高校和科研院所开始有序开放，公众将有机会参观国家重大科学工程、大科学装置、国家（重点）实验室、国家工程（技术）中心、科研机构和大学等科技资源。例如，2019 年中国科学技术大学在全国科技活动周中，全校共开放包括火灾科学国家重点实验室、国家同步辐射实验室等 24 个科普开放点，利用科研平台与装置、现场解说、互动游戏、科普教育影片等多种形式，为公众奉上一场科普盛宴，现场活动精彩纷呈，吸引众多市民前来参观学习。

旅游是国家扩大内需战略的需要，也是公众日益增长的物质文化需求。从自然景观、人文景观到科技景观，是国务院提出的全域旅游和旅游向深度发展的需要，科普旅游将会成为科普产业的一个重要支柱。

2. 科普网络与信息业的发展趋势

我国科普网络与信息业是随着互联网技术广泛应用和各类科普网站科普频道的建立而发展起来的，主要包括科普网站、科普网络游戏、科普软件等，是科普产业的重要组成部分，是新兴的科普产业业态。

《中国科协科普发展规划（2016—2020 年）》中提出：到 2020 年实现公民通过互联网有效获取科技信息的比例达到 70%以上；城镇社区、学校的科普信息到达率 90%以上，乡村社区的科普信息到达率 70%以上。2018 年，第十次中国公民科学素质调查结果显示，互联网对公民科学素质提升发挥着越来越重要的作用，我国公民每天通过互联网及移动互联网获取科技信息的比例高达 64.6%，远超除电视外的其他传统媒体。未来，科普信息业将成为科学传播的主要阵地与社会公众获取科普资源的主要渠道。

近年来，科普信息化的建设有效提高了科普工作的信息化水平，科普信息化正在逐步代替传统的科普模式，成为科普工作发展的新方向和新趋势。信息技术的革命性进步特别是互联网为我们提升科技知识传播水平提供了机遇，5G、IPv6、人工智能、大数据等的应用使科学传播发生了巨大变化，科普将进入智能科普时代。

（1）5G 使交互式科普成为现实。随着 5G 的全面来临与深入推广，4G 时代形成的科学传播方式可能再一次被迭代。相对于 4G，5G 最大的特征是传输速度快，其最高理论传输速度可达每秒数十 GB，这比 4G 网络传播快了上百倍。5G 网络下，高保真和无卡顿直播，结合增强现实（AR）/虚拟现实（VR），使得科学传播的互动性更强，将会出现浸入式体验、视频评论、视频参与话题讨论等新的传播方式。

（2）万物互联。IPv6 的应用和推广，使得除了电脑和手机之外，所有的智能设备都可以拥有一个 IP，智能手环、手表、电视机、智能冰箱、智能洗衣机、智能空调、门锁等都能接入物联网。过去科学传播端口是有限的，固定在报纸书籍、广播、电视、手机等有限的媒介上传播，而物联网让信息化传播拓展了新的疆界，每一个智能设备都可以成为科学传播的收集端和输出端。万物皆媒体，一切皆平台。

（3）精准科普。人工智能及大数据有效实现信息智能匹配和个性化推荐。通过对搜索行为的大数据挖掘，可以为科普的精准推送服务提供科学依据。“今日头条”主要通过导入“算法”，分析受众的阅读行为，确定他们的内容偏好，然后运用机器学习推荐引擎，对受众进行内容推送，实现受众与信息的个性化匹配。

（4）科普内容贴近群众。科普工作本质上是通过群众工作促进公众理解科学、参与科学、热爱科学，未来将更加注重科技与公众的互动，根据群众的文化背景、民生需求、生活环境等不同情况，有针对性地开展科普活动。

3. 科普教育业的发展趋势

目前中小学科普教育主要采用校内与校外相结合的方式。

2017 年 1 月 19 日，教育部正式发布《义务教育小学科学课程标准》，并于 2017 年秋季开始执行。实施新课标之后，我国从小学一年级起开设科学课，并将科学课的性质由启蒙课程更改为基础课程。

科学教育课程主要以研究性学习和通用技术课为主，同时通过加强校园科技教育基础设施建设，建立校园科技活动室、科普创客空间等，开设科技实践活动，帮助学生提高动手能力。截至 2018 年年底，全国共有中小学 23 万余所，科普教育市场潜力庞大。北京市自 2015 年起连续三年开展了全市七八年级开放性科学实践活动，2017 年该项投入已达 5.6 亿元，从社会机构招标采购 949 门课程。当年北京市七八年级在校人数 18 万人，实际投入 3110 元/学生/学年。2018 年全国有在校小学生 10 339.3 万人，在校初中生 4652.6 万人，合计 14 991.9 万人。综合考虑全国各地的经济发展水平，按照 500 元/学生/学年的标准测算，则科普教育校内市场的潜在规模约 750 亿元。

在校外科学教育方面，培训市场也在快速发展。

在研学实践方面，近年来，国家出台了一系列的政策法规支持研学旅行的开展。2013 年 2 月 2 日，国务院办公厅印发《国民旅游休闲纲要（2013—2020 年）》，提出要“逐步推行中小学生研学旅行”“鼓励学校组织学生进行寓教于游的课外实践活动”。2014 年 8 月 21 日，国务院办公厅发布《关于促进旅游业改革发展的若干意见》，首次明确了研学旅行要纳入中小学生日常教育范畴。2016 年 12 月 19 日，教育部等 11 部门印发《关于推进中小学生研学旅行的意见》，明确提出将研学旅行纳入中小学教育教学计划和学生的学分管理体系与综合素质考核体系。2017 年 9 月 25 日，教育部印发《中小学综合实践活动课程指导纲要》，提出包括研学旅行在内的综合实践活动是国家义务教育和普通高中课程方案规定的必修课程，与学科课程并列设置，是基础教育课程体系的重要组成部分，自小学一年级至高中三年级全面实施。同时，上海、安徽、重庆等地区也相继出台关于研学旅行的政策文件，积极推动研学旅行的发展。

目前，研学旅行在实践中也取得了一定的成绩。2017 年 11 月，教育部正式公示了第一批全国中小学生研学实践教育项目评议结果，拟定 204 个单位为第一批“全国中小学生研学实践教育基地”，14 个单位为第一批全国中小学生研学实践教育营地。2017 年 6 月 8 日，中国科学院发布了首批中国科学院求真科学营 2017 年暑期研学活动，共计 22 条线路。2018 年 12 月，中国科技新闻学会、中国航天科技集团、中国地质大学、上海科技馆等 24 家单位在北京联合发起成立科普研学联盟。

对于青少年科学教育，未来将会建立专业的科学教育课程、教具研发中心和师资培养基地，对科学教育的课程资源、实验设备等进行创意设计和建设开发。为满足日益增长的市场需求，中小学科学教育产品的供给数量和质量将得到提高，种类更加多样化，科学教育业态也将得到创新与发展。

4. *科普展教业的发展趋势*

科普展教业是指建设科普场馆、提供各种科普设施及所包含的各种展教品、服务与活动的产业。科普场馆是我国实施科教兴国战略和提高全民族科学文化素养的基础科普设施，是面向社会、面向公众的科普宣传教育场所。我国的科普场馆主要包括科技馆、自然科学博物馆、各类专业博物馆、科技活动中心、科普基地以及高校、科研院所、企业、农村、社区的各类科普设施等。

近年来，我国科普场馆数量快速增加，截至 2017 年，全国共有科普场馆 1439 个，比 2016 年增加 46 个。其中科技馆 488 个，科学技术类博物馆 951 个，分别比 2016 年增加了 15 个和 31 个。全国平均每 96.60 万人拥有一个科普场馆。科技馆共有 6301.75 万参观人次，比 2016 年增长 11.61%。科学技术类博物馆共有 1.42 亿参观人次，比 2016 年增长 28.85%。科普展教业的发展趋势如下。

（1）创新能力不断加强，产品开发高端化。科普展示内容与高新技术紧密对接。以展现当前最新科技前沿，展示先进科学知识、科学理念为根本任务，围绕前沿科技领域开展科普展教品研发。科学传播方式与信息化手段充分融合。通过虚拟现实、人工智能、全息仿真等信息化技术，应用多种信息化表达和呈现形式，为公众按需提供科普服务和精准推送，增强公众的参与度、关注度和满意度。与高新技术企业深度合作，鼓励研发实力雄厚的科研院所和企业建设科普展教资源研发与服务中心，为科普展教资源的运行、维护等提供技术支持和服务，促进企业科普展教资源研发制作、创新能力与水平的大幅度增强，加快科普展教资源开发的现代化、规模化、集约化发展。

（2）专业化、多样化、多元化。专业化，科普展馆从综合性、大型、公共财政支持为主向有特色、专业化的场馆发展；多样化，各地充分挖掘本地自然环境、人文环境、历史进程等资源，建设具有地方特色、形式多样的科普场馆，如山东省东营市黄河三角洲鸟类博物馆、山西太原中国煤炭博物馆等；多元化，引导社会资本进入，例如核电科技馆由中国核电集团自筹资金建设，总投资 2.55 亿元，由秦山核电公司负责运行管理，是全球目前展示面积最大、展示内容最丰富的核电科技馆，2017 年国庆试运行期间接待游客 2 万余人。

（3）中小场馆的托管机制。专业的托管企业，形成新的行业业态。例如，厦门科技馆建成后，由厦门路桥投资成立了厦门市青少年科技馆有限公司，全面负责科技馆的管理和运营；内蒙古阿拉善科技馆建成后由民营企业安达创展科技有限公司负责运营。

5. 科普影视业的发展趋势

科普影视作为科普工作的一种有效形式，一直深受广大人民群众的欢迎。随着互联网技术的快速发展和传统影视业的复苏，科普影视态势也将发生变化。一是更加注重科普影视的原创能力，坚持以内容为根本导向，保证科普影视作品的新颖性和原创性；二是科学工作者与艺术工作者的合作加强，科普影视来源不断拓展，作品更兼顾科学性与人文性；三是科普影视作品的表现形式丰富，将充分引入高新技术手段，互动性与体验感大大增强；四是科普影视作品的创作主体将由少数专业人员向社会公众转变，科普微视频、微电影将大量涌现，极大地丰富科普影视市场。

科普影视业呈现“大”“微”“专”的发展趋势。“大”是指大电影。国产科幻电影《流浪地球》的热映，引起了更多人对天体物理等各方面科技知识的好奇，公众对于科普的需求和热情日益高涨。这部国产科幻电影将科技知识融入电影中，通过生动直观的方式在观影之余向公众完成了科学普及的任务。电影的成功，收获了极高的口碑和人气，使得越来越多的人有更大的兴趣去深入了解电影背后所蕴含的知识与技术，这为科普事业的发展与壮大带来了机遇和挑战。科普影视业未来将涌现一批高质量大电影，增强原创能力，坚持内容为王。

“微”是指微电影、微视频。随着媒介技术的发展，科技工作者开展科普的渠道也随之变化。伴随着抖音这类公众视频平台的出现，它的流量优势以及多媒体的趣味呈现效果，给了科普内容创作者一个更开放的推广平台。此外，科技部组织的全国微视频大赛、上海等地开展的科普微电影比赛受到了社会公众的广泛关注和参与。社会公众的积极参与将使科普微视频、微电影大量出现，形式共建共享。

“专”是指专业科普电影。以上海科技馆为代表，开发了包括《剑齿王朝》《鱼龙勇士》在内的多部科普电影，在科技馆中进行播放，受到了公众的热烈欢迎。未来制作出更多更优质的科普电影，以满足公众的科普需求，将会成为科普电影的一大发展趋势。

6. 科普出版业的发展趋势

科普出版业是生产、经营各种科普出版物的产业，科普出版物包括科普图书（含电子图书）、科普期刊、科普报纸、科普影视、音像制品等[4]。

移动互联网技术与各类媒体的迅猛发展为科普出版业带来了巨大影响，主要表现为科普出版的手段趋向丰富化、创作主体趋向大众化、资源趋向多元化。

（1）出版手段趋向丰富化。在手机和网络等新出版形式的影响下，科普出版不再局限于将文字和图片印刷在图书期刊和报纸上，还可借助网络、手机等新媒体，以动画、漫画、游戏等形式呈现给观众，传播手段更加丰富。

（2）创作主体趋向大众化。在新媒体环境下，越来越多的社会公众参与到科普创作中。科普作者不再局限于原来的专业人士，越来越多的“草根作家”“业余作家”也将进入这一行业，逐步由专业化走向大众化。

（3）资源趋向多元化。科普音频产品发展迅速，喜马拉雅的线上音频平台“科学声音”很受欢迎，收费音频科普节目和线下活动融合，收到了较好的效果。

三、科普产业发展战略研究

（一）主要战略

科普产业的发展战略可以概括为以下四点：科普产业与文化产业融合发

展战略、科普产业与科技创新协同发展战略、大众参与共建共享支撑发展战略、国际化战略。

1. 科普产业与文化产业融合发展战略

近年来，我国文化产业发展迅速。2018 年我国文化产业实现增加值 38 737 亿元，比 2004 年增长 10.3 倍；文化产业增加值占国内生产总值（GDP）的比重由 2004 年的 2.15%提高到 2018 年的 4.30%，在国民经济中的占比逐年提高。从对经济增长的贡献看，2004～2012 年，文化产业对 GDP 增量的年平均贡献率为 3.9%，2013～2018 年进一步提高到 5.5%。2019 年上半年，全国 5.6 万家规模以上文化企业营收 40 552 亿元。

习近平总书记在十九大报告中提出要坚定文化自信，推动社会主义文化繁荣兴盛。2019 年 8 月，科技部等六部门印发《关于促进文化和科技深度融合的指导意见》的通知中指出，为促进文化和科技深度融合，全面提升文化科技创新能力，转变文化发展方式，推动文化事业和文化产业更好更快发展，更好满足人民精神文化生活新期待，增强人民群众的获得感和幸福感，特研究制定了本指导意见。科学文化与人文文化是先进文化的两大基石。科普产业的发展需要融合人文文化，同时要将科学文化与人文文化进行有机结合，借助人文文化的表现形式和传播手段，加入科学文化的内涵，促进科普产业融入文化产业发展的大格局中。科普产业要纳入文化产业的统计指标体系进行统计，享受文化产业的优惠政策。

2. 科普产业与科技创新协同发展战略

科学技术是第一生产力，科学技术的社会价值取决于其被传播和普及的深度和广度。我国公众对于科技知识的个性化需求日益增加，对于科学普及的要求也在逐步提高。科普成为实现科技创新成果转化的重要手段，是生产力发展、经济增长、社会进步的基础性工程。

当今世界正处于变革和调整之中，以绿色、智能、可持续为特征的新一轮科技革命和产业变革蓄势待发，颠覆性技术不断涌现，人工智能、量子力学、新能源、VR/AR 等高新科技的迅猛发展，正在重塑全球的经济和产业格局。科普与高新技术的深度融合，使科学传播变得更加高效、方便、快捷和充满乐趣，使科普表达的内容更加丰富、形式更加生动，使泛在、精准、交互式的科普服务成为现实，将极大提高科普的时效性和覆盖面。在此背景下，科普产业的发展也要与科技创新同步。一方面，在科普产品创作中要充分引入和利用高新技术手段，加强关键共性技术研发，用最先进的科技手段体现最新科学的发展和技术的进步；另一方面，科普产业的发展要为科技创新成果转化提供新的渠道和路径，科技创新成果不仅可以转化为高新技术产业，也可以转化为科普产业，拓展应用领域，增加转化效益。因此，科普产业发展和科技创新成果转化相互促进、协同发展。

科技创新资源转化为科普资源的方式包括：科技创新成果的转化、大科学工程的转化、实验室资源的转化、高新技术产品的转化等。《中华人民共和国促进科技成果转化法》《促进科技成果转移转化行动方案》的颁布，积极推动了科技成果的转化应用。科技创新成果的科普化让公众更好地理解科学，促进科学技术的进步，科技创新和科学普及的协同是科普产业发展的必然。科技成果向科普资源的转化是科普资源建设的重要源头，因此，促进科技成果转化为科普资源必将成为科普产业发展的重要途径和必然趋势。但科技创新资源转化为科普产业资源存在有效供给不足、转化渠道不畅、企业消化不良、体制机制不顺等问题，主要表现在科技创新资源持有者因为机制原因不愿转化、不敢转化、不能转化、缺转化人才、缺经费支持、缺转化时间、缺转化要求等问题。这些问题都亟待妥善解决。

3. 大众参与共建共享支撑发展战略

“大众创业、万众创新”相关工作的深入推进和全民科学素质提升的迫切要求，为科普产业的发展提供了良好的环境。科普产品设计研发本身就具有普及性的特点，适合社会公众特别是青少年的参与。尤其是在当今互联网发展新形势下，传统媒体和新兴媒体的深度融合以及新型主流媒体的出现，带来了科学传播方式的变革和创新。借助新型社会化网络，公众可以随时随地分享科学知识、交流兴趣爱好，并将自己认为有趣或重要的内容分享给好友，以分享的方式传播科学知识，从而调动接受科学信息普及和参与科学知识传播的积极性。这种参与式科普将激发社会大众积极主动地投身于科普产品的设计开发之中。

例如，每年一届的安徽省百所高校百万大学生科普创意创新大赛就吸引了数万名大学生参加并产生了一大批优秀的科普作品，引导更多的公众参与到科普产品的设计开发之中，推动科普资源的共建共享，促进科普产业的发展。另外，山东科普微电影动画大赛、上海科普微电影大赛、全国科普微视频大赛等相关赛事的相继举办，带动了公众参与科普的热情，将提供不竭的科普创新的源头，开发更多的科普产品和服务提供给社会公众。

4. 国际化战略

加强国际交流与合作，学习国外先进科普理念，引进先进的展教用品等优质科普资源；支持优秀的科普展品、作品走出去；搭建科普和创新文化的国际交流合作平台，合作举办国际或区域性科普和创新文化活动。

（1）加强科普资源合作共享。拓展与发达国家科普交流与合作的渠道和领域，在国际科技合作交流中增加科普内容。鼓励学会、协会、研究会等与国外深入开展科普交流与合作。引进国外先进的科普展教用品、优秀的图书、音像电子出版物等科普资源，支持与国际知名科普研发机构合作。支持优秀科普展品、作品走向世界。借鉴发达国家科普和创新文化建设的成功经验。

（2）促进“一带一路”沿线国家交流合作。合作举办科技竞赛、青少年科普交流考察活动。开展“一带一路”沿线国家科普人员的交流、培训和合作，促进科普展品互展活动。推进举办“一带一路”国际科学节等活动。

（3）深化大陆（内地）与台湾、香港、澳门的科普合作。加强大陆（内地）与台湾、香港、澳门地区的科普展教具交流与互展活动，合作开展各种主题的科技活动周、科学节等群众性科技活动，继续支持澳门特别行政区办好科技活动周。开展科普夏令营、冬令营、科普乐园等青少年科普交流活动。

（4）加强国际交流合作平台的建设。中国（芜湖）科普产品博览交易会、上海国际科普产品博览会要走向国际化，每年邀请国际人士深入交流合作，将科博会期间的科普产业论坛办成一个国际学术交流和技术交流的平台。

（二）战略目标

1. 产业规模

人文文化与科学文化是先进文化的两大基石。科普产业是文化产业的重要组成部分，因此科普产业的规模可依照文化产业占 GDP 的比重进行推测。

根据国家统计局公布的数据，2017 年文化产业增加值占 GDP 的比重为 4.2%，2018 年我国文化产业增加值占 GDP 的比重升至 4.3%。根据以上发展速度与预测，2035 年文化产业占 GDP 的比重将达到 4.5%，科普产业能否占文化产业比重的 5%或 10%需要纳入文化产业统计口径，明确产业分类才能明确产业规模目标。

2. 产业创新

随着经济的发展与科技的进步，公众对科普产品和服务的需求日益提升，从而促进了科普产业的创新发展。第一是创新主体转变，吸引社会公众积极主动投身科普产品的设计开发之中，将科普产业创新发展为社会共建共享行为；第二是源头创新，推动科普产业与高新技术深度融合，加快最新科技成果向科普资源的应用转化；第三是机制创新，整合资源，将科技成果、科普资源的研发和生产紧密结合，在“产、学、研、用”合作机制下实现政府推动、自愿结合、合同连接、共建实体的创新机制。

3. 产业集聚

集群发展是现代产业发展的基本模式。培育和发展科普产业，需要集成各方有效资源，加强集群内部的有机联系，发挥产业聚集效应，实现集约化发展。推动科普产业集聚发展，一是空间集聚，形成一些产业园区，如北京科普教育业园区、芜湖科普展教业园区，便于科普产业优惠政策和园区配套政策落实；二是行业集聚，积极组建产业联盟，如科普研学联盟、科普影视联盟、科普教育联盟、科普展教业联盟等。组建产业联盟是推动企业联合、集群发展的重要载体，是优化资源配置、实现资源共享的重要平台，是提升创新能力、增创竞争优势的重要手段，也是推动结构升级、加快转型发展的重要举措，对于促进科普产业发展具有重要意义；三是形成产业集群，整合科普产业上下游资源，引导产业由集聚向集群发展，加强指导和规划，提高产业集群的发展水平和规模。针对各科普业态特点和地区特色进行产业集群布局，如以北京地区为中心发展科普出版和教育产业集群，以上海地区为中心发展科普影视产业集群，以安徽为中心打造科普展教集群等。

4. 政策体系

科普产业的健康发展需要配套政策体系同步完善。推动科普产业发展创新，需要进一步建立健全配套政策体系，完善和落实各项政策。落实支持科普发展的税收优惠政策，制定加强科普能力建设的具体措施，提高科普场馆研发和展教水平。研究制定国家科普基地建设管理办法，规范评价评估标准，加强对科普基地建设的引导和规范管理。研究制定科普产业相关技术标准，推动科普产业享受高新技术产业、创意产业和文化产业的相关优惠政策。完善财政投融资机制，广泛吸纳境内外企业、机构、个人的资金和物资，支持科普产业发展。制定科普产业的人才政策，全社会构建起培养并重用科普人才的制度体系，教育出人、产业出力，机制留人、环境暖心，让不断涌现的科普人才成为新时代中国创新发展中的重要一翼。

（三）主要措施

1. 创新驱动

大力实施创新驱动战略，推动科普产业与高新技术深度融合，不断完善科普产业创新体系，集聚科普产业创新资源，优化科普产业创新环境，着力增强科普企业自主创新能力，加快最新科技成果向科普资源的应用转化。建设一批科普企业孵化器，积极为创业者提供基础条件，提供政策和服务，切实增强科普产业发展活力。完善科普产业创新保障体系，出台科普产业与创新创业相关政策，扶持创新创业人才队伍，完善资金投入与项目资金管理，从政策、人才、资金、组织等方面全面保障科普产业的创新发展。创新科普产业的商业运行模式，改革研发、生产、营销方式，大力开拓国内外市场，培育核心竞争力。

2. 人才发展

2017 年全国科普事业持续健康发展，全国科普人员结构优化，统计数据显示，2017 年全国科普专职人员 22.70 万人，比 2016 年增加 0.35 万人。随着社会科普需求的日益增加，科普人才需求也会相应增长，统筹规划科普产业人才队伍建设，多方式、多渠道培养专业化人才，建立和完善人才引进、培训、激励制度，重视科普人才队伍建设，形成敢做科普、能做科普、愿做科普、做好科普的良好氛围，培养高质量科普人才队伍。

（1）加大科普产业人才转化和引进力度。鼓励科技创新领军人才创立科普企业，对科普展教品的研发起到引领作用；建立科普产业人才队伍建设的多元化投入机制，形成大联合、大协作的科普产业人才投入机制，拓展科普产业人才引进方式；进一步发挥政府引导作用，充分利用学会等科普类学术团体的资源优势，建立健全高级科技人才兼职做科普、带头做科普的组织形式和有效机制；搭建科普产业人才信息平台，宣传科普产业人才政策，发布科普产业人才需求，提升科普产业人才政策的影响力。

（2）建立健全人才培养、激励和考核机制。逐步建立科普专业人才队伍，制定科普从业人员的职业标准、资格准入、专业技术职务评聘、业绩考核办法等，形成良性竞争激励机制；完善科普人员培训机制，由相关部门制订计划性、针对性强的培训方案，鼓励各类科普人员广泛参与各级培训，并建立科普人员之间的交流平台，提高科普人员的专业素质和能力；建立科技人才多元评价机制，将科普绩效纳入科技工作者业绩考核内容；重视志愿者队伍建设，完善志愿者考核机制，给予科普志愿者在学习工作、职称评定、考核进修等方面的扶持，建立健全在校大学生参加科普工作的组织机制和激励机制，发展大学生科普志愿者队伍。

3. 项目带动

项目带动是加快科普产业快速发展的有效途径。重大项目支撑力强、辐射面广，实施项目带动策略，开展有利于完善产业链的关键项目，能够带动科普产业快速、持续、健康发展。可以围绕以下几个方面展开。

设立科普产业重大专项，选择一批具有重大示范效应的科普产业项目给予支持，加大重点项目扶持力度，发挥重点项目示范效应，带动相关领域的产业发展，形成一批科普示范企业和科普龙头企业。每个领域、每个业态有两三个重大专项支撑，带动业态发展。

结合区域资源优势和科普产业发展现状，开展科普产业重点项目建设工程，如科普信息化项目、科普研学项目、科普影视作品开发项目等，通过重点项目的开发带动区域内相关产业的发展，并形成产业集群。

4. 业态优先

结合社会经济发展情况与区域资源优势，选取科普产业重点业态优先发展，并逐步带动相关产业的联动发展。建议在全国选取以下地区进行如下布局。

（1）优先发展科普网络及信息业

《中国科协科普发展规划（2016—2020 年）》中提出：到 2020 年实现公民通过互联网有效获取科技信息的比例达到 70%以上；城镇社区、学校的科普信息到达率 90%以上，乡村社区的科普信息到达率 70%以上。2018 年，第十次中国公民科学素质调查结果显示，互联网对公民科学素质提升发挥着越来越重要的作用，我国公民每天通过互联网及移动互联网获取科技信息的比例高达 64.6%。未来，科普信息化将成为科学传播的主要阵地与社会公众获取科普资源的主要渠道。中国科协联合新华网推出“科普中国”品牌，与百度公司共建科普中国百度研究院，引领全国科普信息化建设新潮流。国内其他重点科普网站，如中国数字科技馆、中国科普网、中国科普博览、果壳网、科学松鼠会等的影响力和传播力不断提升，科研院所门户网站的科普频道、国内门户网站的科技频道、各级科协的科普网站等也不断加强建设，发挥了网络科普在提升全民科学素质方面的重要作用。

科普信息化的建设有效提高了科普工作的信息化水平，科普信息化正在逐步代替传统的科普模式，成为科普工作发展的新方向和新趋势。因此，应当优先发展科普网络及信息业。

加强科普信息化建设，应当大力扶持培育一批优秀的科普信息化企业，并通过搭建科普信息化平台等方式，共建共享科普信息资源，实现虚拟空间集聚，带动科普信息业集约化、规模化发展。

（2）优先发展科普旅游业

要以旅游为载体，将科学知识、科学方法、科学精神和科学思维融入旅行的衣、食、住、行全过程中，让公众在旅行中提高科学素质。通过旅游的深层次开发，突出其科学文化内涵，以满足人们探索大自然奥秘的好奇心，提高自然科学知识普及的生态旅游精品项目。在科普旅游资源丰富的地方重点布局，优先发展科普旅游业态，形成科普旅游产业集群，有利于带动地方科普产业和区域经济的发展，有利于对科普旅游资源进行合理统筹规划，对科普旅游进行科学、合理的研究、规划、保护、开发、管理，同时要注意借鉴国内外的先进经验。

科普场馆、科普机构等加强与旅游部门的合作，提升旅游服务业的科技含量，开发新型科普旅游服务，推荐精品科普旅游线路，推进科普旅游市场的发展。旅游服务设施要发挥科普功能，开发和充实旅游景区（点）、乡村旅游点等旅游开放场所的科普内容，制定科普旅游设施和服务标准与规范。探索新型的科普旅游形式，满足公众对科普旅游日益增长的社会需求。

（3）优先发展科普教育业

注意区分公益性和经营性科普教育协调发展，合理引导社会资源进入科普教育领域，充分发挥市场主体作用，激发科普教育产业活力。充分利用科普教育基地、科研院所、高校等科技资源较为集中的场所，开展科普教育活动。北京市、上海市等地拥有丰富的教育资源，这些地方的教育在长期的改革和发展实践中逐步形成了历史悠久、体系完备、形式日趋多样化、手段日趋现代化的特点，可以在这些地区优先发展科普教育业，建立专业的科学教育课程、教具研发中心和师资培养基地，对科学教育的课程资源、实验设备等进行创意设计和开发，形成科普教育业产业集群。

科普教育要强调科学与公众联系，与社会联系，注重采用沉浸式、体验式的教学方式并运用到科学教育中，开发科普教育产品，与受众建立紧密的联系，让科普教育随着科普玩具、科普课程、科普游戏等多种多样的科普教育产品的流行而流行起来。

科学教育课程开发要坚持专业化、系统化、体系化，《义务教育小学科学课程标准》由教育部于 2017 年 2 月 15 日正式印发，课程开发工作还处于起步阶段。目前市场上关于科学教育课程的权威教材少，教育工作者可以利用的抓手不多，科学权威优质的课程体系亟待生成。

（4）优先发展科普展教业

2017 年全国共有科普场馆 1439 个，其中科技馆 488 个，科学技术类博物馆 951 个，全国平均每 96.6 万人拥有一个科普场馆。庞大的现有场馆数量和每年新建一批场馆都给科普展教业带来了巨大的市场需求。

安徽省在科普展教品的生产研发方面起步早、发展快，拥有全国首个科普产品国家地方联合工程研究中心，搭建高水平平台，积极开展科普产品的创意设计和研发。

安徽省科普企业研发生产的各类科普产品年产值居于全国前列，研制的科普展品在国内市场占有较大比例，进入了中国科技馆、上海科技馆、广东科学中心以及全国各地的大中型科技馆，在全国科技馆建设中发挥了重要作用，流动科技馆每年中标的产品中超过一半来自安徽的科普企业。

安徽省在科普展教业方面具有研发、市场、人才等方面的优势，对于本地区乃至全国科普产业的发展都起到了积极的推动作用，可以芜湖科普产业园为蓝本，继续推进科普展教业的集聚，通过政策、资金等方面的扶持，促进科普产业特别是科普展教业的发展。

（四）政策研究

1. 科普产业市场准入政策

科普产业市场准入政策是进入科普产业的门槛，其意义在于通过建立有序的市场环境，促进资源的合理配置，引导和调控日益壮大的科普产业市场。科普产业市场准入认证十分必要，既有利于促进科普产业结构调整升级，规范行业内的投资行为，促进我国科普产业的可持续协调健康发展，又有利于引导生产企业的合理布局，节约和有效利用资源，防止盲目投机性投资和重复建设，维护市场竞争秩序。

标准是产业形成和发展的重要标志。《全民科学素质行动计划纲要实施方案（2016—2020 年）》中提出：成立全国科普服务标准化技术委员会，组织制定科普相关标准，建立完善科普产品和服务的技术规范。2017 年 9 月 5 日，全国科普服务标准化技术委员会在北京正式成立，委员会主要围绕深入研究制定科普行业标准体系框架，标准制修订全过程的管理，保证标准制修订程序的合法性和规范性与标准的协调性和科学性，建立联合协作、资源共享的长效机制，与科普服务相关行业以及标准化相关机构广泛协作等内容开展工作。全国科普服务标准化技术委员会的成立，为科普行业标准的制定修订、贯彻实施奠定了基础。

建立科普产品标准体系的“三性原则”：科学性，产品所包含的科学知识、科学方法、科学思想、科学精神必须正确，这是科普产品必须满足的一个基本要求；普及性，产品面向一般的社会群体而非特定的少数人群，并且产品要选取适宜的表现形式，宜于为受众所理解和接受，这是科普产品区别于一般其他产品的重要特点，也是其取得良好科普效果的重要保证；安全性，产品在使用、储运、销售等过程中，要保障人身、精神健康、财产安全和环境保护。根据“三性原则”，应尽快制定、出台科普企业认定标准和科普产品认定标准，对科普企业和科普产品进行认定，让科普企业能够享受相关政策扶持。

2. 科普产业财税政策

对科普企业、科普产品和服务实行减免税等优惠政策，运用税收这一宏观经济杠杆，扶持科普企业、科普产品和科普服务的发展，实现产业组织结构和产品结构的调整与优化，从而提高全社会参与科普产业的积极性，促进科普产业协调、快速、健康发展。

为贯彻《中华人民共和国科学技术普及法》，财政部、国家税务总局、海关总署、科技部、新闻出版总署于 2003 年出台了《关于鼓励科普事业发展税收政策问题的通知》，该政策成为中华人民共和国成立以来制定的第一个专门性推动科普事业发展的税收政策文件。之后，各相关部门陆续出台税收优惠政策，如《关于宣传文化增值税和营业税优惠政策的通知》《关于鼓励科普事业发展的进口税收政策的通知》等，直接或间接为科普企业减轻税收负担，激发了科普企业研发和生产科普产品的热情，充分调动了社会力量参与科普事业建设的积极性，对于推动科普产业发展具有重要意义。但关于支持科普产业发展的专门性税收优惠政策尚未出台，科普企业、科普产品和服务享受税收优惠在实际操作层面上还存在困难。

研究制定科普产业相关技术标准，推动科普产业享受高新技术产业、创意产业和文化产业的相关优惠政策。研究制定符合国家税改政策的科普企业税收优惠政策及其实施办法，通过多种形式对科普企业实行税收优惠。设立重大专项资金，通过实施重大专项和科普产业工程，带动科普产业发展。制定相关政策，完善财政投入机制，广泛吸纳境内外企业、机构、个人的资本和资源，支持科普产业发展。

3. 科普产业人才政策

科普产业是轻资产、高技术产业，人才资源是科普产业的第一资源，人才队伍的建设是科普产业发展的重中之重。党和国家高度重视科普事业，提出了一系列加强科普工作的政策措施，科普工作取得了长足进展，全国已基本形成了比较完善的科普组织体系和一定规模的科普人才队伍，科普人才整体素质不断提升。

2010 年颁布实施的《国家中长期人才发展规划纲要（2010－2020 年）》明确提出制定实施 10 项重大人才政策；1996 年颁布实施、2013 年修订的《中华人民共和国促进科技成果转化法》，既有效地规范了各主体成果转化的行为，也强调了政府在科技成果转化中的职责，体现了国家政策层面对于科技及科普人才的重视及支持。中国科协印发《中国科协科普人才发展规划纲要（2016—2020 年）》，首次以规划的形式对科普人才的培养和使用做出宏观安排和部署。各地方政府为了提高科技人员和科普人员的积极性和创造性，也积极在职称制度改革、收入分配、人才引进等方面出台了一系列配套措施，如北京市人力资源和社会保障局、北京市科学技术协会联合印发《北京市图书资料系列（科学传播）专业技术资格评价试行办法》，首次增设科学传播专业职称，评出首批正高级职称的科学传播普及人才。进行科普的人员获评正高职称，这一措施具有积极意义。上海市科学技术奖中增设“科学技术普及奖”奖项，体现了对科普工作的重视和倡导。

但是，我国科普人才的发展现状仍不能满足科普产业发展和公民科学素质建设的需求，与国家人才强国战略的要求还有一定差距，需要进一步深化科普产业人才政策，坚持“以产业发展带动人才集聚，以人才集聚促进产业发展”的理念，实施科普产业人才建设工程，推动制定包括创新创业、职称制度、研发人员绩效分配、教育医疗等领域的一系列配套政策，加大对科普人才建设的投入力度，创新科普人才的培养和使用机制，吸引社会各界人员投入科普工作之中。

引进科普人才，加强科普产业人才队伍建设，形成一批优秀科普企业家、科普创作人才、科普市场人才、科普设计人才等，培养和造就一支敢做科普、能做科普、愿做科普、做好科普的科普人才队伍，推动科普产业发展。

（五）重大专项研究

1. 人工智能系列科普产品开发专项

人工智能科技的迅猛发展，深刻地影响和改变着社会，智慧城市、智慧校园、智慧医疗、智能机械、智能语音、智能交通、各种无人驾驶设备、各种工业机器人和服务机器人，人工智能还进入了音乐、绘画和文学领域，创作了各种艺术作品，围棋战胜了人类所有对手。人工智能正在深刻地改变着我们的社会，因此对人工智能的科普工作刻不容缓，设立人工智能的科普重大专项开发系列的人工智能科普产品，将有助于推动整个社会了解人工智能，应用人工智能。

（1）智能机械的科普技术与产品。适合 STEAM 教育［科学（science）、技术（technology）、工程（engineering）、艺术（art）、数学（mathematics）］用的光机电一体化的装备和产品，用于科普的机器人开发，如科普场馆的导览机器人，无人驾驶的科普机器人，可用于科普的无人机、无人舰船和无人车系列。

（2）智能语音系列科普产品。从智能语音的科学原理、技术和应用出发，按照设计思路系列化、产品结构模块化、交互界面语音化、产品体验智能化、趣味化的要求，研究开发展示频率、音量、声纹等语音的基本科学原理，语音的智能识别与合成技术，转录与翻译等应用场景的系列智能语音科普产品。

（3）智能健康科普系列产品。大健康时代的来临，使得大健康产业成为国家的战略性新兴产业，健康知识的科普已是社会的巨大需求。开发完全无创且具有自己动手（DIY）功能的智能健康体检科普小屋，能无创检测身高、体重、视力、血压、心血管功能、骨密度、脂肪含量等指标，给出基于科普知识的建议，适合于街道社区、学校、机场、车站等公共场所使用的系列科普产品。健康科普与智能化有效地结合起来，服务社会公众，以及应用智能化技术进行健康科普知识传播的其他产品。

2. 科学课教育系列科普产品开发专项

我国自 2017 年从小学一年级开始设立科学课，高度重视科学教育，这是非常重要的科普工作，可以提高青少年的科学素质。但是，目前针对科学课课标要求的科普教辅材料、科普网络音视频课程、科学课实验室及实验内容课程包的开发还难以满足巨大的市场需求。

（1）科学课网络科普课程的开发。优质的科学课师资特别缺乏，很多科学课老师都是由其他学科的老师兼任，在中小城市和县城乡村尤其如此，难以保证科学课的质量，亟须组织优秀的科普专家、科技专家针对科学课内容和课标要求，开发系列网络科普课程，覆盖广大中小学的需求，需要国家重大科普专项的支持，才能形成系列的科学课教育科普产品。

（2）面向科学课的公共实验室及课程包系列科普产品开发。科学课的内容，涉及很多方面的科学实验，在每所中小学设立这么多的实验室是很困难的，要鼓励高等院校、科研院所、科普场馆和其他科技设施、高新技术企业和社会教育机构结合自己的资源优势，针对科学课的教学需求设立公共科学实验室，并组织力量开发相应的课程包，国家设立重大专项，给予资金和政策的支持。

3. 科普研学系列科普产品开发专项

教育部等 11 个部门联合发布《关于推进中小学生研学旅行的意见》，明确指出“中小学生研学旅行是教育教学的重要内容，是综合实践育人的有效途径。中小学生研学旅行有利于推动全面实施素质教育，创新人才培养模式”。科普研学是整个研学实践活动的重要组成部分。但各类科技创新资源和科普资源亟须整合转化为科普研学资源。

（1）科普研学的营地和基地建设。在全国的科普场馆、科普基地和高新技术企业、高等院校、科研院所中，择优支持一批单位改造建设成科普研学基地，面向中小学研学实践开放。

（2）优质的研学课程是科普研学的关键。择优支持一批科普研学课程的开发，形成品牌，并加以推广，解决现在研学中的瓶颈问题。

（3）科普研学装备的系列开发。有了基地营地和课程，还要有配套的科普研学的装备和设施，这些装备和设施的开发，将提高科普研学质量，且能形成批量的市场急需的科普研学产品，要有计划地组织开发，择优扶持。

4. 基于 5G、人工智能的互联网系列科普产品开发专项

随着 5G 技术应用、IPv6 的推出和人工智能、大数据的迅猛发展，互联网将发生巨大的变化，互联网的科普产品也将随之产生巨大的变化。设置重大专项，支持和引导互联网科普产品应用高新技术，加快产品迭代适应社会发展的需求。

（1）利用 5G 的高速和人工智能，开发远程实时观察的人工智能互动科普平台。例如在成都熊猫养殖基地、西双版纳植物园、贵州的中国“天眼”、一些高新技术企业的生产流程，建立面向社会公众开放的多维多点科普观察平台，并应用人工智能技术，建立 VR 场景和虚拟互动讲解员，可以全天候引导观众参观讲解，并可与观众实时互动，讨论问题，增强观众的体验感。在进行大数据分析的基础上，对观众进行精准服务，使互联网科普产品进入大数据分析、个性化精准服务、实时实地观察、人工智能互动交流、沉浸式体验的时代，使现在的科普网络产品实现新的迭代。

（2）基于 5G 和人工智能的互联网科普微视频、微电影的系列开发。5G 的高速度、大容量和人工智能的虚拟现实等技术，将特别适用于表现量子科技、基因工程这些普通的技术手段难以生动表达的前沿科技的微观世界和宇宙空间、海洋地质这样的广阔空间。重点支持一批应用 5G 和人工智能技术表达前沿科学领域和宇宙、海洋等题材的微视频、微电影科普产品，引领互联网微视频、微电影科普产品的迭代更新。

5. 科普旅游系列科普产品开发专项

旅游是国家扩大内需战略的需要，也是公众日益增长的物质文化需求。从自然景观、人文景观到科技景观是国务院提出的全域旅游和旅游向深度发展的需要。科技创新资源和科普资源如何转化为科普旅游资源？北京、上海等地都进行了一些积极有效的探索，但是缺乏系列的政策支持，缺乏有竞争力的拳头产品，优质的资源缺乏有效整合，整个科普旅游业缺乏示范和引导，设立本专项要深度研究和有效解决制约科普旅游发展的一些瓶颈问题。

（1）重大示范科普旅游产品的开发。这需要科技部门和旅游部门联手组织科技专家和科普专家，按照现有科技资源的布局和旅游的要求，提出线路，

设计产品，对一些科研院所、高新技术企业和科普基地，要给予政策方面的激励和资金方面的支持，鼓励各地和有关部门联合整合，加强科技与旅游的沟通与结合，特别是像中国“天眼”这样的一些重大科技基础设施、国家大科学工程、国家地质公园和植物园，一些有影响的如华为、腾讯、阿里巴巴、科大讯飞等高新技术企业，国家择优支持一部分示范，按旅游的要求进行系统开发并总结运行机制，予以推广。

（2）实施科普旅游人才培养专项。科普旅游不同于人文景观和自然景观的旅游，在于它的学科门类宽泛，有较高的专业知识要求。目前现有的导游知识结构、讲解形式一般较难适应科普旅游的要求，需要进行专业知识的补充和提升；科普旅游资源单位的科技人员，往往缺少旅游专业的训练和与观众游客沟通的技巧。科普旅游产品的设计和运营管理人才，一般应是具有科技背景的复合型旅游管理人才。因此，科普旅游业人才的缺乏是制约科普旅游业发展的瓶颈问题。通过专项的支持探索提高导游的科技素质，提升科技人员从事科普旅游的经验和技能，培养一批科普旅游产品的设计和经营管理人才。

（3）支持形成一批科普旅游企业。一是支持在一些有影响的旅行社、旅游公司设立专门的科技旅游部门，以利于科普旅游人才的集聚和专业运营管理；二是支持科技人员和旅游人员跨界与融合，创办领办科普旅游企业，创新科普旅游产品，积极参与市场竞争。

（本课题由中国科学技术大学管理学院科普产业研究所、科普产品国家地方联合工程研究中心承担，课题主要完成人有周建强、包明明、刘慧、张文林，参与本课题研究工作的还有洪进、侯伯君、杨娜娜、陈琛、苏婷、张佳佳、蒋芳等）

参 考 文 献

［1］张天慧，高宏斌，颜实. 关于科普与创新结合的实践与思考——以上海国际科普产品博览会为例［J］. 科协论坛，2018，8：34-36.

[2] 周建强. 科普产业研究[M]. 北京：中国科学技术出版社，2014：1.
[3] 中华人民共和国科学技术部. 中国科普统计 2017 版[M]. 北京：科学技术文献出版社，2017：12.
[4] 郭晶. 新媒体环境下的科普出版[J]. 科技与出版，2009，2：6-7.

重点领域科普与应急科普研究

中国环境科学学会课题组

一、重点领域科普现状和需求分析

（一）健康领域科普现状

1. 卫生行业科普现状

卫生行业的科普人员规模较大，根据 2014 年的相关统计数据，有 24.82 万人，其中专职人员 9789 人，具有中级职称或大学本科学历以上的人员 9564 人。虽然卫生行业的科普人员不少，但是科普工作主要依靠兼职科普人员开展。卫生行业的科普场馆数量不多，但非场馆类科普基地的建设数量很多，卫生行业的农村科普活动场地达到了 23 613 个，可能与多年来开展的科技、卫生“三下乡”活动有较大的关系，卫生行业的科普画廊有 35 516 个。从经费来看，卫生行业的年度科普经费筹集额为 6.53 亿元，主要用于开展各类科普活动；从科普资源来看，卫生部门发放科普读物和资料 255 740 158 份，图书总发行量 7 254 810 册，电视台播出科普节目时长为 44 655 小时；从科普活动来看，举办科技讲座 235 905 次，开展科技展览 16 112 次，举办科技竞赛 2032 次。[1]

2. 健康素养

2008 年，我国政府在卫生工作中引进“健康素养”的概念，启动了中国公民健康素养促进行动，在全国范围普及健康知识，倡导健康生活方式和行为，充分激发城乡居民维护和促进健康的潜能，努力提高人民群众应对健康问题的能力。

2008 年，卫生部以公告形式发布了《中国公民健康素养——基本知识与技能》，同年，发布了《中国公民健康素养促进行动工作方案（2008—2010 年）》，该方案发布后，全国各级健康教育专业机构积极开展健康素养促进行动，利用电视、报刊、广播、网络、小册子、宣传画、巡讲等传播手段，逐步提高公众健康素养水平。2014 年，国家卫生和计划生育委员会制定下发了《全民健康素养促进行动规划（2014—2020 年）》，提出到 2020 年，全国居民健康素养水平提高到 20%，在全国建设健康促进县（区）600 个，健康促进医院、健康促进学校、健康促进机关、健康促进企业、健康社区各 400 个，健康家庭 60 000 个。目前，健康素养是《“健康中国 2030”规划纲要》的主要指标之一。

2018 年，我国居民健康素养水平为 17.06%，其中，基本知识和理念素养水平为 24%，健康生活方式与行为素养水平为 9.8%，基本技能素养水平为 15.6%。[2]

（二）生态环境领域科普现状

生态环境科普是我国科普和环境科技工作的重要组成部分。通过普及保护和合理利用资源、防治环境污染、改善环境质量、防范环境风险的基本的环境科学技术知识，提升公众的环境意识和科学素质。

1. 政策法规

近年来，我国非常重视环保科普工作，加强顶层设计。2012 年，发布《落实国务院全民科学素质行动计划纲要“十二五”环保科普工作方案》。2015 年，为提升全民环境科学素质、鼓励公众参与环境保护，环境保护部、科技部、中国科协印发《关于进一步加强环境保护科学技术普及工作的意见》，建立了全民科学素质环保联席会工作制度，并提出繁荣环保科普作品创作、积极开展科普活动、搭建环保科普资源共享平台、加强环保科普基地建设、推进环保科技资源开放、利用全媒体传播模式和平台开展环保科普传播、加强环保科普人才队伍建设、积极引导社会力量参与环保科普的重点工作内容。[3]

2017 年，按照《关于进一步加强环境保护科学技术普及工作的意见》的总体安排，环境保护部发布了《“十三五”环保科普工作实施方案》。

2. 科普能力现状

近些年，围绕环保重点工作开展的大气、生物多样性、核安全等大型主题科普活动凸显实效，示范带动的倍增效应日益显著；针对未成年人、农民、社区居民、领导干部开展各类活动和培训千余场，参与人数超过 60 万；开展大学生志愿者千乡万村环保科普行动，全国共有百余所学校 5000 支小队，4 万余名志愿者走进全国万余个村庄开展科普活动，共发放各类宣传材料百万余份；针对社区居民开展的垃圾分类、绿色消费等环保科普活动累计百余场；针对领导干部开展的多层次、多渠道、多类别的科技知识培训累计 1400 余期。截至 2018 年年底，共命名国家环保科普基地 75 家，先后累计开展科普讲座、互动体验游戏、科普展览等活动几百场。

（三）气象领域科普现状

天气与我们的日常生活息息相关，气候和气候变化与我们的生存环境和未来发展紧密相连。据统计，在我国发生的自然灾害中有超过 70%属于气象灾害，因此，加强气象防灾减灾教育，提高公众的防灾避险、自救互救能力，对于缓解人员伤亡和经济损失尤其重要。[4]

1. 政策法规

气象科普政策法规是我国科普政策法规的一部分，为了增强政策法规的针对性和适用性，在气象科普进入综合性政策法规和气象相关政策法规的基础上，制定了一系列专门的气象科普政策法规。1997～2018 年，中国气象局、中国气象学会联合召开 6 次全国气象科普工作会议，先后印发了《中国气象局、中国气象学会关于加强气象科学技术普及工作的意见》《中国气象局、中国气象学会关于贯彻〈中华人民共和国科学技术普及法〉的意见》等文件。2007 年，中国科协、中国气象局联合印发的《关于进一步加强气象防灾减灾和气候变化科普宣传工作的通知》，以及 2008 年中国气象局、科技部联合印发的《关于加强气候变化和气象防灾减灾科学普及工作的通知》都明确要求：采取多种形式，切实将气象防灾减灾和气候变化科普宣传工作落到实处。中国气象局于 2011 年、2012 年分别印发了《关于进一步加强气象科普工作的意见》《气象科普发展规划（2013—2016 年）》，明确了气象科普工作的指导思想、发展目标、主要任务和重点工程内容。[5]

2. 科普能力

（1）科普资源

气象科普资源是指气象科普活动、气象科普实践中所涉及的媒介与内容，媒介包括科普场馆、媒体，内容是指这些媒介上特定的气象产品，如文字、图片、声像及其综合表现形式。[6]

据不完全统计，自第二次全国气象科普工作会议召开以来，各级气象部门出版发行科普书籍和读物近 50 万册、制作播出科普影视作品 5000 多部（集）；在各类报刊上发表气象科普文章近 9 万篇；制作各类科普展板、挂图 140 多万块（张）；举办科普展览 4000 余次，组织 13 多万人次参加科普培训，1115 万人次参加各类气象知识竞赛；目前，气象行业已拥有国家级气象科普教育基地 282 个。其中，由中央宣传部、科技部、教育部和中国科协联合命名的全国青少年科技教育基地 17 个，由中国科协命名的全国科普教育基地 53 个，由中国气象局、中国气象学会命名的全国气象科普教育基地 282 个［综合类 180 个、示范校园气象站 82 个，基层防灾减灾社区（乡镇）类 20 个］。各地气象志愿者队伍不断壮大，其中气象信息员已达 30 万余人，全国气象专业网站和乡村信息服务站分别达 934 个和 14 050 个，有效地增强了气象科普的辐射力和影响力。[7]

（2）科普活动

近年来，主题气象科普活动是社会化气象科普宣传的有效载体，包括世界气象日、防灾减灾日、科技活动周、全国科普日、气象夏令营、气象防灾减灾宣传志愿者中国行、应对气候变化中国行、国家气象体验之旅、流动气象科普万里行等大型科普活动。这些活动的举办，有力促进了全社会防御气象灾害、应对气候变化意识和能力的不断提高。

（四）地震领域（防震减灾）科普现状

我国是地震灾害多发的国家，地震分布广、震级高、震源浅、灾害重、社会影响大。近年来，国家不断重视防震减灾科普宣传工作，开展防震减灾宣传教育工作是提高公民科学素质的重要一环，通过普及防震减灾知识及科学方法、科学精神不断提高全民整体科学素质。

全国地震系统防震减灾宣传教育中心先后成立。1996 年，北京市地震局首先成立防震减灾宣传教育中心。2008 年以后，全国隶属中国地震局管辖 47 家单位中，共 25 家单位先后成立防震减灾宣传教育中心。2017 年，全国防震减灾宣传教育资金投入共计约 12 266 万元。

截至 2017 年，全国从事防震减灾科普工作人员共 312 人，其中科普部门 10 人以上的共计 18 个，占全国比重的 69.2%；从事全国防震减灾工作专家团队 26 个，共计 473 人。2017 年全国各地举办防震减灾科普培训班 189 次，培训学员达 595 335 人，不断提高科普工作者的素质与能力，全国防震减灾科普队伍初具规模。

近年来，全国防震减灾科普基地的建设逐步进入高潮。截至 2017 年，共建成科普基地 396 个，其中国家级科普基地 96 个，省级科普基地 300 个。2017 年全国共举行 18 767 场次科普活动，其中防灾减灾日举办活动 3924 场，科技周举办活动 683 场，科普日举办活动 426 场；出版国家级科普作品 22 个，省级宣教作品 76 个，应急期间发行了科普作品 119 个；各地联合国家级、省、市县多级媒体开展合作，电视、报纸、杂志、网络、手机等多种宣传模式丰富多样。[8]

（五）中长期发展目标下重点领域科普的需求

环境与人体健康息息相关，环境对健康的影响是多方面的，不仅是生态破坏、环境污染带来的危害，还包括如气候变化、地震灾害等原生环境的影响。同时，环境与健康工作的出发点和落脚点在于人民健康。原生环境中的细菌、病毒、微量元素、高寒高热、有毒有害生产作业场所等因素，都会对人体健康产生直接影响。随着工业化进程的加快，生态系统破坏和环境污染引发的健康问题日益突出，空气、水、土壤等被破坏导致的群体性健康风险逐年升高，环境保护问题得到了前所未有的重视。近年来不断强化生态环境保护工作的根本目的，就是通过治理环境污染来保障生态安全，实现环境良好和人类宜居。从专业角度看，环境与健康问题是横跨公共卫生、疾病控制、污染防治诸多领域的科学问题，尤其是环境风险对人体健康的影响程度、致病机理、评价诊断等，需要大量的专业研究和判断，往往并没有一个简单、可靠且公认、通用的结论，数据收集及其可靠性、评估结论的说服力等仍然是面临的难题。

自 20 世纪以来，飞速发展的工业在带来巨大经济利益的同时，也伴随着令人担忧的健康隐患。环境污染对健康的影响已和其他令人担心的社会因素（如就业、交通、住房、食物来源、社会阶层、经济差距和社会资本）一样，受到高度关注。大量研究表明，环境质量变化导致全球可预防性疾病的病例数量大幅增加。在我国，随着工业化和城镇化的快速发展，环境污染影响人群健康问题尤为凸显。过去 40 年来，我国人群恶性肿瘤死亡率、出生缺陷率正在不断攀升，局部区域环境污染健康损害事件时有发生，部分地区人群环境健康风险偏高，引起社会各界普遍关注。与之相对应，关于环境与健康问题的文献和媒体报道也逐年上升，一些重大项目和敏感设施等引发的多起环境事件在社会上产生了巨大影响，引发当地群众的恐慌，了解健康风险已经成为公众对环境问题最迫切的需求，生态环境破坏和环境污染对健康的影响成为经济社会发展中的重要社会风险。

长期以来，我国的环境与健康有关工作处于一种分离的状态，反映到环境与健康相关的科普传播中，也基本上处于相互独立、割裂且未受重视的状态。从生态环保系统看，在健康方面一直没有给予足够的关注，并未为公众提供充分的健康信息。诸如以环境与健康问题为核心的邻避效应事件、重污染天气、水环境污染、土壤与食品安全等，均是备受关注的民生问题。公众科学知识缺乏、政府公布信息不足、公众对相关科普工作的满意程度不高等，使网络成为公众了解相关信息的主要渠道，舆情的迅速发展往往成为具有巨大影响的社会应急事件，严重伤害人民群众对政府相关部门和科学界的信任，社会风险大。这些问题的存在，突出了政府、媒体、科普部门环境与健康相关科普权责不明晰，提供信息的渠道少、不快捷，辟谣和发布信息不及时，缺乏应对突发社会问题的应急预警机制，风险交流的针对性不强、效果不明显和科技工作者参与度不够等问题。2016 年 10 月，《“健康中国 2030”规划纲要》提出“共建共享、全民健康”的战略主题，强调把健康融入所有政策，促进全民健康的责任并不局限于某些领域而应成为全社会的共同行动目标；2018 年 5 月，习近平总书记在全国生态环境保护大会上强调要重点解决损害群众健康的突出环境问题。随着“健康中国”战略和绿色发展理念的深入贯彻，如何保证公众能够获得有效的环境与健康风险信息，以最大化降低社会成本，都需要对环境与健康影响相关科普传播工作给予足够的关注。由于工作涉及面广、系统性强，并基于环境与健康工作现状，在各方协同推动环境与健康相关科普工作中，需要从战略高度对环境与健康科学传播进行长远谋划和布局，尤其应针对突发性需求明显的环境与健康相关科普工作加强研究和能力储备，为营造全社会保护环境、维护健康的积极氛围，提升公众环境与健康相关科学素养，促进公众参与生态文明建设、“健康中国”建设，以及国家中长期科学传播与普及工作的开展提供支持。

二、应急科普的现状分析及需求

（一）应急科普的现状分析

通过新浪网、搜狐网、网易、百度、中青网、新华网、人民网、中华网，以及中国科协、国家工业和信息化部、国家安监总局、卫生部等部门网站，以及历年评选出的十大科普事件，对 2009～2011 年我国发生的主要社会应急事件进行了详细筛查。据不完全统计，共搜集到与科普相关的社会应急事件 380 件，其中 2009 年 63 件，2010 年 131 件，2011 年 186 件。通过对这些材料的分析，课题组对近年来我国与科普相关的社会应急事件的大致分类和整体态势进行了总结概括。

1. 近年来与科普相关的社会应急事件的主要类别

根据调研及问卷调查等，我们将与科普相关的社会应急事件大致分为以下七类。

（1）食品安全类社会应急事件

食品安全是指食品无毒、无害，符合应当有的营养要求，并对人体健康不造成急性、亚急性或慢性危害。根据世界卫生组织的定义，食品安全问题是食物中有毒、有害物质对人体健康产生影响的公共卫生问题。食品安全问题属于探讨在食品加工、存储、销售等过程中确保食品卫生及食用安全，降低疾病隐患，防范食物中毒的一个跨学科领域。其内容主要包含在以下 8 个环节中所出现的问题：①食品相关产品的致病性微生物、农药残留、兽药残留、重金属、污染物质，以及其他危害人体健康物质的限量规定；②食品添加剂的品种、使用范围、用量；③专供婴幼儿的主辅食品的营养成分要求；④对与食品安全、营养有关的标签、标识、说明书的要求；⑤与食品安全有关的质量要求；⑥食品检验方法与规程；⑦其他需要制定为食品安全标准的内容；⑧食品中所有的添加剂必须详细列出。近年来，苏丹红、地沟油、转基因食品、瘦肉精、染色馒头等引发的社会应急事件，都同属于食品安全类社会应急事件。

（2）突发灾害类社会应急事件

突发灾害是指突然发生并给人类和人类赖以生存的环境造成破坏性影响的事物，将突发灾害划分为自然和人为两类，是最为常用的划分方法。自然的突发灾害主要有洪涝、飓风、海啸、台风、地震、龙卷风、火山喷发、泥石流、雪灾、干旱等；人为的突发灾害主要有建筑失火、建筑倒塌、矿难、危险物质泄漏、辐射事件、恐怖事件、战争等。其中，如洪水、干旱等一些自然灾害经常也是因为人为的技术误用而产生的，一些自然灾害同时也会伴生人为突发灾害的增多。近年来，玉树地震、云南旱灾、西安液化气爆炸、央视大楼失火等都属于突发灾害类社会应急事件。

（3）环境污染类社会应急事件

环境污染是指人类直接或间接地向环境排放超过其自净能力的物质或能量，从而使环境的质量降低，对人类的生存与发展、生态系统和财产造成不利影响的现象。环境污染类社会应急事件主要包括水污染、大气污染、化学品污染、海洋污染、放射性污染等。

（4）医疗卫生类社会应急事件

医疗卫生类社会应急事件主要包括在医疗卫生领域对社会生活产生重大影响的传染病、疫情、医疗纠纷、医疗事故、疾病防治、养生保健、药品安全问题等。近年来的禽流感、甲型流感、滥用抗生素、感冒药可致死等都属于医疗卫生类社会应急事件。例如，我国医院的不合理用药者占用药者的12%～32%。按照美国药物不良反应致死占社会人口的1/2200计算，我国每年因药物不良反应致死的人数可能高达50余万人，我国有残疾人6000万，听力有障碍者占1/3，其中60%～80%为链霉素、卡那霉素、庆大霉素等中毒所致。

（5）能源开发利用类社会应急事件

能源就是向自然界提供能量转化的物质，是人类活动的物质基础，人类社会的发展离不开优质能源的出现和先进能源技术的使用。根据使用的类型，能源可分为常规能源和新型能源。利用技术上成熟、使用比较普遍的能源叫作常规能源，包括一次能源中的可再生的水力资源和不可再生的煤炭、石油、天然气等资源。新近利用或正在着手开发的能源叫作新型能源，包括太阳能、风能、地热能、海洋能、生物能、氢能，以及用于核能发电的核燃料等。能源开发利用类社会应急事件包括在人类能源开发和利用过程中出现的矿难、核泄漏、石油泄漏、天然气爆炸等。

（6）交通安全类社会应急事件

交通安全类社会应急事件是指在铁路、公路、水路、航空、地铁等交通运输领域，因自然或人为因素引发的交通安全事故，主要包括飞机失事、火车或地铁脱轨、相撞、沉船、车祸等，交通安全事故已成为“世界第一害”。

（7）信息安全类社会应急事件

信息作为一种资源，具有普遍性、共享性、增值性、可处理性和多效用性，对于人类具有特别重要的意义。信息安全的实质就是要保护信息系统或信息网络中的信息资源免受各种类型的威胁、干扰和破坏，即保证信息的安全性。信息安全是任何国家、政府、部门、行业都必须十分重视的问题，是一个不容忽视的国家安全战略。信息安全类社会应急事件主要包括窃取机密信息、信息泄漏、信息非法使用、窃听、计算机病毒、“黑客”行为等。《第28次中国互联网络发展状况统计报告》数据显示，2011年上半年，遇到过病毒或木马攻击的网民达到2.17亿，比例为44.7%；有过账号或密码被盗经历的网民达到1.21亿人，占24.9%，较2010年增加3.1个百分点。尤其是近年来，利用网络、手机等从事犯罪活动的事件增多，有的甚至是跨省跨国行骗，十分猖獗，在公安机关破获的多起网络诈骗案中，受骗者信息安全知识缺乏是造成被骗的重要原因之一。

2. 近年来与科普相关的社会应急事件整体趋势

从数据与资料收集的情况来看，我国与科普相关的应急事件，从数量上看，呈现逐年上升的趋势；从类别上看，突发灾害影响最为严重，尤其是人为因素引起的灾害数量最多。

在收集到的 380 件社会应急事件中，出现频率较高、影响较大的事件主要集中在突发灾害、食品安全、交通事故与医疗卫生方面。

在 380 件社会应急事件中，属于安全生产事故的有 135 件，占 35.53%（其中矿难事故 78 件，占 20.53%，非矿难安全生产事故 57 件，占 15%）；交通事故 80 件，占 21.05%；自然灾害事件 60 件，占 15.79%；食品安全问题事件 32 件，占 8.42%；火灾事故 29 件，占 7.63%；环境污染问题事件 26 件，占 6.84%；医疗卫生事件 4 件，占 1.05%（图 1）。

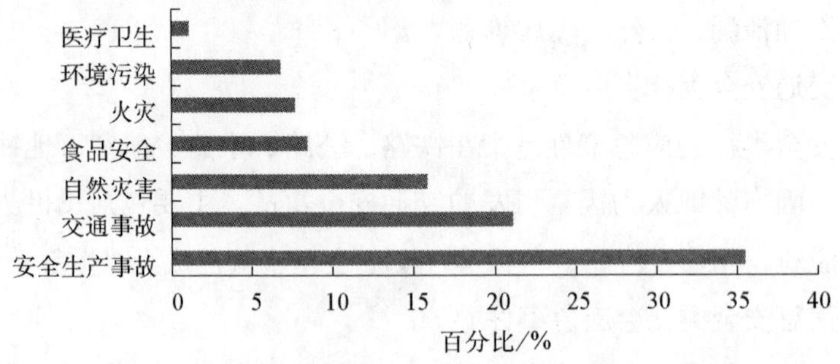

图 1　2009～2011 年我国与科普相关的应急事件类型分布图

近年来，我国与科普相关的社会应急事件整体趋势具体表现为以下几个方面。

（1）自然灾害与疫情带来的危害最大，影响范围最广

自然灾害与传染病疫情波及范围广，影响时间长，破坏性大，是目前对我国造成危害最为严重的社会应急事件，如严重急性呼吸综合征（SARS）、甲型 H1N1 流感、手足口病、禽流感等传染性疫情的暴发都曾一度引起人们的恐慌。2010 年，我国多灾并发，重灾连发，灾害强度大，影响范围广，人员伤亡多，城镇受灾重，重复受灾、贫困地区受灾比例高，农业损失、民房倒

塌和基础设施损毁严重。卫生部公布的法定传染病疫情数据显示，2010 年全国共报告法定传染病发病 6 409 962 例，死亡 15 257 人。2010 年年初，北方大部严重寒潮冰雪、西南地区严重秋冬春连旱、4 月 14 日青海玉树 7.1 级强震、汛期南方地区连续多次严重暴雨洪涝、8 月 8 日甘肃舟曲特大山洪泥石流等数次重特大自然灾害，造成伤亡人数之多、灾情之重、救灾和恢复重建难度之大历史罕见，给我国经济社会发展和人民生命财产安全带来严重影响。民政部颁布的《2010 年全国自然灾害应对工作总结评估报告》显示，2010 年，全国各类自然灾害共造成 4.3 亿人次受灾，因灾死亡失踪 7844 人，紧急转移安置 1858.4 万人次；农作物受灾面积 3742.6 万公顷，其中绝收面积 486.3 万公顷；倒塌房屋 273.3 万间，损坏房屋 670.1 万间；因灾直接经济损失 5339.9 亿元。

（2）安全生产与交通事故占比最大，矿难火灾等突发事件频发

从收集资料的数量来看，安全生产事故与交通事故所占的比例仍然最大，尤其是矿难、火灾等突发事件频频发生，造成的伤亡惨重。中国交通技术网数据显示，仅 2010 年，全国共接报道路交通事故 3 906 164 起，同比上升 35.9%。其中，涉及人员伤亡的道路交通事故 219 521 起，造成 65 225 人死亡、254 075 人受伤，直接财产损失 9.3 亿。

在安全生产事故中，以矿难频发最为典型。引发矿难的原因有很多，有毒气体（硫化氢）泄漏、天然气（甲烷）爆炸、煤炭粉尘爆炸、地震活动、水灾、机械故障、指挥失误等。2007 年我国共发生煤矿重特大事故 17 起，死亡人数 623 人；2008 年共发生煤矿特大事故 38 起，死亡人数 707 人；2009 年共发生煤矿特大事故 27 起，死亡人数 803 人。违背人类普遍道德认知的企业行为不仅威胁着人类的生命健康，影响着企业自身的生存和发展，也不利于市场经济秩序和社会和谐稳定，更影响我国的国际形象。

（3）食品安全问题最为普遍，且呈现出逐渐加剧之势

近年来，各类食品安全问题愈演愈烈，比往年同期明显增长，各地与食品安全相关的负面舆情陡然增加，涉及的食品种类也越来越广。中国传媒大学网络舆情研究所发布的《2011 上半年中国网络舆情指数年度报告》，在涉及交通管理、企业危机、市政管理等 16 个领域，食品安全问题的数量占比由去

年的第 9 位跃升至第 2 位。

2009 年我国颁布了《中华人民共和国食品安全法》，在 2011 年最新的《中华人民共和国刑法》（以下简称《刑法》）修订版中，已经将食品安全列入其中，食品安全犯罪最高可判死刑。除此之外，食品监管方面的制度建设也出现了新突破，食品安全渎职罪也被纳入《刑法》中，最高可处 10 年徒刑。从制度到彻底实施贯彻还需时间，而能否做到立竿见影，仍需要时间的检验。

3. 公众对应急事件科普的态度状况

为了解公众对我国当前应急事件科普的现状，针对以下五方面开展问卷调查：第一，公众对社会应急事件的看法，我国当前社会应急事件的现状；第二，与科普相关的社会热点角度问题的特点和形成的主要原因；第三，调查对象渴望接受的与社会应急事件相关的科普教育内容及开展途径；第四，目前相关机构对民众进行社会应急事件科普教育中存在的问题；第五，通过开展科普工作解决社会应急事件的措施。

（1）公众对社会应急事件关注频率高，网络成为主要了解渠道

调查对象对社会应急事件的关注频率如下：8.1%的调查对象每天关注，63.6%的调查对象经常关注，26.5%的调查对象偶尔关注，只有 1.8%的调查对象较少关注。调查对象平时了解社会应急事件的渠道主要有：新闻网站（81.8%）、微博和网络社区（63.6%）以及报纸刊物（36.4%）。可见，民众对于社会应急事件的关注度较高，微博和网络社区等网络媒体也超越了传统的电视、报纸、广播等媒介，成为公众了解社会应急事件的主要渠道之一。

（2）食品安全、突发灾害、环境污染等问题备受关注

在最感兴趣的与科普相关的社会应急事件方面，475 人选择了关注食品安全问题，占调查人数的 63.4%，公众渴望接受与食品安全相关的科普教育。突发灾害和环境污染也是调查对象感兴趣的社会应急事件，分别占 50%和 41.2%，这与近几年自然灾害频发和公众的环境保护意识增强有很大关系。此外，调查对象对医疗保健（37.5%）、交通安全（36.8%）、信息安全（36.4%）和能源的开发与利用（18.3%）同样表现出较为浓厚的兴趣，这表明公众对于社会应急事件的关注范围已经比较广泛。

（3）网络舆情展现出较大的影响力，民生问题所占比重增大

在问及社会应急事件的主要特点时，大多数调查对象认为网络舆情展现出较大的影响力（72.3%），并且民生问题所占比重增大（63.6%）。同时，形态多样、情况复杂（52.3%），谣言较多、真假难辨（47.7%），传播速度快、渠道广、影响范围大（37.5%），涉及群众切身利益（42%）也是我国目前社会应急事件的主要特点。这表明互联网在社会应急事件的传播中起到了巨大作用，为公众提供了关注和评价社会应急事件的平台。

（4）公众科技知识的缺乏与对社会的不满情绪引发了社会应急事件形成

调查对象认为社会应急事件形成的主要原因有：宣泄对社会的不满情绪（54.5%），科技知识的缺乏（51.1%），安全感缺乏（48.9%），切身利益受到影响（48.9%），以及社会浮躁心理所致（46.5%），同时，媒体炒作（38.6%）也起到了一定的作用。

（5）公众对食品安全、灾难逃生、科学养生等科普内容的呼声最高

调查显示，调查对象最渴望接受的与社会应急事件相关的科普教育内容，与其最感兴趣的与科普相关的社会应急事件有很高的吻合度。排在前列的分别是：食品安全（67.2%）、灾难逃生（65.9%）、科学养生（50.7%）、交通安全（43.6%）和信息安全（36.9%）。在开展途径方面，调查对象比较认同通过网络（62.4%）、科普场馆基地（46.6%）、手机（44.3%）、科普报刊（43.2%）和科普影视音像制品（40.9%）进行与社会应急事件相关的科普教育。同时，科技人员与公众面对面（39.8%）也获得了不小的支持率。

（6）公众认为大众传媒、学校、政府和科协应该承担更多的科普责任

关于通过开展科普工作来解决社会应急事件的机构，调查对象认为大众传媒、学校、政府和科协应该承担更多的科普责任，认同率分别达到了 65.9%、64.8%、55.7%和 50%。此外，公众认为民间组织、行业协会、企业和科研机构也应该承担起科普工作的部分责任。

（7）公众对近几年应急事件科普工作的满意程度不高

据调查，调查对象对近几年相关部门通过开展科普工作应对和处理社会应急事件的满意程度偏低。非常满意和比较满意的只占不到 20%，而不太满

意和很不满意的则占 52.6%。调查对象对社会应急事件的满意度不高，究其原因，主要是在科普教育的过程中还存在着一些问题，而这些问题突出表现在政府、媒体、科普部门科普权责不明晰（65.9%），提供科普信息的渠道少、不快捷（63.97%），辟谣和发布科普信息不及时（54.5%），缺乏应对突发问题的应急预警机制（52.3%），科普的针对性不强、效果不明显（49.2%）和科技工作者参与度不够（48.9%）上。[9]

（二）应急科普的作用

1. 预防性作用

突发事件应急管理包括风险评估、监测监控、预测预警、决策指挥、救援处置、恢复重建等关键环节，是一个开放的复杂系统，需要调动方方面面的力量参与。[10]通过开展应急科普，不仅可以有效提高相关管理人员的应急管理能力，而且可以提高公众的防灾减灾意识、自救互救能力。相关管理人员和公众对于重点领域突发事件的应急处置能力的提升，对于事件的应急管理也具有重要的促进推动作用。

2. 缓解舆情

突发事件的突然性、不确定性和危害性，使人们缺乏预先的思想准备，当发生重大突发性公共事件时，各种舆论接踵而至，社会的不稳定性概率增加。在这种社会环境下，通过突发应急科普工作及时、准确地传播公众需要知道的信息，用科学去强化受众头脑中原有的积极认识，对公众舆论进行正确、规范引导，有助于缓解人们的恐慌情绪，提高公众对各种信息的鉴别和判断能力，同时驳斥那些模糊、迷信的误解，抑制谣言的产生和传播。

3. 信息沟通

突发事件本身具有紧要性、重大影响性的公众密切相关性，使得应急科普涉及受众的范围广泛。突发事件对社会产生的重大影响，为公众对与突发事件相关的科学原理、科学内容、科学技巧的需求增加创造直接动力，而科普传播和普及的方式又为公众提供科学解惑、互动参与和科学质疑的过程，从而推动了公众对科普活动的主动参与性。针对突发事件的应急科普，会在公众的接受选择上引起心理上的共识或记忆上的叠加和巩固，从而提高科学传播效果，比常规和线性的科普活动能在公众中创造更大的效果，并获得公众满意度。

（三）应急科普的需求分析

俗语云“百姓日用而不知”，日常状态下，公众对于某些科学知识可能缺乏必要关注，但遇到特定突发事件时，则容易产生强烈兴趣，此时若能抓住机会进行科普宣教，其效果将大大优于平时。没有突发事件，应急科普无从谈起；没有应急科普，政府与公众面对突发事件时容易手忙脚乱。突发事件的不确定性与紧迫性，都造成应急科普的时效性较强。现代社会节奏较快，自然灾害、事故灾难、公共卫生及社会安全等方面的突发事件层出不穷，一旦发生，凭借发达的交通运输或新闻媒体，其传播与影响又十分迅速，很容易蔓延至不可控的状态。在大量这类突发事件中，凡是应对较为合理、危害较小的，都离不开应急科普的功劳。

诸如食品安全、医疗欺诈等恶性事件，不仅会造成重大经济损失，而且会影响人民群众对政府相关部门、科学界与医药卫生界的信任度，阻碍和谐社会建设的进程，影响中国的国际形象。中国科协是全国科技工作者的群众组织，是党和政府联系科技工作者的桥梁与纽带，是国家推动科技事业发展的重要力量，面对紧迫的现实需要，应急科普能力建设非常必要。

1. 自然灾害的应急科普需求

我国是世界上受自然灾害影响最为严重的国家之一，灾害种类多、灾害发生频度高、灾害损失严重。据应急管理部副部长郑国光介绍，21 世纪以来，我国平均每年因自然灾害造成直接经济损失超过 3000 亿元，因自然灾害每年大约有 3 亿人次受灾。自然灾害在中国有着较强的社会性。随着经济社会的发展，灾害造成的损失也逐步增加。我国有 70%以上的大城市、半数以上的人口、75%以上的工农业生产值，分布在气象、海洋、洪水、地震等灾害严重的沿海及东部地区，每年因自然灾害造成的损失一般都要超过上千亿元。另外，我国很多地区自然环境破坏严重，潜在的危机有可能随时暴发。而中华人民共和国成立以来建设的大量基础设施，年代久远、老化严重，又缺少及时的维护和更换，安全隐患非常多，需要引起重点关注。

2003 年，我国各种自然灾害损失 1500 亿元，因生产事故损失 2500 亿，交通事故损失 2000 亿元，因卫生和传染病突发事件导致的损失 500 亿元，共计 6500 亿元，相当于损失我国 GDP 的 6%。2004 年各类突发事件造成的直接经济损失也超过了 4550 亿元。2005 年，各种自然灾害、安全生产事故和公共卫生事故的发生频率与造成的经济损失均高于往年，全年仅因自然灾害带来的直接经济损失就高达 2042.1 亿元。

2009 年，环境保护部公布的《中国环境状况公报》显示，2009 年，全国洪涝受灾面积 8748.16 千公顷，其中成灾 3795.79 千公顷，受灾人口 1.11 亿人，因灾死亡 538 人，失踪 110 人，倒塌房屋 55.59 万间，直接经济损失 845.96 亿元；全国有 1800 多个县（市）出现冰雹或龙卷风天气，风雹共造成全国 500 多万公顷农作物受灾，直接经济损失 370 多亿元；共发生 5.0 级以上地震 24 次，造成中国（不含港澳台地区）约 134 万人受灾，直接经济损失 27.38 亿元；台风共造成 43 人死亡，直接经济损失约 191 亿元；共发生各类地质灾害 10 446 起，造成人员伤亡 809 人，直接经济损失约 17.7 亿元。

2010 年我国自然灾害频发。据国家防汛抗旱总指挥部统计，截至 12 月，全国已有 30 个省（自治区、直辖市）和新疆生产建设兵团遭受洪涝灾害，受灾人口 2.1 亿，因灾死亡 3220 人，失踪 1005 人，转移受洪水威胁区域人员 1706 万人，倒塌房屋 212 万间，直接经济损失 3713 亿元。

2010 年 4 月 14 日 07 时 49 分，青海省玉树藏族自治州玉树县发生 7.1 级地震，震源深度 33 千米。地震时不少居民仍在睡梦中，85%以上依山而建的土木房倒塌，很多人被埋。青海玉树县地震发生后，民政部、地震局、各地救援队迅速赶赴灾区，各地卫生行政部门、医疗机构和广大医疗卫生工作者迅速组建医疗救治专家组和医疗队，奔赴抗震救灾第一线。到达救灾现场的医务人员立即开展医疗点检伤分类、伤情处理、手术治疗、转运过程中的医疗护理等各项医疗救治工作，同时对当地的医疗救援工作进行必要的指导。

玉树地处青藏高原块体的中部，该板块的地质活动较为强烈，中强度以上的地震在历史上持续不断，因此玉树地震不是一个偶然的现象。更严重的在于，青海系经济发展较落后地区，而玉树则是该省最偏僻、最贫困、最落后的“三最”地区。经济落后导致当地基础设施薄弱，房屋多系土木结构，抗震性较差，倒塌严重；而农房长期以来几乎不设防，普遍缺乏抗震设计，往往在地震面前不堪一击。救援设备奇缺，众多群众被掩埋，救援者只能用手刨；医疗设施和人员严重不足。这无异于“二次灾难”，可能使灾情进一步扩大。以上是玉树地震损失严重的主要原因。

2010 年 8 月 8 日，甘肃省甘南藏族自治州舟曲县强降雨引发北山两条沟系特大山洪泥石流，堵塞嘉陵江上游支流白龙江形成堰塞湖，暴雨引发泥石流灾害经过的是当地最为繁华、人口最为密集的区域，不到几分钟的时间就把沿着排洪沟两边的 3 个村庄的数百间房屋冲毁，造成重大人员伤亡。截至 2010 年 10 月 11 日，共造成 1501 人遇难，失踪 264 人，被认为是中华人民共和国成立以来最为严重的山洪泥石流灾害。面对当时严重的灾情，中央财政紧急下拨补助金，国家救灾应急响应等级提升至二级，卫生部紧急抽调医疗防疫专家赶赴灾区，中国红十字会总会调拨紧急援助……在汶川、玉树抗震救灾中习得、成熟的政府救援机制正在高效地运转。国务院舟曲抗洪抢险救灾临时指挥部成立救人、清淤、地质灾害排查、群众安置、基础设施恢复、卫生防疫等 8 个工作组，并迅速开展工作，脱险伤员得到及时救治，受灾群众也被妥善安置。50 亿元资金分配在受灾群众住房重建、基础设施恢复、灾害治理等 8 个方面。其中，约有 1 亿元用来进行地质灾害预警监测网络信息化建设。

舟曲发生泥石流和它所处的地理位置有关。舟曲县是“两山加一河”的地形，县城就位于河谷地带。以前舟曲山上多是郁郁葱葱的大树，很少发生泥石流，由于乱砍滥伐和毁林开荒之风的盛行，舟曲周围的山体几乎全变成了光秃秃的荒山，加上民用木材和倒卖盗用，全县森林面积每年以 10 万平方米的速度减少，植被破坏严重，生态环境遭到超限度破坏，水土流失极为严重，又遇突如其来的强降雨，导致较严重的泥石流发生。

从青海玉树地震和舟曲特大泥石流灾害的救援过程可以看出，灾害发生后全国上下积极参与救援，使人民群众的生命和财产得以最大限度挽回，显示了我国突发事件应对机制的极大作用。但纵观灾害的发生全过程，也凸显出其中存在的问题。

（1）灾害发生前出现的征兆并未得到重视，未及时向公众发布预警信息。

玉树地震过程中，中国地震台网中心研究员孙士鋐在与中央电视台电话连线时表示，第一次 4.7 级地震发生可以看作是第二次 7.1 级强震的预警。不过因为 4.7 级地震持续的时间较短、强度较弱，而发生的时间又正值凌晨，大多数居民还在睡梦中，所以并没有被重视。舟曲泥石流灾害早在 5 年前就已露端倪，2005 年，《兰州晨报》就曾对白龙江的水土流失情况进行深度调查，指出位于这一流域的舟曲县生态环境遭到破坏，随时面临洪水、山体滑坡和泥石流等的威胁，但也未受到重视。可见管理层面对自然灾害的认识还不够深入，危机意识比较淡薄，未能对小规模灾害带来的大规模灾害有足够的重视，从而耽误了灾害预警的机会。

（2）玉树当地基础设施薄弱，房屋多系土木结构，抗震性较差，倒塌严重。舟曲县城位于“两山加一河”地形的河谷地带，由于当地植被破坏严重，近年泥石流频发，很容易对县城造成巨大的破坏。从这些方面可以看出，相关部门对当地地理位置特点了解不深入、环境保护意识不强，致使房屋结构和建筑位置不合理，自然灾害来临时建筑物的破坏直接造成了人员的伤亡和经济的损失。

（3）救灾过程中各方面力量积极参与，但灾后恢复过程中灾害应对方面的相关知识没有及时传达给公众，只是增加了灾害预测方面的硬件设施，而公众应对灾害的能力没有得到加强。

从以上分析可知，在某种自然灾害频发的地区，没有发生灾害时，政府管理部门应加强对自然灾害的认识，经常组织应对突发自然灾害的有关培训，提高自身的预警能力；公众也应对自然灾害有所了解，积极参加突发自然灾害应对能力的培训，提高自己的危机意识。科协作为科普活动的组织者和管理者，应充分发挥自身的优势，针对不同地域自然灾害的特点与其他相关部门形成有效的联动机制，充分利用科协内部的科普资源，对当地政府管理部门和公众进行突发自然灾害应急能力的培养和培训。

发生突发自然灾害时，有关科技工作者应对灾害的发生发展规律、影响因素、影响效果、灾区再次发生灾害的可能性给予科学论证，并需要通过各类媒体，及时准确地传达给当地民众，避免坊间传闻，维护灾区人民心态平稳。此时，科协各级学会的科技工作者应发挥自身优势，为政府管理部门提供决策支持，并在中央的统一领导下，与其他部门形成有效联动，积极参与灾害的救援工作。但是灾害发生时优先救人的特点，造成灾害发生时公众的科普需求无法及时得到反馈并得以实现，在这一方面的应急科普工作有待加强。

灾害发生后，应针对突发自然灾害加强灾害知识的宣传与普及，在自然灾害高发区域进行有针对性的教育、培训和相关演练，让群众学会在危机状态下自救、互救，以更好地完善预警机制，提高自己应对下一次灾害的能力。在这一方面应急科普也不够完善，科普活动开展得不及时，未能根据本次灾害发生后公众对科普知识的迫切需求开展针对性科普，错过了提高公众应急意识和能力的机会。

灾害救援完成后，需要对本次灾害救援过程科普活动的成果和经验进行总结，对不足之处进行分析，形成有参考价值的科普资源及服务，以满足更大范围公众的需求，并纳入常规化的一般科普。这一方面的工作也不够完善，有待加强。

通过对突发自然灾害救援过程的分析可见，无论是当地政府还是公众自身，都对提高自身的应急能力具有强烈的需求，这为应急科普的开展提供了广阔的发展空间。科协应根据自身的优势，组织各级协会及学会成员，利用各地的科普资源，平时开展应急科普知识的教育和培训，灾害来临时为管理部门提供科学的决策支持，灾后有针对性地对公众加强应急科普知识的普及和应急能力的培训，更好地提高管理部门与公众应对突发自然灾害的能力，减少不必要的人员伤亡和经济损失。

2. 事故灾难的应急科普需求

事故灾难主要包括工矿商贸等企业的各类安全事故、交通运输事故、公共设施和设备事故、环境污染和生态破坏事件等。2009 年全国共发生重特大生产安全事故 67 起、死亡 1128 人。2010 年以来，全国共发生道路交通事故 3.1 万起，造成 9111 人死亡，发生一次死亡 10 人以上特大道路交通事故 4 起。2010 年 1～9 月，全国因工矿商贸、道路交通、火灾、铁路交通、农业机械

5 项事故死亡人数合计 53 216 人。

我国作为世界最大的产煤国，2018 年煤炭产量为 35.46 亿吨[11]，但安全生产事故频发。主要原因包括：第一，煤矿管理阶层的安全生产意识薄弱，很多为了生产可以不注重安全；第二，平时煤矿工人未接受安全培训，除自身安全生产意识薄弱以外，发生事故时的自救能力也较差。因此，亟须加强对管理阶层和公众的应急科普知识的普及，提高公众应对突发事故灾难的能力。

除了频繁发生的矿难以外，城市突发公共事件也不断发生。2010 年 11 月 15 日 14 时，上海余姚路胶州路一栋高层公寓起火。事故原因已初步查明，主要是无证电焊工违章操作，装修工程违法违规、层层多次分包；施工作业现场管理混乱，存在明显抢工行为；事故现场违规使用大量尼龙网、聚氨酯泡沫等易燃材料；以及有关部门安全监管不力等。

分析上海高层公寓失火的原因，首先事故发生是由于违章操作引起大量易燃材料燃烧，这说明工作人员的安全生产意识不足。其次是施工现场管理混乱，有关部门安全监管不力，这反映了管理部门的安全意识淡薄。而救助过程中也出现了很多问题，如楼层太高消防云梯难以到达，烟太大导致直升机高空救援计划受阻，这反映了在应对突发安全事件时我们的硬件设施无法满足要求。另外，消防通道被居民用杂物堵住，从而影响逃生，甚至有些居民不知如何逃生。这说明我国居民的安全意识薄弱，自救能力差，甚至不会自救。有关部门防灾知识宣传普及的社会职能没有明确，社区基层防灾网络建设的作用没有很好发挥。

每年的 9 月 1 日是日本的防灾日，这一天，日本各地都要举行规模较大的防灾演习，日本的儿童从幼儿园起就开始接受避险逃生训练，日本许多家庭也都备有应急包，商店里能买到各种各样的应急防灾产品，如压缩的水桶、便携式马桶、应急口粮、可储存多年的矿泉水等。一些产品的应急功能很强，如同时带有手电筒、手摇发电装置和有报警器功能的收音机，一旦被埋在黑暗的废墟下，人们可以通过收音机获得外部信息，手摇发电装置可为手机充电与外界联络，报警器在被困人员身体虚脱的情况下可以向外求援呼救。

2008 年，上海市政协人口资源环境建设委员会在进行“应对各类突发事件对城市公共安全影响”的专题调研时就发现，上海部分领导干部和市民的公共安全危机意识淡薄，对市民的风险防范培训特别是火灾、地震等应急培训明显滞后，市民的防灾自救意识和能力普遍淡薄。这也是国内多数城市的通病。许多现代化的商业楼宇电器使用量大、文件书刊存放多，装修多以地毯、木质地板等易燃材料为主，极易发生火灾；而许多在其中工作的人生活节奏快，工作压力大，消防安全意识淡薄，消防安全知识匮乏，灭火自救能力差。目前我国许多城市住在高层建筑内的人不知道有哪些防火设计，不知道消防通道在哪里，不知道防火设备如何使用。虽然许多高层建筑都有两扇门、两个通道，但许多单位为了节约管理成本，经常只开一扇门，而把消防通道锁起来。

通过对以上事故灾难的发生过程分析可见，在事故发生前（即平时），科协各级组织没有充分发挥组织优势和科普资源优势，开展常态化的科普和有针对性的应急科普，是公众公共安全危机意识淡薄的一个重要原因。同时，科协组织没有与其他部门形成有效联动，组织进行火灾、地震等风险防范培训，使得公众的防灾自救意识和能力较弱，在事故来临时无法沉着应对，顺利逃生。

事故发生时，科协各级组织和学会组织科技工作者积极参与了救援工作，并对事故灾难进行科学论证，为政府管理部门提供了决策支撑，为公众提供了正确的信息。但事故过程中并没有充分利用本次事故的影响对未发生事故的地区进行针对性的应急科普，而由于发生的事故灾难对于未发生灾难地区的公众也具有极大的间接影响，因此在这个时候对公众进行应急科普能够起到事半功倍的效果，故针对社会焦点和热点问题进行针对性的科普工作也有待加强。

事故灾难发生后，需要对本次事故救援过程中科普活动的成果和经验进行总结，对不足之处进行分析，形成有参考价值的科普资源及服务，以满足更大范围公众的需求，并纳入常规化的一般科普。这一方面的工作还不够完善，有待加强。

3. 公共卫生事件的应急科普需求

2003 年颁布的《突发公共卫生事件应急条例》指出：本条例所称突发公

共卫生事件，是指突然发生，造成或者可能造成社会公众健康严重损害的重大传染病疫情、群体性不明原因疾病、重大食物和职业中毒以及其他严重影响公众健康的事件。

2006 年颁布的《国家突发公共事件总体应急预案》指出：公共卫生事件，主要包括传染病疫情，群体性不明原因疾病，食品安全和职业危害，动物疫情，以及其他严重影响公众健康和生命安全的事件。

以上两种说法大致相同，前者强调其突发性。重大传染病疫情，是指发生《中华人民共和国传染病防治法》中规定的传染病或依法增加的传染病暴发流行的重大疫情。群体性不明原因疾病，是指在一定时间内，某个相对集中的区域内同时或者相继出现多个临床表现基本相似患者，又暂不能明确诊断的疾病。重大食物和职业中毒事件，是指危害严重的急性食物中毒和职业中毒事件。

概括起来，突发公共卫生事件应具备以下三个特征：一是突发性事件，它是突如其来的，不易预测的；二是在公共卫生领域发生，具有公共卫生属性；三是对公众健康已经或可能造成严重损害。

应急科普是为提高社会公众应对社会突发事件的能力而开展的相关科学技术普及、传播和教育，它既应该在事件发生之前未雨绸缪，防患于未然；又应该在发生之后亡羊补牢，努力补救。要充分发挥相关部门及专家的作用，开展一系列针对性活动，提升公众的科学水平，消除公众不必要的疑虑或恐慌。相对于一般科普而言，应急科普的时效性更强，因为时间紧迫，所以难度较大；但如果善于因势利导，又能收到事半功倍之功。韩启德院士在第十二届中国科协年会开幕词中提到："……针对诸如上述的社会热点、焦点问题来开展科普工作，不失为一条重要而有效的途径。"正因为是热点、焦点，大家都关心，针对这些问题的科普宣传就容易引起公众的兴趣，也就容易取得实实在在的效果。虽然谈的是热点焦点问题，但其实与突发事件殊途同归。

一般地说，突发性公共卫生事件可分为事前、事发、事中、事后四阶段。

（1）事前

突发事件偶然性比较大，往往难以预测，但只要本着防微杜渐的原则，根据国家有关法律和规定做好公共卫生的预防工作，依然能在事发时减轻其危害。正如《突发公共卫生事件应急条例》"总则"中第五条规定：突发事件应急工作，应当遵循预防为主、常备不懈的方针，贯彻统一领导、分级负责、反应及时、措施果断、依靠科学、加强合作的原则。中国疾病预防控制中心自 2005 年开始陆续推出"生命的长城：突发公共卫生事件防护科普丛书"，该丛书涵盖各类传染病、放射损伤、儿童意外伤害、化学品和食物中毒防护等多个系列，堪称"寓应急科普于平时"的尝试之一，这种做法值得科协系统大力仿效，充分发挥科协作为全国性群众组织的结构优势。

《国家突发公共事件总体应急预案》之"应急保障·科技支撑"一节指出：要积极开展公共安全领域的科学研究；加大公共安全监测、预测、预警、预防和应急处置技术研发的投入，不断改进技术装备，建立健全公共安全应急技术平台，提高我国公共安全科技水平；注意发挥企业在公共安全领域的研发作用。

由此可见，科学研究是第一步，对于某个具体问题，如果能事先研究清楚，有明确的科学结论，就会在突发事件中掌握主动权。这属于应急科普知识的资源储备问题。

（2）事发

在事件突发的紧急关头，必须做到信息共享。首先，要保证公众的知情权。对于突发公共卫生事件，公众有权要求政府相关单位信息公开，要求科学界给出科学的、权威的、合理的解释。其次，要加强国内各地区、各机构乃至各学科的信息交流，同时要加强国际信息交流，因为突发公共卫生事件很可能并非一时一地之患，其影响也未必仅限于医学领域，所以多国、多地区、多机构、多学科之间的信息共享，将使应急科普有广泛的科学基础和包容面，不仅能提高其可信度，而且能更好地满足公众在特殊时期的知识需求。科协通过中央和地方各级机构，应充分发挥其各层级组织素来合作无间的优势，充分发挥其与世界各国科学团体广泛交流的关系网络优势。

（3）事中

事件发生后，必须通过恰当的方式，将相关专家的可靠意见传达给公众。这属于科技传播领域，它有一定技巧和规范。公众容易对不熟悉的东西产生疑虑，一旦较为熟知之后，即使出现类似突发事件，仍可从容应对。医学素质较高的群体，显然不会轻易被伪大师欺骗，如在张悟本声望如日中天的时期，多数中医专业人士仍对其不以为然，即是明证。医学专家能及时站出来，反对张氏谬论，北京中医药管理局能推动成立中医药文化科普专家库，中华中医药学会推出 11 位首席健康科普专家，表明科学界正在发挥其作用，有效应对突发公共卫生事件；新闻出版总署随即出台若干措施，并于 2010 年 10 月正式下发《关于加强养生保健类出版物管理的通知》，表明政府相关部门在应急科普事件上的政策性支持。

（4）事后

“亡羊而补牢，犹未迟也。”事件已经发生，危害已经造成，痛定思痛，急需有针对性的深刻反思，既要明确科学共同体的责任，又要在日后工作中进一步加强科普人才建设。关于科学共同体的责任，韩启德院士曾在第十二届中国科协年会开幕词中指出：“围绕社会热点、焦点问题开展科普工作，需要充分发挥科学共同体的作用。有一些社会热点、焦点问题的科学技术背景比较复杂，容易在群众中产生不同意见，这种时候科学共同体的判断应该是最权威的，解释是最有分量的。我们应该及时解答社会关注的科技问题，正确引导社会舆论，帮助公众用科学的精神和态度来看待问题、利用科学的方法和知识来分析问题。这既是科学共同体义不容辞的社会责任，也有助于树立科学共同体良好的社会形象，更可以大大推进科普工作。”

（四）现阶段我国应急科普存在的问题

1. 全社会对应急科普工作重要性的认识亟待提高

我国公民普遍缺乏在突发事件状态下的积极参与的意识，也不懂得如何参与到突发事件管理中。当突发事件发生时，处于突发事件威胁中的公民就很难采取正确的应对措施，容易陷于被动和恐慌之中，使突发事件事态进一步蔓延。就我国的现状来说，没有把突发事件管理教育纳入国民教育体系，公民普遍缺乏这方面的知识，因此也就没有正确应对突发事件的能力和参与突发事件管理的强烈意识。

近几年，一些发达国家发生多次公共突发事件，其公众面对公共突发事件沉着应对、临危不惧，努力进行自救与互救，值得我们借鉴。尤其是这些国家重视通过突发事件教育、培训和演练来增强公众的突发事件防范意识和应急反应能力的做法，值得我们学习。

日本是一个自然灾害频发的国家，上至政府下至普通民众的忧患意识特别强。日本政府每年花费在防灾方面的经费为 3 万亿～4 万亿日元[12]，其中在防灾科技研究上的金额高达 378 亿～479 亿日元。通常日本国内对公众进行的公共突发事件教育包括面向社会的日常公共应急科普教育和学校的应急科普教育等。为了对公众进行防灾教育及培训，日本各地设有许多政府出资兴建的防灾教育中心，免费向公众开放。例如，为纪念 1995 年 1 月 17 日阪神大地震，日本政府专门建立了阪神地震纪念馆，广泛反映和宣传震后的应急工作和重建的有关信息，并向人们宣传地震的防灾基本常识。该纪念馆除有一般的图片、文字及模型外，还有大屏幕演示系统、触摸显示屏、计算机多媒体放映间，参观者可自由选择自己感兴趣的内容观看，还可以利用该纪念馆内的信息系统模拟火灾蔓延，以及通过电脑游戏的方式掌握防灾的常识。另外，阪神地震纪念馆内的录像室不断地放映有关阪神大地震灾害、修复重建、避震防灾知识等方面的内容，分别用日语及英语同步解说。该纪念馆设有一个小型图书馆，收藏了与震灾有关的书籍，供参观者查阅。阪神地震纪念馆还设有演讲厅，用来举办有关讲座或专题研讨会，放映电影或供当地救灾小组交流及学习使用。由于日本政府的防灾科普工作做得非常好，日本公众对于灾害来临时可能会出现的情况、逃生的要领、急救的知识等都非常清楚，具备了自救和互救的本领，遇到灾害时就不会慌了手脚。

2. 应急科普的组织机构不健全、体系不完善

目前，我国还没有具有较高水准的中小学公共突发事件教育专用系列教材，公共突发事件教育流于形式，大部分教育只针对在校学生，而忽视了对整个社会进行全面的公共突发事件教育。近年来发生的一些重大公共突发事件表明，如果在场群众有基本的自救、互救能力，伤亡就可以避免，损失就可以降低。突发事件管理知识在西方发达国家是公务员培训的必修课程，主要针对本国或本地区经常发生的、曾发生的、可能发生的社会矛盾、自然灾害、民族冲突等突发事件形式所采取的紧急应对的法律程序、手段等知识进行培训。

此外，国外一些国家也注重开展系统、全面的学校公共突发事件教育工作。美国的幼儿园会教孩子摔倒或扭伤时该怎么办，从幼儿园阶段就开始对学生进行食品安全教育，从小培养学生的食品安全意识，进入小学，学生就开始接受正规的急救训练。美国的中学生每周至少要上一节急救课程，如果不能通过急救课的考试，学生就拿不到毕业证书。美国的高中也常增设安全教育等一些应急课程，通过这些专门的课程教给学生遇到地震、洪水等时应采取的应急措施。9·11 事件以后，美国设立了国土安全部，美国各大学很快引入了国土安全、反恐和灾难处理等新专业，以适应国土安全部急需安全方面的大量人才的需求。[13]在我国，无论是高校还是公务员培训，都缺少公共突发事件应对和管理的教育内容。特别是缺少结合公共突发事件管理知识，组织模拟演习的环节，公众缺乏公共突发事件教育，遇到公共突发事件时不知所措，更谈不上主动参与公共突发事件处置。因此，公共突发事件教育要面向全社会广泛开展，要使每个公民都认识到公共突发事件管理和应对的重要性，都掌握必要的自救和互救方法，还要使大家学会努力配合公救。

3. 契合群众需要的应急科普内容匮乏

我国的公共突发事件教育多讲的是一些陈旧的防灾基本常识，一些基本常识甚至不符合现代社会发展的需求。面对目前出现的恐怖组织袭击、金融突发事件蔓延等事件，广大公众应该了解如何应对。通过对北京高校大学生的调查，在对有关五种公共突发事件比较常识性的知识调查统计后发现，得满分的只有少数大学生，得零分和 1 分的大学生却很多，可见大学生对某类公共突发事件及常识知之甚少。作为已经达到成人年龄、大多已脱离父母与家庭、正接受高等教育的大学生，不了解生活常识和某些基本知识，不知道常出现在大众媒体或发生在自己周围的事件，反映出部分大学生应对突发事件的意识淡薄，也说明我国的公共突发事件教育薄弱，广大公众不能及时了解和掌握应对公共突发事件的相关方法和内容。时代在不断发展，大量新形式的公共突发事件不断出现，公共突发事件教育的内容也应与时俱进。例如，公共突发事件发生后的心理教育就应成为公共突发事件教育的重要内容。突发事件往往给人造成超乎寻常的压力，使人处于应急状态，此时应以人为本，重视突发事件中和突发事件后的心理辅导，使人们坚强起来、成熟起来。当今世界各国都在加强公共突发事件教育，世界绝大多数实行现代化管理体制的公司都为员工配备了详细的、内容具体到个人的突发事件应对手册。突发事件应对手册向公众介绍灾害发生规律的基础知识，传授自救、互救和防灾减灾技术，内容非常广泛。突发事件应对手册最大限度地化解突发事件，从而使公众能以平和的心态和理性的态度来对待公共突发事件。

4. 大众传媒应急科普和预警能力有待提高

首先，大众传媒对突发事件潜伏期的预判不足，从突发事件发展进程来看，突发事件预警是贯穿全过程的，包括突发事件潜伏期预警、突发事件暴发期预警、突发事件蔓延期预警和突发事件恢复期预警等。我们讲突发事件潜伏期预判能力不足，指的就是在突发事件发展的第一阶段与其他阶段相比较，大众传媒的预警能力不足。在具体的新闻实践中表现为三个方面：一是预警新闻报道量不足，没有形成足够的社会影响力；二是预警新闻的时效性不够，往往是“事后诸葛”，没有起到预警防范的媒体作用；三是预警新闻内容的准确性不强，要么夸大了可能的危害后果，要么缩小了可能的危害程度。

其次，大众传媒对不同突发事件类型上的传播活动差异较大。按照《国家突发公共事件总体应急预案》的规定，突发公共事件可分为自然灾害、事故灾难、公共卫生事件、社会安全事件四种[14]，与之相对应的也存在四种类型的公共突发事件，即自然灾害突发事件、事故灾难突发事件、公共卫生突发事件和社会安全突发事件。在这四种突发事件中，媒体的预警表现是有所差异的。研究者指出，目前新闻媒体的社会守望功能还较多地体现在自然灾害和健康传播领域，如能在政治法治、“三农”问题、工业交通、财经金融、生态环保、教育科技、思想文化等领域更多地发挥社会守望的功能，新闻传播媒体的公信力无疑会大大增强。在上述四种突发事件中，自然灾害、公共卫生预警能力有显著提高，而在事故灾难和社会安全领域的媒体预警能力还远远不能满足社会需求。自然灾害领域的预警能力提升以 20 世纪末抗洪抢险报道为契机，此后媒体的预警功能逐步得到重视。到 2003 年 SARS 发生后，惨痛的教训促使媒体和相关新闻管理机构积极改变观念，理顺机制体制，公共卫生和自然灾害领域的预警能力以此为标志，此后获得大幅度改善。

再次，缺乏权威和公信力的媒体突发事件预警引发舆论恐慌。媒介恐慌论是指媒介在对社会恐慌事件进行大规模报道的过程中，会导致产生新的更多的恐慌现象或恐慌心理的媒介理论或受众理论。媒介恐慌是从大众传媒突发事件预警报道的传播效果上而言的，它反映了媒介的突发事件预警报道不仅没有起到应有的预防警示作用，反而造成了受众心理上的恐惧、焦虑，进而导致社会秩序混乱，突发事件加重。一句话，突发事件预警报道非但没有消除突发事件，反而促成了新的风险源的产生。比如某品牌奶粉事件，在黑幕被揭开之后，几乎一夜之间所有的媒体都充斥了“毒奶粉”的内容。如此密集的报道，导致受众恐慌心理蔓延，事态扩大，奶业市场也在一夜间濒临崩溃。默顿的“自我实现预言”的观点，可以帮助解释媒介恐慌对于化解突发事件不可低估的副作用。突发事件开始时一个虚假的预言，由于它引发出了新的行动，因而使得原本虚假的东西变成了真实的。比如“毒奶粉”事件，虽然关于某品牌奶粉可能存在问题的报道很早就见诸媒体，但一直未得到管理部门和舆论关注，没有采取正确的应对行动，导致突发事件不断加深。因此，在这个案例中，显然媒介预警就是失效的。

除了以上提到的不足，我国目前在科普能力建设中还存在着应急科普队伍不稳定，高水平应急科普人才严重匮乏；应急科普资源条块分割，布局分散，没有形成有效的应急科普资源共建共享平台；科普基础设施应急能力不足，应急响应运行困难；政府推动和引导应急科普事业发展的政策和措施有待加强等问题和不足，严重束缚了社会应急科普能力的建设和发展。

三、重点领域科普与应急科普的发展任务

（一）科协组织（学术社团）在应急科普中的作用

科学普及是科技社团的一项重要职能，是其公益性的重要体现，在全民科学素质建设中发挥科技社团的科普功能，不仅关系科教兴国战略和可持续发展的实现，也关系提高全民素质和推动经济发展与社会的进步。近年来突

发事件频发，应急科普成为科普的一个重要组成部分，应急科普的专业性和科学性需要科技工作者的专业知识和科学精神[15]，科学家有责任在突发应急事件中及时发声，传播正确的科学应急理念，积极参与应急科普，不仅有助于科技社团扩大声誉，也有助于维护社会的稳定。[16]

1. 突发事件发生前

突发事件管理并不仅仅是将已发生的突发事件加以处理和解决，如果突发事件管理仅仅局限于此，则绝不能达到突发事件管理的最佳状态。突发事件管理应从事前做起，在机制上避免突发事件的发生，在突发事件的诱因还没有演变成突发事件之前就将其平息。突发事件管理必须如奥斯本和盖布勒所说的："使用少量钱预防，而不是花大量钱治疗。"因此，突发事件发生之前，科技社团可通过以下三条途径来参与突发事件管理，进行自身应急科普能力建设。

（1）在突发事件发生之前充分发挥自身的专业性特征，加强与国家相关实际工作部门合作，认真研究和分析各种可能产生的突发事件，并向政府提出政策建议和应对措施。

（2）促进全社会树立正确的突发事件意识，协助政府建立全国性的突发事件管理教育和培训系统，协助政府开展突发事件管理素质教育，定期举办各种研讨会，培训各类专业人员，增强社会公众的应对能力。

（3）及时捕捉和分析各种与突发事件有关的信息，及时有效地向政府及社会提供预警，为突发事件管理系统中的信息传递架设一座桥梁。

2. 突发事件发生后

（1）在突发事件管理过程中，协助各级政府开展面向公民和社会的宣传和防治工作。利用本身的专业化优势，向社会解释突发事件发生的原因及危害，并提出各种建议，增强公众战胜突发事件的信心和社会责任意识，形成万众一心抗击突发事件的社会环境。

（2）充分发挥政府与公民之间的中介作用，在国家与公民之间架起良好的沟通桥梁，形成社会各界信息交流的网络，及时了解公民的需求。互益型科协组织及科技社团等社会组织还要代表行业利益，及时向政府反映各行业的需求。

（3）组织志愿人员，开展志愿服务活动。依托各级科协组织及科技社团等社会组织和志愿者协会，组织广大青年志愿者开展各种形式的志愿服务活动，为政府突发事件管理提供和储备人力资源。

（4）协助并监督各级政府贯彻执行有关突发事件管理的法律法规、方针政策。一方面，科协组织及科技社团等社会组织可以发挥其专业性和深入基层的优势，作为政府突发事件管理相关政策的执行者；另一方面，科协组织及科技社团等社会组织可作为中央与地方各级政府之间的中介，协调有关政策实施和监督政策的落实。

（5）作为国际社会各种力量救助、支援的中介机构，科协组织及科技社团等社会组织可充分发挥其专业对口的优势，寻求国际支持，积极吸收更多的国际资源用于国内突发事件管理；借鉴国内外各种突发事件处理措施，积极为政府和公民提供预防和控制突发事件的知识，引进有效的管理方法。

3. 突发事件结束后

突发事件结束后，科协组织及科技社团等社会组织参与突发事件管理则主要通过下列途径进行。

（1）充分收集和整合各种信息，全面分析突发事件产生的原因，为避免类似突发事件的再次发生向政府提供相关建议。

（2）参与政府突发事件管理的评估工作。评估突发事件影响，协助政府确认哪些人的利益受到损害，受损程度如何，以确保政府将资源集中到最需要的人群，确定突发事件后重建的优先次序；评估政府已有的和现有的各种资源、政府在突发事件管理中的资源运用绩效；评估政府在突发事件管理中采取的措施对原有规划的影响，为政府回归常态管理提供建议。

（3）发挥科技工作者、科技社团与科普主体在国民应急管理教育培训中的作用，全面系统地开展多种形式的公共知识的普及教育，广泛宣传相关法律法规和应急预案，特别是预防、避险、自救等知识，进行应对重大危机的培训实践。通过科学的传播教育公众的危机应对能力，通过相应的应急教育与防灾演练，使公众能够达到一般的救援人员的水平，能够熟练操作各种救灾设备，掌握相关的突发事件防范的知识和技巧，使公众训练有素地应对各类突发事件，在全社会范围内普及应急教育和能力培训，尽快建立起覆盖全民的公共安全教育网络体系，切实提高市民公共安全知识和突发事件的应对技能。

（二）重点领域应急科普中的重点任务

1. 繁荣应急科普创作

应急科普资源是开展科普工作的基础，在应急科普创作方面，围绕热点、焦点问题创作优秀的科普资源；集成科普资源及信息，建立共享交流平台，为社会和公众提供科普公共服务。

2. 深入开展应急科普活动

应急科普活动是向公众传播风险防控知识、提高突发事件发生时自救能力的重要手段和方式，应着重搭建活动平台、打造活动品牌等加强活动培育。

3. 构建热点问题科普工作体系

结合重点领域的重点工作，从服务公众需要的角度，梳理总结热点问题和可能发生的突发事故，提前做好知识资源准备；研究热点问题的科普模式，广泛联系领域专家和媒体，面对热点问题及时发声。

4. 构建热点问题资源库和专家库

建设以科学答疑为主要内容，以疏导、疏通和缓解矛盾为目标的热点问题资源库，以不同人群为对象，形成热点问题资源库；组织科技工作者加入科普队伍。

四、对策建议

（一）重点领域应急科普

1. 将应急科普纳入常规科普工作中，并开展相应的绩效评估

尽管我国已经制定了《中华人民共和国突发事件应对法》《国家突发公共

事件总体应急预案》《应急管理科普宣教工作总体实施方案》，对各级各类政府及其相关部门进行科普宣传的形式和内容做出规定，但是从其效果来看，并不理想。应将应急科普纳入常规科普工作中，做到常规化、常态化、制度化，在日常工作中通过各种形式与载体，面向公众对风险知识，结合实际需要进行相应的应对演练，并开展相应的科普效果评估工作，切实提高公众的风险防控及应急处置能力，减少突发事件带来的损失。

2. 加强应急科普的预警和传播覆盖面

除重大突发事件外，通过舆情分析，对可能会引起社会关注的事件做好相应知识储备，及时向政府部门发出应急科普需求的预警。同时，相关部门应通过广播、电视、报刊、通信、信息网络等手段及时发布信息，正确引导舆论，缓解公众恐慌情绪。

3. 加强应急科普能力建设

面向领导干部加强培训，宣传贯彻应急科普的重要性；进一步完善国家、省、市、县级应急科普业务岗位设置，加强业务培训，建立和完善应急科普人才的教育、培训体系；建立完善应急科普优秀人才考评、激励和晋升机制；积极争取多渠道的公共财政投入，保障应急科普业务经费投入，加强开放合作，充分利用社会资源，促进应急科普业务全面、可持续发展。

（二）生态环保应急科普

1. 突出服务生态文明建设国家战略和化解突出社会风险的功能定位

围绕生态文明建设，应以习近平生态文明思想为核心，秉持理念和文化内涵、重视个人自觉行动和行为习惯的养成，推动营造自主自律践行绿色行为的社会氛围环境；围绕防范社会风险需求，生态环保科普应贴近生活、面向民生和民主决策，以公众高度关注的环境健康相关问题为出发点，注重基本科学概念的传播，搭建政府、科学家与媒体、公众之间的桥梁，推动对话沟通和多层次互动，在化解风险的同时促进理性认知、凝聚生态文明建设的广泛共识。

2. 坚持政府主导，发动社会力量，强化个人参与

在政府层面，发挥组织优势，推动供给侧能力建设，完善协调机制和保

障政策；在社会层面，鼓励和引导社会团体、非政府机构、科研与学术单位、企业、公共环保设施以及媒体、科学家等行动起来，开展多种形式的传播活动；在个人层面，引导树立生态环保意识，推动从意识向意愿转变，形成绿色健康生活方式，以实际行动减少能源资源消耗和污染排放，做环境保护的关注者、环境问题的监督者、绿色生活的践行者和生态文明的推动者。

3. 建立提升公民生态环境素养的国家意志

围绕生态文明内涵研发生态环境素养有关基准，建立目标指标，推动常规监测评价，强化生态环保科普的主题主线，引导各方开展的传播工作形成合力。结合重点工作深入开展专题生态环境科普，如围绕污染防治攻坚战中的七大标志性战役，面向基层领导干部加强生态文明理念和实践培训；围绕乡村振兴战略和行动计划，面向农村居民补齐生态意识短板；围绕各类绿色健康城市创建、垃圾分类回收制度、“无废城市”建设等，面向城市居民引导绿色生活方式。强化能力支撑，充分利用信息化手段，扩大生态环保科普的人群覆盖面。

（课题组成员：朱忠军　陈　昱　陈永梅　卢佳新）

参 考 文 献

[1] 卢佳新，陈永梅. 行业科普事业现状对比分析和思考——以环保、农业等行业为例[J]. 科技管理研究，2015，24：50-54.

[2] 中国新闻网. 国家卫健委：2018 年中国居民健康素养水平升至 17.06%[EB/OL][2019-8-27]. http：//www.chinanews.com/sh/2019/08-27/8938794.shtml.

[3] 环境保护部，科学技术部，中国科学技术协会. 关于进一步加强环境保护科学技术普及工作的意见[EB/OL][2019-05-22]. http：//www.zgg.org.cn/zhl/flfgzhcgd/bmgzh/201506/t20150616_525363.html.

[4] 刘波，王海波. 气象科普在舆论引导和突发公共事件应对方面的重要作用研究[J]. 科普纵横，2017，12：21-23.

[5] 王海波，孙健，邵俊年. 我国气象科普政策法规现状研究及对策分析[J]. 科技管理研究，2015，8：25-29.

[6] 邵俊年，任珂，王省. 我国气象科普资源建设的实践与思考[J]. 科技传播，2018，6：10-12.

[7] 于新文，王志强，张洪广，等. 中国气象发展报告 2017[M]. 北京：气象出版社，2017.

[8] 周琳. 我国防震减灾科普工作现状分析及对策研究[J]. 科技创新与应用，2018，28：146-147.

[9] 中国环境科学学会，等. 环境科学传播途径及其在生态文明建设和环境应急中应用研究[R]. 2015.

[10] 范维澄. 国家突发公共事件应急管理中心科学问题的思考和建议[J]. 中国科学基金，2007，2：71-76.

[11] 国际能源署，国家能源集团. IEA 全球煤炭市场报告（2018—2023）[R]. 2019.

[12] 申瑞瑞，融燕. 日本自然灾害应急机制对我国政府的启示——以“3・11”大地震应急措施为例[J]. 北京电子科技学院学报，2011，19（3）：55-61.

[13] 林涛，林毓铭. 美国应急教育的借鉴与启示[J]. 中国应急管理，2012，2：51-55.

[14] 国务院. 国家突发公共事件总体应急预案[M]. 北京：中国法制出版社，2006.

[15] 褚建勋. 论科技工作者在应急科普中的作用缺失——以上海“11・15”重大火灾为例的违纪三阶段分析[C]//中国科普研究所. 中国科普理论与实践探索：公民科学素质建设论坛暨第十八届全国科普理论研讨会论文集. 北京：科学普及出版社，2011：7.

[16] 张理茜，王孜丹. 我国科技社团参与应急科普问题及对策研究[C]//中国科协学会服务中心. 科技社团改革发展理论研讨会论文集. 2017.